はじめに

　我が国においては、科学技術創造立国の理念の下、産業競争力の強化を図るべく「知的創造サイクル」の活性化を基本としたプロパテント政策が推進されております。

　「知的創造サイクル」を活性化させるためには、技術開発や技術移転において特許情報を有効に活用することが必要であることから、平成９年度より特許庁の特許流通促進事業において「技術分野別特許マップ」が作成されてまいりました。

　平成１３年度からは、独立行政法人工業所有権総合情報館が特許流通促進事業を実施することとなり、特許情報をより一層戦略的かつ効果的にご活用いただくという観点から、「企業が新規事業創出時の技術導入・技術移転を図る上で指標となりえる国内特許の動向を分析」した「特許流通支援チャート」を作成することとなりました。

　具体的には、技術テーマ毎に、特許公報やインターネット等による公開情報をもとに以下のような分析を加えたものとなっております。
　・体系化された技術説明
　・主要出願人の出願動向
　・出願人数と出願件数の関係からみた出願活動状況
　・関連製品情報
　・課題と解決手段の対応関係
　・発明者情報に基づく研究開発拠点や研究者数情報　など

　この「特許流通支援チャート」は、特に、異業種分野へ進出・事業展開を考えておられる中小・ベンチャー企業の皆様にとって、当該分野の技術シーズやその保有企業を探す際の有効な指標となるだけでなく、その後の研究開発の方向性を決めたり特許化を図る上でも参考となるものと考えております。

　最後に、「特許流通支援チャート」の作成にあたり、たくさんの企業をはじめ大学や公的研究機関の方々にご協力をいただき大変有り難うございました。

　今後とも、内容のより一層の充実に努めてまいりたいと考えておりますので、何とぞご指導、ご鞭撻のほど、宜しくお願いいたします。

独立行政法人工業所有権総合情報館

理事長　藤原　譲

ヒートパイプ

エグゼクティブサマリー

新たな用途開発が期待されるヒートパイプ

■ 無動力、高速度で熱伝達が可能な"熱の超伝導体"

ヒートパイプは離れた場所に熱を高速移動させる特長を持っている。冷却しにくい場所にある熱を引き出し、冷却が容易に行える所に無動力でしかも高速度で熱伝達が可能である。ヒートパイプの熱伝達速度は銀の数千倍で、熱の超伝導体とも称される。ヒートパイプは真空の金属容器中に封入された作動液の蒸発・凝縮サイクルを応用したもので、僅かな温度差でも作動し、冷却、加熱、均熱等に幅広く利用できる。

■ 半導体の高密度実装機器の冷却にうってつけ

1960年代にはNASAの宇宙開発に利用された。1970年代には電力ケーブル冷却に、又オイルショックの後には、ボイラーの排熱回収などにも利用された。1980年代には高密度化された電子機器の冷却用にも利用が進み、オーディオアンプの半導体冷却、また電車のインバータ、パワーモジュールの冷却などにも利用されるようになった。1990年代の後半には、半導体機器の高密度実装部品を使用したノートパソコンのCPU冷却などに実用が拡大している。

■ 多彩なサイズ、形状による応用範囲の拡大

ニーズに呼応して、ヒートパイプのサイズ・形状は多彩になった。CPU冷却への用途が大きく伸びたことにより、太径から極細径へ、パイプ型から平板型へと出願傾向も推移してきている。また、新しい作動原理の細管自励ヒートパイプは、従来のヒートパイプの課題解決の糸口と期待されている。形状適応性の高いアルミニウム材料やアルミ押出多穴管の利用など新しい技術開発も進んでいるようで、更なる用途拡大も期待される。

■ 製造技術特許の多くは大手電線メーカーが保有

ヒートパイプ製造技術の特許は大手電線メーカーが数多く保有しているが、一方ではアルミ加工品メーカーも専門性の高いヒートパイプの製造技術を持ち、特許も保有している。またユーザーニーズに対応する独自の製造特許を有する中堅企業も注目されだしている。

|ヒートパイプ|エグゼクティブサマリー|

更に進む応用開発

■ 更に進む応用開発

　最近10年間では電子装置の冷却用に脚光をあび、その関連の出願が増加傾向にある。特にコンピュータ、半導体、電子製品・筐体等への冷却が注目されだしており、ヒートパイプを利用する側の企業からの出願も多く見られる。電気装置の冷却も電子装置に次いで注目されており、この関連もユーザー側企業からの出願が増加傾向にある。具体的には、コピー機、画像表示装置、プリンターなどがそれにあたる。

　ニーズに対応するヒートパイプ技術も、新たな課題が予想される。既にヒートパイプを内蔵しているノート型パソコンは少なくないが、CPUの高性能化で、熱密度ばかりか熱量そのものも大きくなっており、その冷却対応が、フロンなどの環境問題とも絡んで、今後の新たな課題になり、開発が進むものと予想される。

　一例として、作動液が自らの蒸気圧で強力、高速度でループ内を循環し、その間に蒸発と凝縮を繰り返す、新しい考えに基づく細管自励型ヒートパイプの特性評価が続けられている段階である。

■ 技術開発の拠点は関東以西に分布

　上位20社の開発拠点は、関東地方では26拠点、関西地方に7拠点、東海中部地方に8拠点、その他九州、北陸などに3拠点と、関東以西に広く分布している。

■ 技術開発の課題

　特許に表れたヒートパイプの技術開発の課題は、次のように多様である。
- 伝熱性能向上：熱輸送能力、放熱性能、素子取付状態、ドライアウト対策
- 機能向上：CPUなど熱密度の拡散、トップヒート対応、熱移動距離の確保
- 小型軽量化：アルミ化、耐食性の確保、液媒体材料、押出多穴管活用
- 低コスト化：構成、製造プロセス
- 信頼性：真空度維持、封じ切り方法改良、充填液量制御、防食
- 細管自励振動：比較的新しく登場したヒートパイプで検証課題がある
- 環境保全：作動液（熱的特性、材料浸食性、環境に無害）

ヒートパイプ 主要構成技術

ヒートパイプに関する特許分布

ヒートパイプの技術は、ヒートパイプ本体の技術とヒートパイプの応用に関する技術とに分かれる。1990年から2001年7月までに公開された出願で、ヒートパイプ本体に関するものが1,237件、応用（電子分野）に関するものが1,986件である。ヒートパイプ本体では、本体の構造に関するものが約44％、構成要素に関するものが約26％、製造方法に関するものが約15％、特殊な構造に関するものが約15％となっている。ヒートパイプの応用では、半導体の冷却が約34％、電子装置の冷却が約33％、コンピュータの冷却が約12％、コピー機・画像形成装置の均熱・冷却が約13％、画像表示装置の冷却が約8％である。

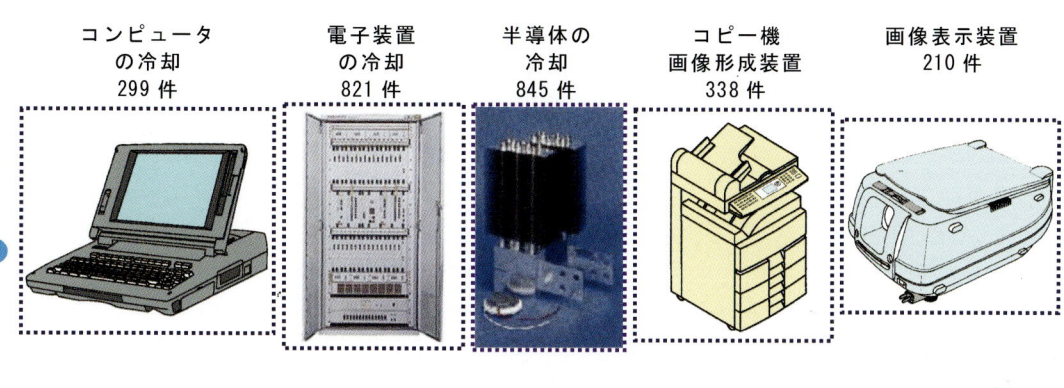

| コンピュータの冷却 299件 | 電子装置の冷却 821件 | 半導体の冷却 845件 | コピー機 画像形成装置 338件 | 画像表示装置 210件 |

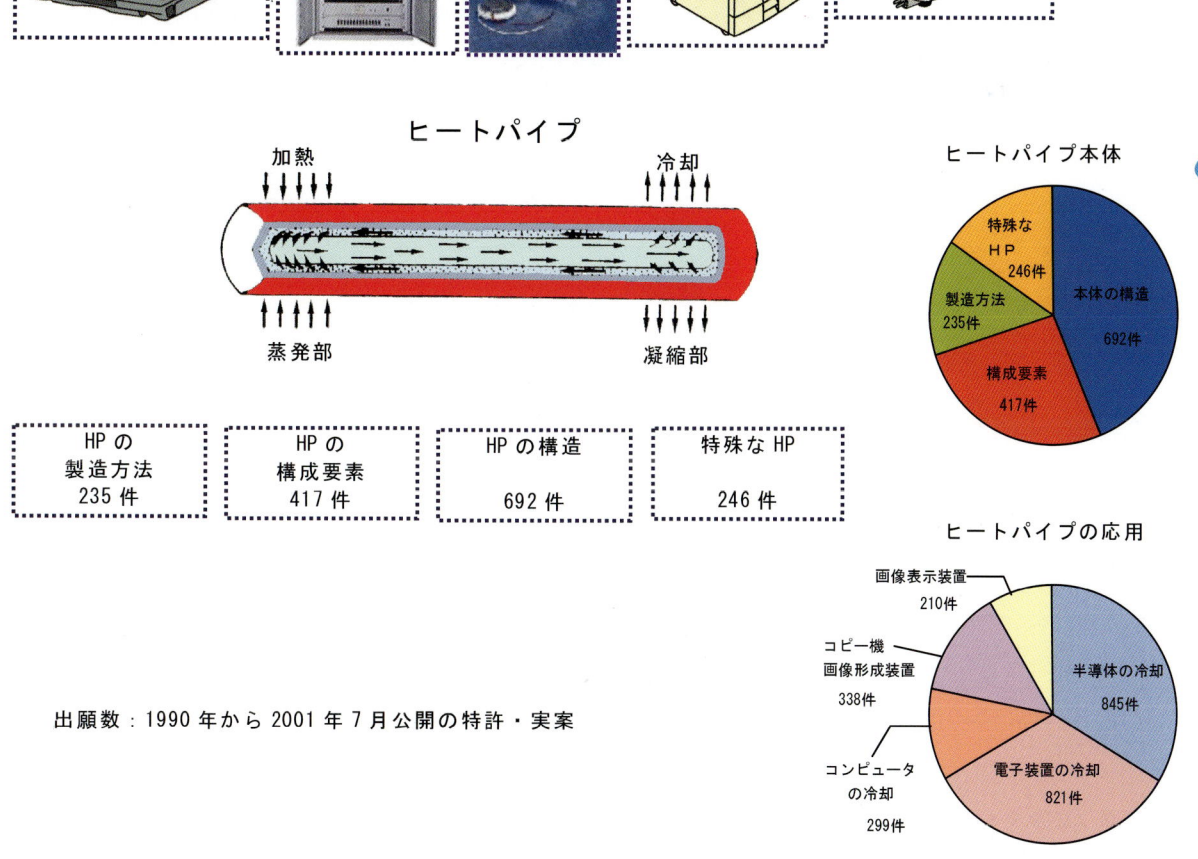

出願数：1990年から2001年7月公開の特許・実案

| ヒートパイプ | 技術の動向 |

応用分野は出願人数も出願件数も増加中

> ヒートパイプの開発は1970年代から始まり、既にかなりの歴史を経ている。
> ヒートパイプ本体については、近年は、出願人数も出願件数もほぼ横ばい状態である。一方、ヒートパイプの応用に関しては、最近の10年間で出願人数、出願件数ともに2倍近い増加となっている。この結果、本体と応用を合わせた出願、出願人とも1996年以降から増加傾向にある。これはコンピュータの冷却に本格的にヒートパイプが実用化された影響が大きいと考えられる。

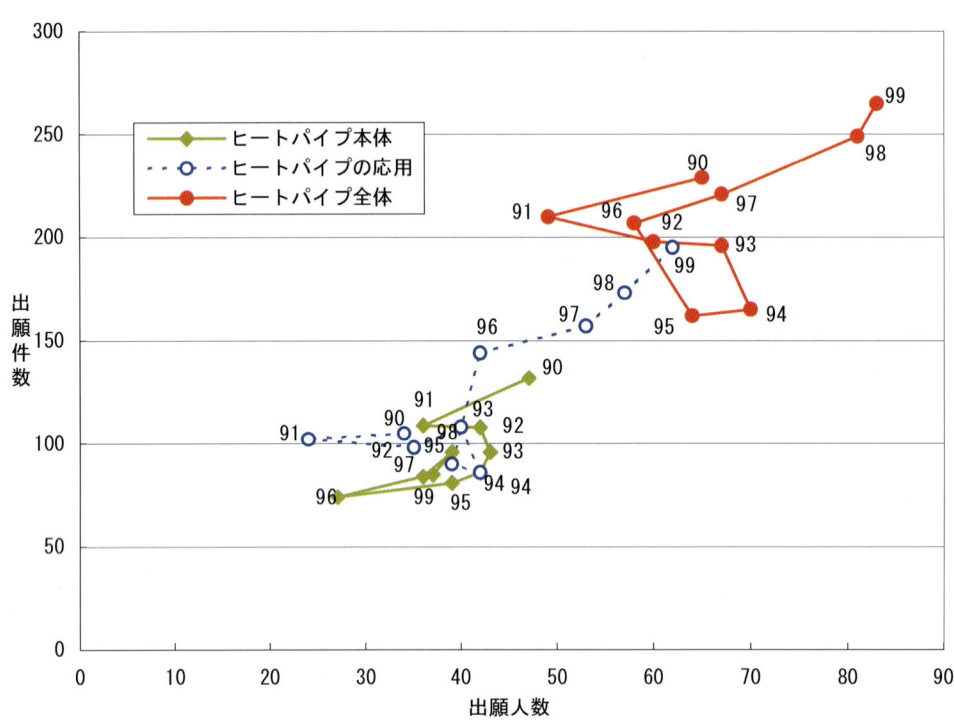

ヒートパイプの出願人数－出願件数の推移

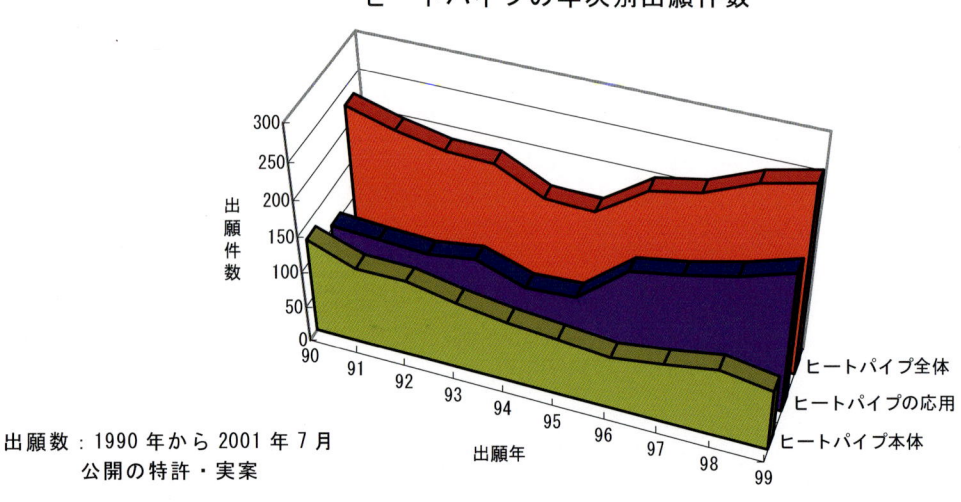

ヒートパイプの年次別出願件数

出願数：1990年から2001年7月公開の特許・実案

ヒートパイプ
課題・解決手段対応の出願人

冷却性能の向上が課題

> ヒートパイプによる半導体の冷却技術で最も大きな技術課題は、冷却性能の向上である。この解決手段として、ヒートパイプを組み入れた冷却器の配置や構成の細かな工夫と、ヒートパイプの平板化など冷却器の形状の工夫によって半導体との接触を改善し、ヒートパイプの性能を100%活かす工夫が行われている。
> この分野の特許は、古河電気工業、フジクラなどヒートパイプメーカーと東芝、三菱電機、日立製作所など電機メーカーの保有するものが多い。

ヒートパイプ(HP)の応用の課題と出願件数

課題	半導体の冷却								電子装置の冷却						コンピュータの冷却				画像形成装置			画像表示装置	
	パワー系冷却					マイクロ系冷却			ペルチェ素子等冷却	筐体の冷却		基板の冷却			熱源部		放熱部		画質の向上	装置の信頼性向上	環境・省エネ対策	装置の使いやすさ	画質の向上	装置の信頼性向上	環境・省エネ対策	装置の使いやすさ
解決手段	冷却性能向上・小型化	高機能化	環境対応	生産性メンテナンス性	冷却性能向上	高機能化	生産性メンテナンス性		筐体内雰囲気の冷却	発熱部品の直接冷却	筐体全体の冷却	基板自体の冷却	発熱部品の直接冷却	基板と部品全体の冷却	基板群の冷却	小型軽量化・省電力	拡散熱改善・HP固定	可動熱接合伝熱ヒンジ	筐体に放熱								
HP冷却器の形状改善	77	11	2	9	157	12	11	21																			
HP作動液・内部構造	12	9	6		20			3																			
HP冷却器の配置構成	111	13	5	32	114	9	19	43																			
HPの作動形態改善	32	3	2		25	2	2	3																			
HPの組込み・組合わせ	21			3	115	1	2	15																			
HP熱交換器による冷却									24																		
貫通HPによる空気冷却									23	1	8																
HPの構造や配置の工夫									6	36	7	4	18	3	3												
HP以外の部品の構造									4	21	6	4	19	6	15												
平板HPによる冷却												9	7	17													
基板をHP化													22														
ヒートシンクと単管HP																											
ヒートシンクと平板HP																											
冷却ファンとの組合わせ																											
伝熱シートの組合わせ																											
ペルチェ素子その他方法																											
ロールの均熱化																											
ベルトの冷却・均熱化																											
排熱の利用																											
筐体・発熱部の冷却																											
感光体の冷却・その他																											
素子の冷却																											
光源の冷却																											
その他の特殊な方法																											

表 1.4.2-1 半導体の冷却

	解決手段 技術課題	ヒートパイプ冷却器の構成の改善工夫			ヒートパイプの作動形態の改善工夫	HPの組込みペルチェ等と組合わせ
		冷却器形状の改善工夫	作動液や内部構造の改善	冷却器の配置や構成		
パワー系冷却	冷却性能向上・小型化	古河電工 15 東芝 12 日立製作所 10 カルソニック 8 昭和電工 5 合計 77	東芝 3 古河電工 2 昭和電工 2 合計 12	東芝 31 三菱電機 14 日立製作所 12 富士電機 8 合計 111	デンソー 7 東芝 6 カルソニック 5 ACT+赤地 3 合計 32	古河電工 3 昭和電工 3 東芝 2 合計 21
	合計 253					
	高機能化	東芝 4 日立電線 3 古河電工 2 合計 11	昭和電工 6 東芝 2 合計 9	日立電線 4 東芝 4 古河電工 2 合計 13	富士電機 2 合計 3	0
	合計 36					
	環境対応		東芝 3 合計 6	日立製作所 2 合計 5	東芝 2 合計 2	0
	合計 15					
	生産性メンテナンス性	日立製作所 3 ダイヤ電機 2 合計 9		東芝 10 日立製作所 5 古河電工 5 合計 32	0	ダイヤ電機 2 合計 2
	合計 44					
マイクロ系冷却	冷却性能向上・小型化	古河電工 32 ダイヤ電機 12 東芝 11 富士通 11 PFU 7 日立製作所 6 合計 157	古河電工 5 三菱電機 2 日本碍子 2 合計 20	古河電工 15 日立製作所 13 富士通 12 フジクラ 11 東芝 10 ダイヤ電機 6 合計 114	デンソー 3 富士電機 2 DEC 2 合計 25	古河電工 15 東芝 10 ダイヤ電機 10 フジクラ 9 富士通 5 PFU 5 合計 115
	合計 431					
	高機能化	古河電工 5 富士通 2 合計 12	0	フジクラ 2 古河電工 2 合計 9		合計 1
	合計 24					
	生産性メンテナンス性	フジクラ 3 IBM 2 合計 11	0	フジクラ 9 富士通 3 合計 19	合計 2	合計 2
	合計 34					
	ペルチェ素子等他素子冷却	フジクラ 3 小松製作所 3 合計 21	フジクラ 2 合計 3	東芝 4 日立製作所 3 合計 43	アイシン精機 2 合計 3	合計 15
	合計 85					

1990年から2001年7月公開の特許・実案

ヒートパイプ
技術開発の拠点の分布

技術開発の拠点は関東以西に分布

出願上位20社の開発拠点を発明者の住所・居所でみると、京浜地区、千葉、茨城など関東地方に26拠点、大阪、兵庫など関西地方に7拠点、静岡、愛知など東海中部地方に8拠点、その他九州、北陸、などに3拠点と関東以西の各地に広く分布している。

上位20社の技術開発拠点図

1990年から2001年7月公開の特許・実案

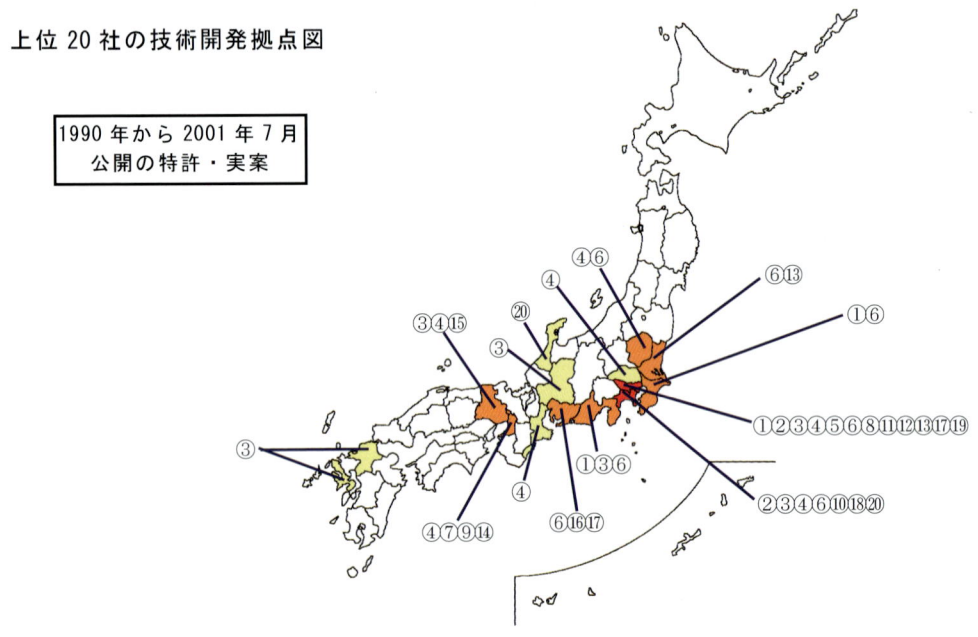

上位20社の技術開発拠点一覧表

No	企業名	事業所名
①	フジクラ	本社（東京）、佐倉工場（千葉）、沼津工場（静岡）
②	古河電気工業	本社（東京）、横浜研究所（神奈川）
③	三菱電機	本社（東京）、中津川製作所（岐阜）、鎌倉製作所、生活システム研究所（神奈川）、静岡製作所（静岡）、福岡製作所（福岡）、神戸製作所、伊丹製作所、制御製作所、中央研究所（兵庫）、長崎製作所（長崎）
④	東芝	本社事務所、青梅工場、府中工場（東京）、京浜事業所、研究開発センター、総合研究所、小向工場、柳町工場（神奈川）、那須工場（栃木）、深谷工場（埼玉）、大阪工場（大阪）、姫路半導体工場（兵庫）三重工場（三重）
⑤	リコー	本社（東京）
⑥	日立製作所	中央研究所、デバイス開発センタ（東京）、オフィスシステム事業部、マルチメディアシステム開発本部、映像情報メディア事業部、情報通信事業部、PC事業部、汎用コンピュータ事業部、（神奈川）、情報機器事業部（愛知）、水戸工場、自動車機器事業部、計測器事業部、機械研究所、産業機械システム事業部、日立研究所、エネルギ研究所（茨城）、空調システム事業部（静岡）、電子デバイス事業部（千葉）冷熱事業部栃木本部（栃木）
⑦	松下電器産業	本社（大阪）
⑧	コニカ	東京事業所（東京）
⑨	昭和電工	堺事業所（大阪）
⑩	富士通	川崎工場（神奈川）
⑪	日本電気	本社（東京）
⑫	アクトロニクス	本社（神奈川→東京）
⑬	日立電線	本社（東京）、土浦工場（茨城）
⑭	ダイヤモンド電機	本社（大阪）
⑮	三菱電線工業	伊丹製作所（兵庫）
⑯	デンソー	本社（愛知）
⑰	ソニー	本社（東京）、ソニー一宮（愛知）
⑱	富士電機	本社（神奈川）
⑲	キヤノン	本社（東京）
⑳	ピーエフユー	本社（石川）、大和工場（神奈川）

ヒートパイプ — 主要企業の状況

主要企業20社で68%の出願率

出願件数の多い企業は、フジクラ、古河電気工業、三菱電機、東芝、リコーである。多くの企業は、古くからこの分野の出願を行っているが、コニカおよびソニーの出願は90年代後半より増加している。

ヒートパイプの主要出願人の出願件数

No.	出願人	90年	91年	92年	93年	94年	95年	96年	97年	98年	99年	合計
1	フジクラ	32	34	37	41	41	32	40	25	35	21	351
2	古河電気工業	32	27	33	34	16	26	29	28	37	37	327
3	三菱電機	56	44	26	12	12	8	11	15	23	20	250
4	東芝	21	23	22	22	18	14	9	18	23	26	204
5	リコー	13	27	11	3	7	9	18	21	11	11	138
6	日立製作所	6	7	14	11	10	8	8	15	6	16	116
7	松下電器産業	13	14	10	14	2	4	7	9	12	10	111
8	コニカ			1		5	7	27	13	15	33	105
9	昭和電工	4	10	8	9	5	10	8	6	18	5	105
10	富士通	8	11	9	9	1	2	3	9	11	10	87
11	日本電気	5	7	3	6	3	7	9	14	8	5	73
12	ACT+赤地	11	8	6	8	4	6	5	8	4	0	65
13	ダイヤモンド電機			5	7	9	4	4	10	15	2	57
14	日立電線	7	11	3	6		2	2	5	1	5	56
15	三菱電線工業	6	10	10	6	16	6		1			55
16	ソニー	1				1	1	1	6	11	21	45
17	デンソー	1		2	2	0	0	11	13	5	11	45
18	富士電機	3	2	4	5	4	5	8	5	1	3	43
19	キヤノン	1	1	2	2	2	3	8	3	6	8	38
20	ピーエフユー				3	1	1	7	8	10	7	38
21	日本電信電話	4	7	11	2	1	1	3	2		3	38
22	産業技術総合研究所	3	7	6	5	3	5	2		3	1	36
23	富士ゼロックス				1		1	6	10	9	6	34
24	三洋電機	1	1	4	2	4	6	4	2	2	6	33
25	カルソニック				3		6	3	6	3	2	29
26	東芝ライテック	1	4	5	4	1		7	3	2	1	29
27	三菱重工業	8	8	3	2	2	1			1	2	27
28	シャープ			2	2	2	1	2	4	6	6	26
29	東京電力	7	3	4	1	1		4			2	26
30	石川島播磨重工業	3	1	3	8			1	1	1		21

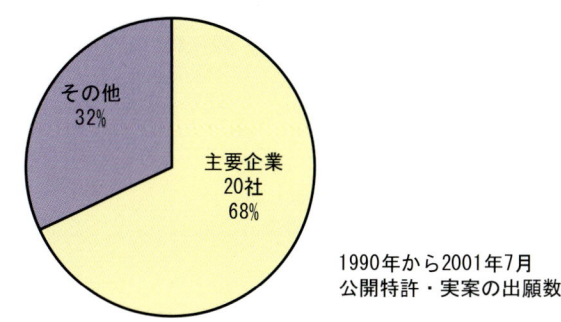

主要企業20社の出願件数に占める割合

その他 32% / 主要企業20社 68%

1990年から2001年7月
公開特許・実案の出願数

ヒートパイプ	主要企業

株式会社　フジクラ

出願状況

　右図にフジクラのヒートパイプの技術要素別出願件数を示す。

　同社の保有する出願は351件である。そのうち登録になったものが93件あり、係属中のものが166件ある。*

　同社は画像表示装置以外の全分野に出願しており、特にヒートパイプの構造関係の出願が多い。ヒートパイプの応用分野では、半導体の冷却とコンピュータの冷却の出願が多い。

*1990～2001年7月までに公開の出願

技術要素別の出願件数

(レーダーチャート: HPの構造(HP本体)、HPの構成要素(HP本体)、HPの製造方法(HP本体)、特殊ヒートパイプ(HP本体)、半導体の冷却(HP応用)、電子装置の冷却(HP応用)、コンピュータの冷却(HP応用)、画像形成装置(HP応用)、画像表示装置(HP応用))

保有特許リスト例

技術要素	課題	解決手段	特許番号	概　　要
HPの構造	機能性の改良	ループ構造化	実案第2523034号 1996/10/22 E01C 11/26	ループ型ヒートパイプで深夜電力用蓄熱手段を備え、作動流体の流量調整弁で蓄熱を必要なときにのみ取り出して利用できる電力蓄熱型融雪システムで、給湯や暖房用にも使用できる
HPの製造方法	生産性コスト	作動液封入法	特許第2720365号 1997/11/21 F28D 15/02, 106	ヒートパイプを仮封止した状態でコンテナを加熱して作動液を沸騰させ、不活性ガスを満たしたガスチャンバに接続開閉弁を開けて作動流体を沸騰させた後、開閉弁を閉じて注入口を本封止する
半導体の冷却	マイクロ系小型化	冷却器の形状改善	特許第3181272号 2001/4/20 F16 11/04	ノートパソコンの素子冷却用ヒートパイプをその中心軸線を中心にした回転が自在で熱の授受を効果的に実現できるヒンジ部材
計算機の冷却	可動部熱接合	伝熱ヒンジ	特許第3017711号 1999/12/24 H05K 7/20	電子素子に蒸発部が熱授受可能に配設されるとともに、前記パソコン本体における外気との熱交換面積が大きい液晶部に凝縮部が配設されたヒートパイプ機構と、そのヒートパイプ機構における前記蒸発部と前記凝縮部との中間部（伝熱ヒンジ）から選択的に熱を奪って放熱するように駆動される冷却手段とを備えていることを特徴とするパソコンの冷却装置

ヒートパイプ　　主要企業

古河電気工業 株式会社

出願状況

右図に古河電気工業のヒートパイプの技術要素別出願数を示す。

同社の保有する出願は327件である。そのうち登録になったものが35件あり、係属中のものが163件ある。*

同社は全分野に出願しており、特にヒートパイプの本体関係と、応用分野では半導体の冷却、電子装置の冷却とコンピュータの冷却の出願が多い。

*1990〜2001年7月までに公開の出願

技術要素別の出願件数

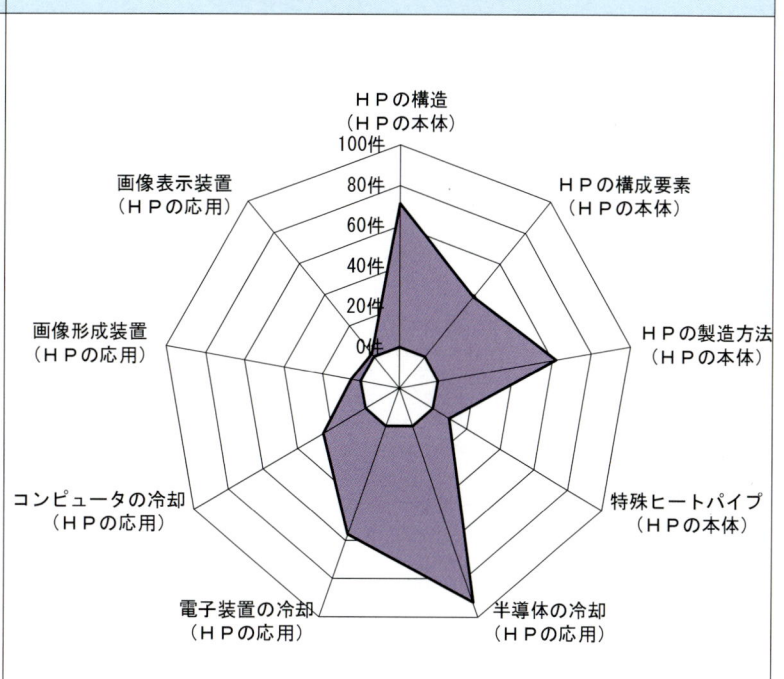

保有特許リスト例

技術要素	課題	解決手段	特許番号	概要
HPの構造	機能向上	平板構造化	特許第3164518号 2001/3/2 F28D 15/02	2枚のアルミ板を、その間に熱移動用回路を形成するようにろう付けし作動液を封入した平面型ヒートパイプで、高精度に形成できフィンの取り付けが容易
HPの構成要素	容器（コンテナ）	断面構造改善	特許第3108089号 2000/9/8 F28D 15/02, 106	作動液が入り、両端が封止された円形のヒートパイプを、温度制御装置を有するヒーターを内蔵する上型と下型の間に載置し、ヒートパイプを160〜250℃の温度に加熱し、上型を加圧して、ヒートパイプの所望の位置を圧縮して全長にわたって圧縮された偏平の異形ヒートパイプを製造する
HPの構成要素	ウィック	断面構造改善	特許第3108656号 2000/9/8 F28D 15/02, 101	板型コンテナの空洞部内に当該コンテナの吸熱面と放熱面の両内壁に接合する伝熱ブロックを設け、該伝熱ブロックの側壁から放熱面内壁に沿ってウィックが配置され、該ウィックと前記伝熱ブロックとは位置決め部材により密接されている板型ヒートパイプ
HPの製造方法	平板HPの製法	製造工程改善	特許第3108669号 2000/9/8 F28D 15/02, 101	押出法による偏平多穴管の端部に治具を挿入して端部を溶接封止し、多穴部が端部で連通した構造にし、連通穴で構成される空洞に作動液を封入して板型ヒートパイプを製造する

ヒートパイプ	主要企業

三菱電機 株式会社

出願状況

　右図に三菱電機のヒートパイプの技術要素別出願件数を示す。
　同社の保有する出願は250件である。そのうち登録になったものが31件あり、係属中のものが77件ある。*
　同社は全分野に出願しており、特にヒートパイプ本体の構造と構成要素、応用分野では半導体の冷却、電子装置の冷却、画像表示への出願が多い。

*1990～2001年7月までに公開の出願

技術要素別の出願件数

レーダーチャート軸：
- HPの構造（HP本体）
- HPの構成要素（HP本体）
- HPの製造方法（HP本体）
- 特殊ヒートパイプ（HP本体）
- 半導体の冷却（HP応用）
- 電子装置の冷却（HP応用）
- コンピュータの冷却（HP応用）
- 画像形成装置（HP応用）
- 画像表示装置（HP応用）

目盛：0件、10件、20件、30件、40件、50件、60件

保有特許リスト例

技術要素	課題	解決手段	特許番号	概要
HPの構造	伝熱性能向上	液流路構造改善	特許第2699623号 1997/9/26 F25D 9/00	宇宙空間で使用する循環沸騰凝縮伝熱システムの凝縮管に連通し、かつ上記凝縮管より小さい内径を有する液管を設け、凝縮管内の冷媒液体が連通部を介して液管内に流入するようにした
HPの製造方法	生産性コスト	その他改善	特許第2585870号 1996/12/5 F28D 15/02	複数本の孔にヒートパイプ素管を挿入後拡管して、ヒートパイプを密着固定する中空ロールの孔の開口端に、流体圧力を導入する拡管用の管が接続可能な接合部を設ける
半導体の冷却	パワー系高性能	冷却器の配置改善	特許第2791270号 1998/6/12 H01L 23/427	縦置型の車輌搭載用の半導体冷却器において、その放熱フィンがヒートパイプと同方向に配置され、かつフィンが2分割され、下側が上方向に傾斜切断されている自冷式の冷却器
計算機の冷却	小型・省電力	ファンと組合わせ	特許第3014371号 1999/12/17 H05K 7/20	発熱部品であるCPUに接触可能な板状のヒートスプレッダの一部をファンハウジングの一部として使用し、ヒートスプレッダとファンを一体化するとともに、CPUの厚みより薄いファンハウジングを有するファンをCPUの直近に並列配置する

ヒートパイプ　　主要企業

株式会社　東芝

出願状況

　右図に東芝の技術要素別ヒートパイプの出願件数を示す。

　同社の保有する出願は204件である。そのうち登録になったものが20件あり、係属中のものが106件ある。*

　同社はヒートパイプの製造法以外の全分野に出願しており、最も出願数が多いのは半導体の冷却であるが、ヒートパイプ本体の構造やコンピュータの冷却、電子装置の冷却、画像表示装置などにも相当数の出願をしている。

*1990～2001年7月までに公開の出願

技術要素別の出願件数

レーダーチャート軸：
- HPの構造（HP本体）
- HPの構成要素（HP本体）
- HPの製造方法（HP本体）
- 特殊ヒートパイプ（HP本体）
- 半導体の冷却（HP応用）
- 電子装置の冷却（HP応用）
- コンピュータの冷却（HP応用）
- 画像形成装置（HP応用）
- 画像表示装置（HP応用）

目盛：0件、20件、40件、60件、80件、100件

保有特許リスト例

技術要素	課題	解決手段	特許番号	概要
HPの構造	機能性向上	ループ構造化	特許第2732763号 1997/12/26 F28D 15/02, 101	発熱体を搭載する受熱部と離れた放熱部を二相熱媒体循環系で連結した構成の排熱システムの温度制御性を高めるため、受熱部を発熱体搭載部と熱交換部に分けて両者間をヒートパイプで連結する
半導体の冷却	パワー系高性能	冷却器の形状改善	特許第2904939号 1999/3/26 H02M 7/04	電力半導体用のヒートパイプ冷却器に於いて、その沸騰ブロックの片面にアーム回路を構成するサイリスタとダイオードを取り付け、その片側には直列に接続される他のアーム回路を構成するサイリスタとダイオードを取り付けた
半導体の冷却	マイクロ系高性能	冷却器の形状改善	特許第3139816号 2000/12/15 G06F 1/16	オフコン等の小型電子機器で半導体素子が実装された複数の基板間に板状のヒートパイプを配置し、その他部にはフィンを設けた電子機器
電子装置の冷却	発熱部品直冷	HP以外の構造改善	特許第2962429号 1999/8/6 H01L 23/427	基板に実装された発熱体表面にヒートパイプを取り付け、このヒートパイプに連通し基板間の冷却風とフィン面が平行になるようなフィンチューブ部分を冷却部とする

ヒートパイプ	主要企業

株式会社　リコー

出願状況

技術要素別の出願件数

右図にリコーのヒートパイプの技術要素別出願件数を示す。

同社の保有する出願は138件である。そのうち登録になったものが18件あり、係属中のものが83件ある。*

同社の出願は特徴的で、ほとんど全部を画像形成装置に集中している。これ以外は半導体の冷却に幾らかの出願がみられるだけである。

*1990～2001年7月までに公開の出願

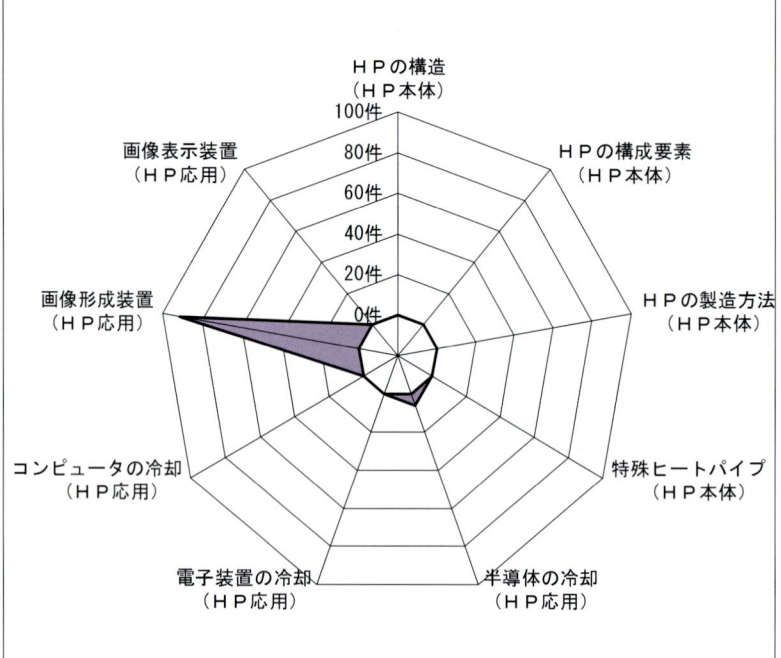

保有特許リスト例

技術要素	課題	解決手段	特許番号	概　　要
画像形成装置	製品品質向上	定着ロールの均熱	特許第3056821号 2000/4/14 G03G 15/20, 301	加熱ロールに近接して短尺、扁平ヒートパイプを設け、温度を迅速に検出しロール温度を制御する定着装置
		搬送ベルトの冷却	特許第3050633号 2000/11/17 B65H 29/70	ヒートパイプとファンを用いて加熱定着後の搬送ベルトの温度を制御することにより、画像転写紙の水分量を調節してカールを防止する装置
	省エネ環境	定着ロールの均熱	特許第3130408号 2000/11/17 G03G 15/20, 101	熱源からニップロールを介して耐熱シートを加熱する定着装置においてニップロールをヒートパイプで構成することにより均熱化、低コスト化を実現した
	使い易さ改善	定着ロールの均熱	特許第3024810号 2000/1/21 G03G 15/20, 301	扁平ヒートパイプを放射状にオーバーラップして埋設することにより、均熱性を改善しクイックスタートを可能にした定着ロール

目次

ヒートパイプ

1. ヒートパイプ技術の概要

1.1 ヒートパイプの技術 ... 3
- 1.1.1 ヒートパイプの原理 ... 3
- 1.1.2 ヒートパイプ技術全体の概要 ... 4
- 1.1.3 ヒートパイプの利用 ... 5
- 1.1.4 ヒートパイプの関連法規 ... 6
- 1.1.5 本書で扱うヒートパイプ技術 ... 6
- 1.1.6 ヒートパイプの技術体系 ... 8

1.2 ヒートパイプ関連技術のアクセスツール ... 13
- 1.2.1 ヒートパイプ技術のアクセスツール ... 13

1.3 技術開発活動状況 ... 16
- 1.3.1 ヒートパイプ全体 ... 16
- 1.3.2 ヒートパイプ本体 ... 17
  - (1) ヒートパイプ本体の構造 ... 17
  - (2) ヒートパイプの構成要素 ... 18
  - (3) ヒートパイプの製造方法 ... 19
  - (4) 特殊なヒートパイプ ... 20
- 1.3.3 ヒートパイプの応用 ... 21
  - (1) 半導体の冷却 ... 21
  - (2) 電子装置の冷却 ... 22
  - (3) コンピュータの冷却 ... 23
  - (4) コピー機・画像形成装置の均熱・冷却 ... 24
  - (5) 画像表示装置の冷却 ... 25

1.4 ヒートパイプの技術開発の課題と解決手段 ... 26
- 1.4.1 ヒートパイプ本体 ... 26
  - (1) ヒートパイプ本体の構造 ... 26
  - (2) ヒートパイプの構成要素 ... 27
  - (3) ヒートパイプの製造方法 ... 28
  - (4) 特殊なヒートパイプ ... 29
- 1.4.2 ヒートパイプの応用 ... 30
  - (1) 半導体の冷却 ... 30
  - (2) 電子装置の冷却 ... 31

目次

  （3）コンピュータの冷却 32
  （4）コピー機・画像形成装置の均熱・冷却 33
  （5）画像表示装置の冷却 34

2．主要企業等の特許活動

2.1 フジクラ 40
  2.1.1 企業の概要 40
  2.1.2 技術移転事例 40
  2.1.3 ヒートパイプ技術に関連する製品・技術 40
  2.1.4 技術開発課題対応保有特許の概要 41
  2.1.5 技術開発拠点 49
  2.1.6 技術開発者 49

2.2 古河電気工業 50
  2.2.1 企業の概要 50
  2.2.2 技術移転事例 50
  2.2.3 ヒートパイプ技術に関連する製品・技術 50
  2.2.4 技術開発課題対応保有特許の概要 51
  2.2.5 技術開発拠点 58
  2.2.6 技術開発者 58

2.3 三菱電機 59
  2.3.1 企業の概要 59
  2.3.2 技術移転事例 59
  2.3.3 ヒートパイプ技術に関連する製品・技術 59
  2.3.4 技術開発課題対応保有特許の概要 60
  2.3.5 技術開発拠点 63
  2.3.6 技術開発者 63

2.4 東芝 64
  2.4.1 企業の概要 64
  2.4.2 技術移転事例 64
  2.4.3 ヒートパイプ技術に関連する製品・技術 64
  2.4.4 技術開発課題対応保有特許の概要 65
  2.4.5 技術開発拠点 69
  2.4.6 技術開発者 69

2.5 リコー 70
  2.5.1 企業の概要 70
  2.5.2 技術移転事例 70

目次

- 2.5.3 ヒートパイプ技術に関連する製品・技術 70
- 2.5.4 技術開発課題対応保有特許の概要 71
- 2.5.5 技術開発拠点 73
- 2.5.6 技術開発者 73
- 2.6 日立製作所 74
  - 2.6.1 企業の概要 74
  - 2.6.2 技術移転事例 74
  - 2.6.3 ヒートパイプ技術に関連する製品・技術 74
  - 2.6.4 技術開発課題対応保有特許の概要 75
  - 2.6.5 技術開発拠点 77
  - 2.6.6 技術開発者 78
- 2.7 松下電器産業 79
  - 2.7.1 企業の概要 79
  - 2.7.2 技術移転事例 79
  - 2.7.3 ヒートパイプ技術に関連する製品・技術 79
  - 2.7.4 技術開発課題対応保有特許の概要 80
  - 2.7.5 技術開発拠点 81
  - 2.7.6 技術開発者 82
- 2.8 コニカ 83
  - 2.8.1 企業の概要 83
  - 2.8.2 技術移転事例 83
  - 2.8.3 ヒートパイプ技術に関連する製品・技術 83
  - 2.8.4 技術開発課題対応保有特許の概要 84
  - 2.8.5 技術開発拠点 86
  - 2.8.6 技術開発者 87
- 2.9 昭和電工 88
  - 2.9.1 企業の概要 88
  - 2.9.2 技術移転事例 88
  - 2.9.3 ヒートパイプ技術に関連する製品・技術 88
  - 2.9.4 技術開発課題対応保有特許の概要 89
  - 2.9.5 技術開発拠点 92
  - 2.9.6 技術開発者 92
- 2.10 富士通 93
  - 2.10.1 企業の概要 93
  - 2.10.2 技術移転事例 93
  - 2.10.3 ヒートパイプ技術に関連する製品・技術 93

目次

- 2.10.4 技術開発課題対応保有特許の概要 94
- 2.10.5 技術開発拠点 95
- 2.10.6 技術開発者 96
- 2.11 日本電気 97
  - 2.11.1 企業の概要 97
  - 2.11.2 技術移転事例 97
  - 2.11.3 ヒートパイプ技術に関連する製品・技術 97
  - 2.11.4 技術開発課題対応保有特許の概要 98
  - 2.11.5 技術開発拠点 99
  - 2.11.6 技術開発者 100
- 2.12 アクトロニクス 101
  - 2.12.1 企業の概要 101
  - 2.12.2 技術移転事例 101
  - 2.12.3 ヒートパイプ技術に関連する製品・技術 101
  - 2.12.4 技術開発課題対応保有特許の概要 102
  - 2.12.5 技術開発拠点 104
  - 2.12.6 技術開発者 104
- 2.13 日立電線 105
  - 2.13.1 企業の概要 105
  - 2.13.2 技術移転事例 105
  - 2.13.3 ヒートパイプ技術に関連する製品・技術 105
  - 2.13.4 技術開発課題対応保有特許の概要 106
  - 2.13.5 技術開発拠点 107
  - 2.13.6 技術開発者 107
- 2.14 ダイヤモンド電機 108
  - 2.14.1 企業の概要 108
  - 2.14.2 技術移転事例 108
  - 2.14.3 ヒートパイプ技術に関連する製品・技術 108
  - 2.14.4 技術開発課題対応保有特許の概要 109
  - 2.14.5 技術開発拠点 111
  - 2.14.6 技術開発者 111
- 2.15 三菱電線工業 112
  - 2.15.1 企業の概要 112
  - 2.15.2 技術移転事例 112
  - 2.15.3 ヒートパイプ技術に関連する製品・技術 112
  - 2.15.4 技術開発課題対応保有特許の概要 113

目次

Contents

  2.15.5 技術開発拠点 114
  2.15.6 技術開発者 114
 2.16 デンソー 115
  2.16.1 企業の概要 115
  2.16.2 技術移転事例 115
  2.16.3 ヒートパイプ技術に関連する製品・技術 115
  2.16.4 技術開発課題対応保有特許の概要 116
  2.16.5 技術開発拠点 117
  2.16.6 技術開発者 118
 2.17 ソニー 119
  2.17.1 企業の概要 119
  2.17.2 技術移転事例 119
  2.17.3 ヒートパイプ技術に関連する製品・技術 119
  2.17.4 技術開発課題対応保有特許の概要 120
  2.17.5 技術開発拠点 121
  2.17.6 技術開発者 121
 2.18 富士電機 122
  2.18.1 企業の概要 122
  2.18.2 技術移転事例 122
  2.18.3 ヒートパイプ技術に関連する製品・技術 122
  2.18.4 技術開発課題対応保有特許の概要 123
  2.18.5 技術開発拠点 124
  2.18.6 技術開発者 124
 2.19 キヤノン 125
  2.19.1 企業の概要 125
  2.19.2 技術移転事例 125
  2.19.3 ヒートパイプ技術に関連する製品・技術 125
  2.19.4 技術開発課題対応保有特許の概要 126
  2.19.5 技術開発拠点 127
  2.19.6 技術開発者 127
 2.20 ピーエフユー 128
  2.20.1 企業の概要 128
  2.20.2 技術移転事例 128
  2.20.3 ヒートパイプ技術に関連する製品・技術 128
  2.20.4 技術開発課題対応保有特許の概要 129
  2.20.5 技術開発拠点 130

目次

Contents

    2.20.6 技術開発者 130

3．主要企業の技術開発拠点
  3.1 ヒートパイプ本体 133
  3.2 ヒートパイプの応用 135
    3.2.1 半導体の冷却 135
    3.2.2 電子装置の冷却 136
    3.2.3 コンピュータの冷却 137
    3.2.4 コピー機・画像形成装置の均熱・冷却 138
    3.2.5 画像表示装置の冷却 139

資料
  1．工業所有権総合情報館と特許流通促進事業 143
  2．特許流通アドバイザー一覧 146
  3．特許電子図書館情報検索指導アドバイザー一覧 149
  4．知的所有権センター一覧 151
  5．平成 13 年度 25 テーマの特許流通の概要 153
  6．特許番号一覧 169

1. ヒートパイプ技術の概要

1.1 ヒートパイプの技術
1.2 ヒートパイプ関連技術のアクセスツール
1.3 技術開発活動の状況
1.4 ヒートパイプの技術開発の課題と解決手段

> 特許流通
> 支援チャート

1．ヒートパイプ技術の概要

ヒートパイプは高伝熱性、軽量性、省スペース性などの特長を
活かして、コンピュータや電子機器の放熱に実用化されている。

1.1 ヒートパイプの技術

1.1.1 ヒートパイプの原理

　ヒートパイプとは、離れた場所に高速で熱を伝える熱伝達素子である。

　ヒートパイプの原理を図1.1.1-1に示す。ヒートパイプは、容器（金属管）、ウィック（毛細管作用を有する材料）、作動液から成り立っており、動作原理は熱サイホンと同じである。すなわち、加熱部で作動液の蒸発が起こり、作動液の蒸気は冷却部に移動し、凝縮する。ここで蒸発潜熱の受け渡しが行われ、凝縮した作動液は管内のウィックの毛細管作用で加熱部に還流する。この繰り返しで、加熱部から冷却部へ熱の伝達が行われる。

　管内は作動液の蒸気以外の非凝縮ガスが存在しないように、真空になっており、このため作動液の常圧における沸点以下の温度でも、少ない温度差で蒸発－凝縮のサイクルが起こり、離れた場所に迅速な熱伝達が行われる。

　ヒートパイプは作動液の選択により、高温用から低温用まで広範な温度範囲のものができ、形状も用途により長尺、大口径のものから、マイクロヒートパイプと呼ばれる数mmの小サイズのものまで製作が可能である。

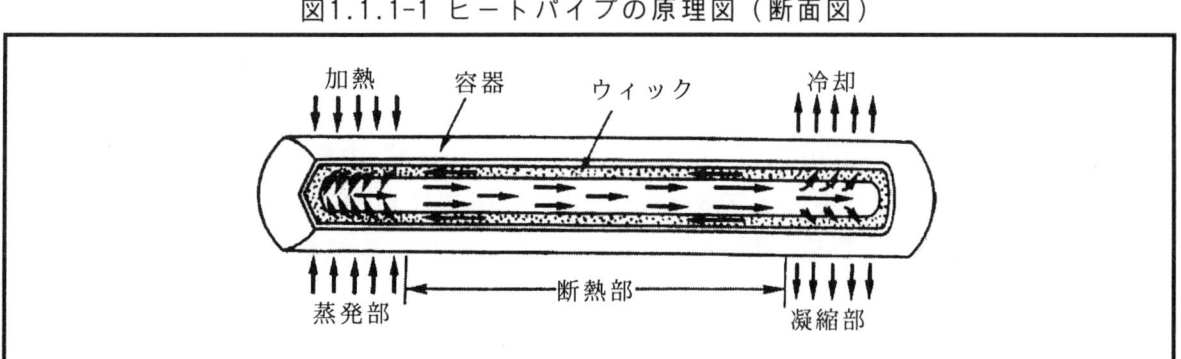

図1.1.1-1 ヒートパイプの原理図（断面図）

1.1.2 ヒートパイプ技術全体の概要

　ヒートパイプの歴史は古く1942年に米国Gauglerにより"Heat Transfer Device"（毛細管現象を利用する二相密閉サーモサイホン）の原理特許が出願され、1963年にはGroverにより、蒸発部と凝縮部を持つ熱輸送装置を「Heat Pipe」と命名されている。1965年にはCotterによって"Theory of heat pipe"（ヒートパイプの原理）が発表され、この理論を応用した各種用途開発が世界中で活発に行われるようになった。

　1967年に、米国NASAによりヒートパイプが人工衛星に応用されたことにより、宇宙用途の実用化が開始された。

　このようなヒートパイプの研究と活発な用途開発を背景にして、国際ヒートパイプ会議（IHPC）が1973年に西独で始めて開催され、宇宙用途から地上用途までの広範囲な41編の論文が発表された。

　日本では、1970年頃から各企業、大学での研究開発が開始され始め、折りしも1973年の第1次オイルショックにより、省エネルギーの機運の高まりにより各種省エネ機器の大きな需要が発生した。

　ここで、ヒートパイプを利用した排熱回収装置が脚光を浴び、ボイラーや乾燥器などのエネルギーを大量に消費する装置に、ヒートパイプ式排熱回収装置が設置され、多様なヒートパイプ式熱交換器が開発され、実用化された。

　その後、排熱回収装置の浸透と代替エネルギーの開発が相まって、省エネルギー機運が沈静化すると、1980年を境にして、世界はエレクトロニクス機器を中心とした大量消費、高度成長期に突入し、ヒートパイプもこの分野での応用が活発となり、これに関する特許出願もパワーエレクトロニクスからマイクロエレクトロニクスに至る各種エレクトロニクス機器への実用的な特許出願が多く見られるようになった。

　この分野では日本が世界をリードすることとなり、エレクトロニクス用のヒートパイプとしては、1978年に世界に先駆けてソニーのオーディオアンプという民生用機器のパワートランジスタの冷却にヒートパイプが採用され、これがエレクトロニクス用ヒートパイプの原点となり、ヒートパイプの大量生産に拍車がかかった。

　その後1982年頃にはヒートパイプはパワーエレクトロニクス用として、各種インバータや無停電電源装置に使用され、電車や新幹線にも搭載されるようになり、社会基盤を支えるための必須なデバイスとして、市民権が得られるようになった。

　なお、日本でのヒートパイプの応用開発気運を背景に、1982年には産業界と研究者の協力により「日本ヒートパイプ協会」が設立され、この協会の運営として、筑波大学で第5回国際ヒートパイプ会議が開催され、発表論文数152件と多くの論文が発表された。

　特にこの場で、米国Cotterにより"Micro heat pipe"の概念が発表されたのがエポックメーキングなできごとであった。（この概念は理論的には素晴らしいものであるが、実用的には製造、活用が困難であり、未だに本格的実用化に至っていない。）

　1990年を前後して、インターネットを核とした世界的なIT革命が到来し、デスクトップパソコンやノートパソコンが爆発的に普及し、これに使用されるCPU、MPU

（中央演算素子）の冷却に、比較的細径のヒートパイプが注目されるようになった。1994年にIBMのノートパソコンのCPU冷却用に外径3mmの細径ヒートパイプが初めて採用されて以来、現在ではほとんどのノートパソコンにヒートパイプが使用されている。

ヒートパイプが採用された当初は、CPUの発熱量が数ワットと少なかったため、パソコンの筐体やLCD背面に逃がすだけの自然冷却で処理出来たが、CPUの集積化とクロック周波数の高まりによって、発熱量が増大してくるにつれて、CPUの熱をヒートパイプによってフィンとファンを装着したハイブリッドなヒートシンクに誘導して、熱源から離れた場所で強制空冷を行う方式が主流となっている。

1990年以降、これらノートパソコンのCPUやその周辺素子の冷却に関する特許がヒートパイプ製造メーカーやパソコン製造メーカーから活発に出願されている。

1998年頃になると、さらに高まるCPUの発熱量と熱密度（50-100w／cm²）に対応するため、この熱密度を緩和（拡散）させるヒートパイプの開発が活発になり、各種平板（プレート）型のヒートパイプ式ヒートスプレッダー（ベーパーチャンバー）の特許出願が見られるようになった。

なお特筆すべきは、1987年に日本の企業により従来のヒートパイプ（ウィックの付いたヒートパイプ）とは原理が異なる自励振動型ヒートパイプ（Osillation Heat Pipe）のアイデアが提案され、細径蛇行状やループ状のヒートパイプが開発され、これに関する製法特許、用途特許の出願が多く見られるようになったことである。この自励振動型ヒートパイプの理論的解明は未だ完全ではないが、すでに一部で実用化が始まっている。

また、複写機や液晶プロジェクタ周辺の電子機器の冷却では、ローラーの均熱や光源の冷却への応用特許出願も見られる。

最近では、オゾン破壊係数0でかつ地球温暖化係数も0といった、昨今の厳しい地球環境規制に対応した新冷媒を用いたヒートパイプの特許なども見られるようになってきている。

1.1.3 ヒートパイプの利用

ヒートパイプで初期に実用化されたのは、宇宙衛星用電子機器の放熱や衛星室内温度の均熱用である。これは今日でも継続して使用されているが、この市場は一般性のあるものではなく、大きな需要とは言えない。

ヒートパイプの大型需要で最初に世界的注目を集めたのは、大型長尺ヒートパイプを利用した、アラスカの送油パイプライン用の凍土形成であるが、その後施工例はない。続いて電線ケーブルの洞道の冷却や地熱の利用（融雪）に長尺ヒートパイプを使う試みも行われたが、これらもまた大きな需要にはなっていない。

その後、排熱回収用熱交換器、太陽熱温水器などが比較的早期に商品化されたが、省エネ機器の低迷もあって、一部の商品を除いてほとんど市場から姿を消した。

近年半導体素子や電気製品の冷却が脚光を浴びてきた。最初に注目されたのはオーディオアンプのパワートランジスタの冷却で、ヒートパイプの軽量性と放熱の迅速性で普及したが、その後同じ原理のものが大型車両のモータ制御や電源装置用

のインバータやサイリスタの冷却に使われるようになった。また最近ではコンピュータ（ノートパソコン）のCPUやMPUの冷却用に需要が高まっているが、これはヒートパイプの小型軽量、迅速放熱の特性をうまく活用した好例といえよう。

一方、ヒートパイプの均熱性を応用したものとしてコピー機の定着ロール、車両用などの小型電気接続箱や筐体の放熱に幅広く実用化が進められている。

1.1.4 ヒートパイプの関連法規

特に大型のヒートパイプの場合、使用温度における内圧と容積の積が一定値以上になると、高圧ガス取締法の対象となる場合が考えられるが、一般にヒートパイプに関連する法規はみあたらない。

1.1.5 本書で扱うヒートパイプ技術

ヒートパイプの技術は、大きく2つに分けられる。1つはヒートパイプ本体に関する技術で、もう1つはヒートパイプの応用に関する技術である。

ヒートパイプ本体に関しては、ヒートパイプの性能・機能を高めるための本体の構造に関する技術、ヒートパイプを構成する材料に関する技術、ヒートパイプの製造方法に関する技術、あるいは新しい構造や原理に基く新しいヒートパイプの技術などに分かれる。

ヒートパイプの応用に関しては、最近出願数が増加しているエレクトロニクス分野へのヒートパイプの応用の中から、半導体の冷却への応用、電子機器の冷却への応用、コンピュータの冷却への応用、コピー機など画像形成装置の均熱・冷却への応用、液晶プロジェクタなど画像表示装置の冷却への応用を扱う。

これら、本書で扱うヒートパイプ技術の体系を図1.1.5-1に示す。

図1.1.5-1 本書で扱うヒートパイプ技術の体系（注　ＨＰ：ヒートパイプ）

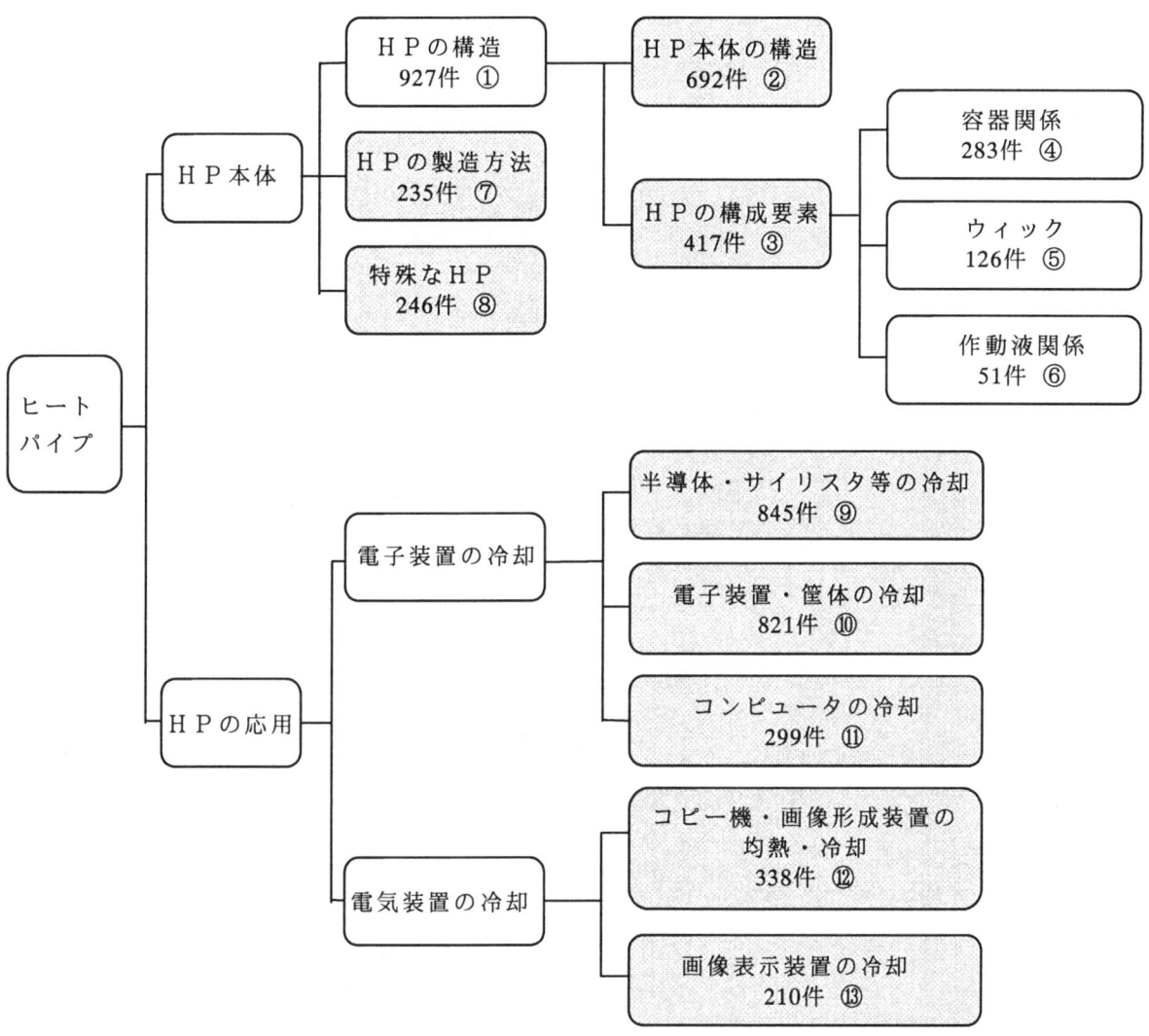

＊ハッチ部分が本書で取扱う技術
1990年から2001年7月まで公開の出願

1.1.6 ヒートパイプの技術体系

本書で扱う技術要素を表1.1.6に示す。

表1.1.6-1 ヒートパイプ（HP）の解析対象技術要素と概要

技術要素		解説
ＨＰ本体技術	ＨＰ本体の構造	ヒートパイプは、伝熱性能などの機能を一層改善するため、本体の構造を変えることにより解決することが要求されている。 　その第一は伝熱性の向上である。ヒートパイプは、一定の伝熱量（最大熱輸送量）を越えると作動液のドライアウトが起こり、円滑な熱伝熱ができない。そこで、作動液の流路の工夫、蒸発部の構造の工夫、ループ化など、構造の改善で最大熱輸送量を向上させる工夫が行われている。 　また、ヒートパイプで発熱素子の放熱を行う際、発熱体と熱接触の良い構造でないと、円滑な放熱が行えない。このため、ヒートパイプを偏平化したり、平板型にして、容易に発熱体と熱接触を図る工夫などが行われている。 　ノートパソコン向けの製品では、薄型の筐体に実装できる冷却システムの構造（平板型）が求められ、さらにその平板型ヒートパイプを安価に作るための構造の工夫も要求されている。 　ヒートパイプは、水平設置や蒸発部が上になるように設置（トップヒート）すると、著しく伝熱性能が低下する。この欠点を補うための構造や、ヒートパイプ同士を伝熱接続する構造も要求されている。
	ＨＰの構成要素	ヒートパイプの主要な構成要素は、容器（コンテナ＝金属管）とウィックと作動液である。 　容器は、銅またはアルミを使用する場合が多いが、高温用、耐食用などの要求からステンレスを用いたり、特殊用途として電気絶縁型として２重管の一方を電気絶縁性にしたものや、セラミックス管のものも出願されている。 　容器の形状・構造ではコルゲート加工したり、偏平型や平板型にする要求があり、最近ではノートパソコン用に、偏平型や平板型のニーズが高まっている。 　ウィックは毛細管力で作動液の循環を図るもので、金属ワイヤのメッシュやコイル、多孔性金属などが用いられるが、ウィックレスにして容器の内面にグルーブ加工（溝加工）をしたものも多く用いられる。 　ウィックへの課題はトップヒート対応や、ドライアウト防止のため毛細管力を向上することであるが、平板状ヒートパイプ用ウィックの製造方法や固定法に関するものもある。 　作動液に関しては、新しい品種の出願は少ないが、最近では凍結対策や代替フロンなど無公害対策の出願などがみられる。

表1.1.6-2 ヒートパイプ（HP）の解析対象技術要素と概要

技術要素		解説
HP本体技術	HPの製造方法	ヒートパイプは、真空容器（金属パイプ）の内部にウィックを装着して、作動液を計量して封入し、注入口を溶封して製造するが、それぞれ技術的にかなり難しい工程を含む。 　第一に、最近出願の増えた平板型ヒートパイプや細径ヒートパイプでは、容器をどう安価に作るか、原材料や、製造原理や製造工程が問題になる。これらの品種に関しては、作動液の封入法、封じ切り法、ウィックの形成法などもそれぞれ工夫が必要である。 　従来型の一般ヒートパイプでは、製品の需要増加に対応して、安価な製造方法と、製品の品質が安定した信頼性の高い製造方法が一番大きな問題である。 　ヒートパイプが量産化されるにつれ、安価な製造工程と自動量産機の開発が求められている。 　作動液の封入法や封じ切りの方法に関しては、種々厄介な問題があり、現在でも種々の工夫・改良案が出願されている。
	特殊なHP	ヒートパイプの機能や性能を一層高めるため、種々新しい原理のヒートパイプが考案されている。 　伝熱性能（最大熱輸送量）を高めることは、最大の課題である。ループ型ヒートパイプは伝熱性を高めるため考案されたが、その伝熱性能を一層高めるため、ポンプなど循環機構を導入した強制循環型ヒートパイプはその一例である。 　伝熱性の改良のため、ヒートパイプを2重管にしたり、細径蛇行（循環）型にしたり、管内に作動液の循環流路を設けた管内ループ型や、特にウィック材を充填した複合管ループ構造で作動液を循環させたり、回転型などの工夫もある。この中の細系蛇行型は、自励振動型とも言われ、新しい現象によるヒートパイプである。 　機能性の改善として、トップヒート性を改善するためにも、強制循環型は有効であり、細径蛇行（ループ）型も有力な手段と言われている。 　作動弁と循環回路でヒートパイプの作動をオンオフさせたり、可変コンダクタンス型にして伝熱制御の機能を持たせたり、蓄熱材との併用で夜間電力などの蓄熱性を求めるものなどもある。 　環境対策として、従来のフロンに代わる無公害な作動液に対する要求もあり、この目的に合致する炭酸ガスヒートパイプなどは注目される。

表1.1.6-3 ヒートパイプ（HP）の解析対象技術要素と概要

技術要素		解説
ＨＰの応用技術	半導体の冷却	ヒートパイプによる半導体素子の冷却は、大別してインバータなどパワー系（大電力）とコンピュータなどのマイクロ系の分野に分けられる。 　パワー系で、最も重要な課題は冷却能力の向上で、ヒートパイプと受熱ブロックの組立構造や、フィンの構造、冷却系全体の機器内の配置など構造上の工夫が行われている。 　ヒートパイプ自体の伝熱性を上げるため、ループ化や水冷との組合わせ、ヒートシンク（フィン付きアルミブロック）にヒートパイプの埋め込みなどが行われている。また、冷却能率を高めるため、インバータとヒートパイプを直接積層できる電気絶縁型ヒートパイプも多く出願されている。 　マイクロ系では、ヒートパイプにより空冷、小型化が実現した。この分野での課題は、発熱素子との熱接触の改良と、小型化が最も多く、このためヒートパイプの平板化が最も多く検討され、素子とヒートパイプの固定具、伝熱シート、放熱フィンと一体化した平板ヒートパイプや、さらにそれと冷却ファンを一体化した放熱ユニットなども考案されている。 　細径蛇行型ヒートパイプは、トップヒート性や伝熱性能も良いと言われ、新型ヒートパイプとして注目される。 　さらに効率を高めるため、ペルチェ素子との組合せも出願されている。
	電子装置・筐体の冷却技術	電子装置の冷却は大別して、装置の筐体を冷却するものと、内蔵されている電子回路（発熱体を搭載したプリント基板）を冷却するものに分かれる。 　筐体の冷却は、外部空気を導入するとダストや湿気が筐体内に侵入するので、密閉筐体のまま筐体内の発熱を冷却したいと言う要求で、筐体内の循環空気をヒートパイプ熱交換器で外気と熱交換して冷却する方法や、筐体を貫通したヒートパイプで筐体内の雰囲気を冷却する方法や、発熱体の温度を直接ヒートパイプで筐体ケースまたは筐体外に放熱する方法が提案されている。 　ヒートパイプと作動原理は似ているが、沸騰冷却法による筐体冷却システムも提案されている。 　ヒートパイプによる電子回路（プリント基板）の冷却法も研究されている。 　単独の基板の冷却法として、プリント基板にヒートパイプを固定したり、基板自体をヒートパイプ化して実装した発熱体を冷却する方法などが提案され、多段の基板群の冷却法、基板上の発熱体の熱を基板外に直接放熱する方法なども出願されている。

表1.1.6-4 ヒートパイプ（HP）の解析対象技術要素と概要

技術要素		解説
ＨＰの応用技術	コンピュータの冷却技術	ヒートパイプによるコンピュータの冷却では、ノートパソコンへの出願が多く、技術的には大きく3課題に分類される。 　その1は、薄型・軽量化である。マイクロ（小径）ヒートパイプと薄板受熱板の組合わせや、偏平型または平板型ヒートパイプの使用で薄型化が計られた上、ヒートパイプと熱源や放熱ヒートシンクとの熱接触性が改善され、複数の熱源への追従性も向上した。 　その2は、高性能冷却で、ヒートパイプと高放熱ヒートシンク（放熱フィンの付いたアルミブロック）の組合わせ、さらにこれと冷却ファンとを組合わせた筐体内の配置工夫と、これらを一体化した放熱ユニットが誕生して、冷却能力が向上した。 　その3は可動熱接合で、ノートパソコン本体のCPUの発熱を、液晶ディスプレイ部で放熱するために、熱ヒンジ構造が考案された。表示部は繰り返し開閉するので、この繰り返しの動作で熱伝達の特性に劣化がないことと、開閉に伴い、熱ヒンジ部に外力が加わることから、機械的強度も要求される。 　さらに、ペルチェ素子との組合わせや、ヒートパイプと発熱体を熱接合する伝熱シートの組合わせなど、広い範囲での出願がされている。
	コピー機・画像形成装置の均熱冷却技術	コピー機やファクシミリなどの画像形成装置に、ヒートパイプが均熱や冷却の目的で使用されている。 　最も大きな課題は、コピー製品の画質向上である。画像形成装置では、加熱ロールを用いてインクを加熱定着する。この際、良好な画像を形成するためには加熱定着ロールの温度を一定に制御することが重要であり、特にロール幅方向の温度分布を均一化する手段としてヒートパイプを用いて幅方向の熱拡散を促進する方法が一般化している。 　次に、ベルト転写法や感光ドラム方式のカラーコピー機では、搬送ベルトや感光ドラムをヒートパイプで均熱的に温度制御することにより、製品の画質を高める方法が出願されている。 　また、装置の使い易さの改善と、省エネ対策として、定着ロールの排熱をヒートパイプで移送して、用紙の乾燥に利用することが行われる。これにより、カールの発生による紙詰まり防止と、省エネを図ることができる。 　ヒートパイプを使用することにより、ファンを使用することなく電子回路を空冷できて、機器の寿命向上と静粛性を改善できるので多機能・高性能化のためにヒートパイプの応用が広がっている。

表1.1.6-5 ヒートパイプ（HP）の解析対象技術要素と概要

技術要素		解説
ＨＰの応用技術	画像表示装置の冷却技術	コンピュータと直結して画像を投射する液晶プロジェクタや、プラズマディスプレイなど、光と熱を伴う画像表示装置の冷却にヒートパイプの実用化が進められている。 　技術的に第1の問題は、フルカラーの高品質な画像を安定して表示することである。ヒートパイプで電子回路を冷却し、回路の動作を安定させることにより、画像の安定化を計ることができる。 　第2に表示素子の冷却による画像の安定化がある。方法として、液晶ディスプレイの透明冷媒中にヒートパイプを装着して、冷却する方法が提案されている。 　また、ヒートパイプを用いて、回路素子や光源などの発熱部と共に筐体全体を空冷する方法も提案されている。 　ヒートパイプで、光源部や、電子回路部、液晶など表示部分、CCDのような撮像素子をファンなしで空冷することにより、電子部品の寿命を延長し、やけどの事故防止や、ファン騒音の減少を計り、各種機器の小型高性能化に寄与する。 　ヒートパイプで放電灯や水銀灯などの光源を冷却して、光源の品質向上、信頼性向上も出願されている。

　なお、本書に扱われていないヒートパイプ技術に、冷凍機、冷蔵庫、加工機械の加熱・冷却、金型の均熱、地熱利用、太陽熱利用、融雪、建物の空調・冷暖房、熱交換器、電動機、変圧器の冷却、電線ケーブル用洞道の冷却など電力機器への応用、宇宙衛星用機器の冷却、電池への利用、プリンタ、レーザなど光学機器への利用など多くの分野があるが、それぞれ出願数も少なく、減少傾向にあるものが多い。

1.2 ヒートパイプ関連技術のアクセスツール

1.2.1 ヒートパイプ技術のアクセスツール

表 1.2.1-1 に、図 1.1.5-1 に示した、本書で取り上げた技術要素のアクセスツールを示す。

特許庁のデータベース特許電子図書館(IPDL)を使用する際の特許分類(FI)等を示す。

表 1.2.1-1 ヒートパイプ(HP)技術のアクセスツール

技術要素		検索式	概要
HPの本体関連技術	①HPの構造	(FI:F28D15/02,101)	②～⑥をカバーする
	②HP本体構造	(FI:$F28D15/02,101+F28D15/02,101A:F28D15/02,101Z)	本体の構造に特徴を有するもの
	③HP構成要素	(FI:F28D15/02,102+F28D15/02,103+F28D15/02,104)	④～⑥の範囲をカバーする
	④HPの容器	(FI:F28D15/02,102)	容器に特徴を有するもの
	⑤HPのウィック	(FI:F28D15/02,103)	ウィックに特徴を有するもの
	⑥HPの作動液	(FI:F28D15/02,104)	作動液に特徴を有するもの
	⑦HPの製造法	(FI:F28D15/02,106)	製造法に特徴を有するもの
	⑧特殊なHP	(FI:F28D15/02B:F28D15/02F+F28D15/02,105)	表 1.1.5-1 の検索式だが、目的によって変更が必要
HPの応用関連技術	⑨半導体の冷却	(ヒートパイプ)*(FI:H01L23/34+H01L35/28+H02M?)	ヒートシンク等半導体の冷却を容易にする工夫
	⑩電子装置の冷却	(ヒートパイプ)*(FI:H05K7/20+H05K5/00)	電子装置と回路基板の冷却
	⑪コンピュータの冷却	(ヒートパイプ)*(FI:G06F?)　1) (ヒートパイプ)*(コンピュータ+計算機+パソコン)*(FI:H01L23/36+H05K7/20)　2)	1)と2)をそれぞれ検索することが必要である
	⑫コピー機・画像形成装置の均熱・冷却	(ヒートパイプ)*(FI:G03G15/16+G03G15/20+G03G21/00+H05B3/00,335)	コピー機など画像形成装置
	⑬画像表示装置の冷却	(ヒートパイプ)*(FI:G09F9/00+G03B21/00+G02F1/13+H01J?+H04N?)	液晶プロジェクタなど画像表示装置

注) なお、先行技術調査を漏れなく行うためには、調査目的に応じて上記以外の分類も調査しなければならない。

上記以外に、表 1.2.1-2 にヒートパイプ本体に関する特許分類の詳細と、表 1.2.1-3 にヒートパイプの応用の関連技術のアクセスを示す。

表 1.2.1-2 ヒートパイプ(HP)本体に関するアクセス

内容	IPC	FI	Fターム
中間熱伝達媒体を使用する熱交換装置	F28D15/00	F28D15/00	なし
・HPの様に媒体が凝縮及び蒸発する熱交換装置	F28D15/02	F28D15/02	
熱交換装置に用いたもの		F28D15/02A	
蓄熱装置の伝熱手段として用いたもの		F28D15/02J	
密閉筐体の冷却、放熱に用いたもの		F28D15/02K	
電子部品の冷却手段として用いたもの		F28D15/02L	
軸受、回転軸の冷却に用いたもの		F28D15/02N	
オイルクーラーの冷却手段		F28D15/02P	
冷凍機械、冷蔵庫の伝熱手段		F28D15/02R	
融雪・凍結防止装置に用いたもの		F28D15/02S	
水加熱装置の伝熱手段に用いたもの		F28D15/02T	
暖房装置の伝熱手段に用いたもの		F28D15/02V	
ヒーター、加熱ロールに用いたもの		F28D15/02W	
ソーラーシステムに用いたもの		F28D15/02X	
・・HPの構造に特徴を有するもの	F28D15/02,101	F28D15/02,101	
単管構造のもの		F28D15/02,101A	
平板構造のもの		F28D15/02,101H	
循環構造のもの		F28D15/02,101K	
複合構造のもの		F28D15/02,101M	
HP間の接続構造に特徴のあるもの		F28D15/02,101N	
・・HPのコンテナ容器に特徴を有するもの	F28D15/02,102	F28D15/02,102	
コンテナの構造に特徴のあるもの		F28D15/02,102A	
・外面構造に特徴のあるもの		F28D15/02,102B	
・・フイン構造に特徴のあるもの		F28D15/02,102C	
・・二重壁構造としたもの		F28D15/02,102D	
・可撓性構造としたもの		F28D15/02,102E	
・コンテナの一部に易破壊部を形成		F28D15/02,102F	
コンテナの材料に特徴のあるもの		F28D15/02,102G	
コンテナの形状に特徴のあるもの		F28D15/02,102H	
・・HPのウィックに特徴を有するもの			
ウィックの構造に特徴のあるもの		F28D15/02,103A	
・溝形成によるもの		F28D15/02,103B	
・金網によるもの		F28D15/02,103C	
・線材によるもの		F28D15/02,103D	
・多孔質部材によるもの		F28D15/02,103E	
ウィックの支持に特徴のあるもの		F28D15/02,103J	
・・HPの作動液に関する特徴	F28D15/02,104	F28D15/02,104	
作動液に関するもの		F28D15/02,104A	
容器、ウィック、作動媒体間の適合性		F28D15/02,104C	
非凝縮ガスの除去に関するもの		F28D15/02,104D	
・・HPの制御装置に特徴を有するもの	F28D15/02,105	F28D15/02,105	
単管型HPの制御		F28D15/02,105A	
・作動液の流量を制御するもの		F28D15/02,105B	
・コンダクタンスを制御するもの		F28D15/02,105C	
循環型HPの制御		F28D15/02,105D	
・・HPの製造方法	F28D15/02,106	F28D15/02,106	
作動液の封入手段に特徴のあるもの		F28D15/02,106A	
封じ切り手段に特徴のあるもの		F28D15/02,106F	
製造プロセスに特徴のあるもの		F28D15/02,106G	

表1.2.1-3 その他の応用分野でヒートパイプに関係のあるアクセス

内　容	特許分類（FI）	Fターム中分類
ヒートパイプによる工作機械の部分冷却装置	B23Q 11/12B	3C011
ヒートパイプによる寒冷地建築物の融雪装置	E04H 9/16Q	2E139
ヒートパイプの作動流体による蒸気機関	F01K 25/00A	3G081
ヒートパイによる内燃機関潤滑油の加熱冷却	F01M 5/00B,K	3G013
ヒートパイプによる暖房方式	F24D 7/00G	3L071
ヒートパイプによる床暖房	F24D 7/00H	3L071
ヒートパイプによる空調換気用熱交換換気扇	F24F 7/08,101E	3L059
ヒートパイプによるペルチェ素子の伝熱	F25B 21/02D	3L094
ヒートパイプによる熱交換器の制御	F28F 27/00,511E	3L067
ヒートパイプによる電動機の固定子冷却	H02K 9/22A	5H609

1.3 技術開発活動状況

1.3.1 ヒートパイプ全体

図 1.3-1-1 にヒートパイプ全体（調査範囲）の出願人数と出願件数の推移を示す。

出願人数は 1996 年まではほぼ一定水準であるが、97 年からはかなりの増加傾向にある。出願数は 94、95 年は低迷したが、96 年以降は着実な増加傾向である。

図 1.3.1-1 ヒートパイプ全体の出願数-出願件数の推移

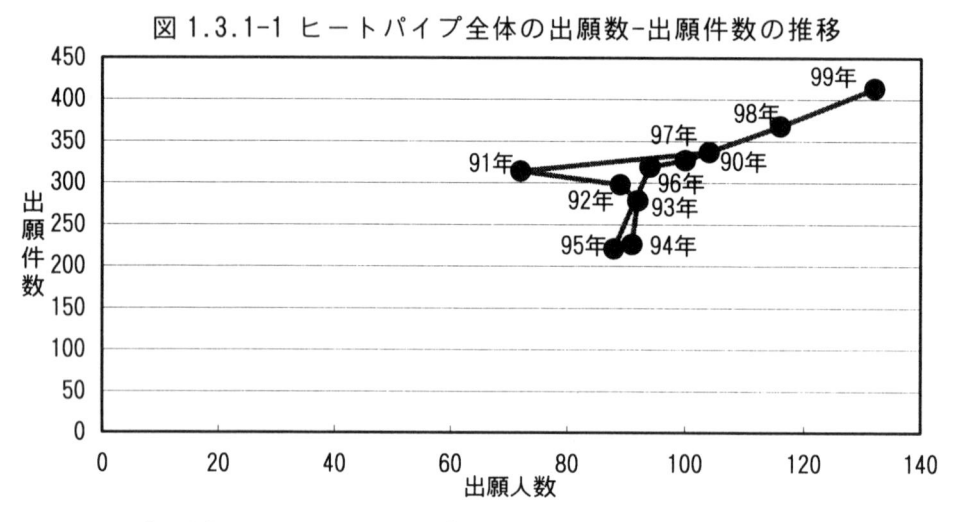

表 1.3.1-1 に主要出願人の出願状況（公開特許・実案の合計数）を示す。

フジクラと古河電気工業の上位 2 社は高水準で安定しており、3 位の三菱電機は 1992 年まで高水準で、一時低水準になったが、97 年頃から再び増加傾向にある。コニカ、ソニー、日立製作所など電機メーカーの出願が 99 年に急増した点が注目される。

表 1.3.1-1 ヒートパイプ全体 主要 20 社の出願状況

出願年	合計出願数	90年	91年	92年	93年	94年	95年	96年	97年	98年	99年
フジクラ	351	32	34	37	41	41	32	40	25	35	21
古河電気工業	327	32	27	33	34	16	26	29	28	37	37
三菱電機	250	56	44	26	12	12	8	11	15	23	20
東芝	204	21	23	22	22	18	14	9	18	23	26
リコー	138	13	27	11	3	7	9	18	21	11	11
日立製作所	116	6	7	14	11	10	8	8	15	6	16
松下電器産業	111	13	14	10	14	2	4	7	9	12	10
コニカ	105	0	0	1	0	5	7	27	13	15	33
昭和電工	105	4	10	8	9	5	10	8	6	18	5
富士通	87	8	11	9	9	1	2	3	9	11	10
日本電気	73	5	7	3	6	3	7	9	14	8	5
ACT＋赤地	65	11	8	6	8	4	6	5	8	4	0
ダイヤモンド電機	57	0	0	5	7	9	4	4	10	15	2
日立電線	56	7	11	3	6	0	2	2	5	1	5
三菱電線工業	55	6	10	10	6	16	6	0	1	0	0
デンソー	45	1	0	2	2	0	0	11	13	5	11
ソニー	45	1	0	0	0	1	1	1	6	11	21
富士電機	43	3	2	4	5	4	5	8	5	1	3
キヤノン	38	1	1	2	2	2	3	8	3	6	8
ピーエフユー	38	0	0	0	3	1	1	7	8	10	7

注）ACT＋赤地はアクトロニクスと赤地久輝氏の共同出願特許

1.3.2 ヒートパイプ本体
(1) ヒートパイプ本体の構造

図1.3.2-1にヒートパイプ本体の構造の出願人数と出願件数の推移を示す。

全体的にこの分野の出願人の数は多くないが、1990年から96年にかけて半数以下に減少した。出願件数は97年以後はほぼ一定数に回復した。

図1.3.2-1 ヒートパイプ本体の構造 出願人数-出願件数の推移

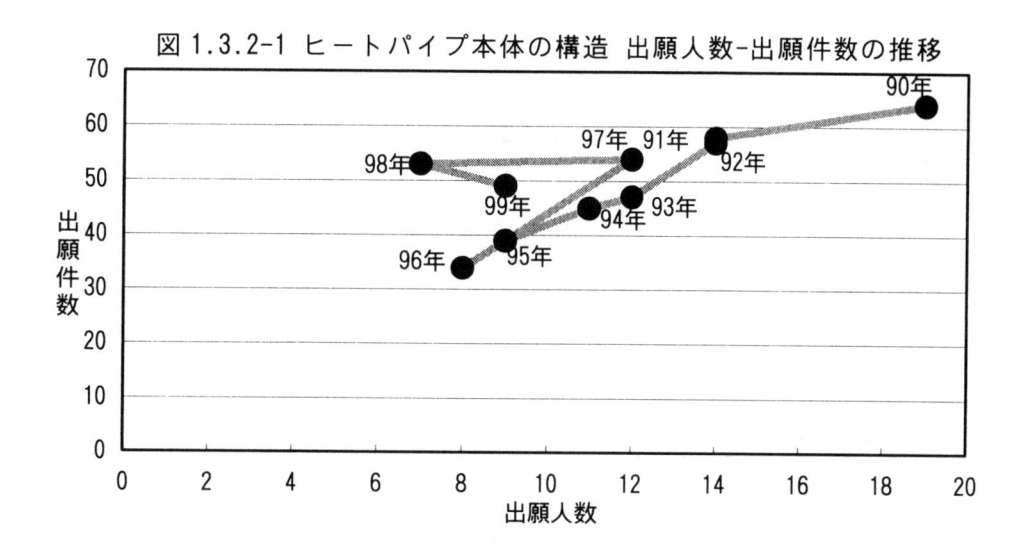

表1.3.2-1にヒートパイプ本体の構造の主要出願人の出願状況を示す。

この分野の出願人の主流は、フジクラ、古河電気工業、三菱電機、昭和電工などヒートパイプを製造している会社である。

フジクラは1992年に出願の集中がみられるが、全般に安定した高い水準を維持している。古河電気工業は97年以降に出願の増加が認められる。三菱電機は91年をピークに、出願は減少傾向である。

表1.3.2-1 ヒートパイプ本体の構造 主要会社の出願状況

出願年	合計出願数	90年	91年	92年	93年	94年	95年	96年	97年	98年	99年
フジクラ	99	12	10	17	9	9	9	7	8	8	5
古河電気工業	71	4	2	5	4	4	3	3	14	22	8
三菱電機	51	10	13	6	5	0	0	1	2	3	5
昭和電工	36	2	3	4	1	3	5	3	3	3	1
東芝	29	3	4	4	2	6	3	0	5	0	1
産業技術総合研究所	21	3	5	5	3	1	0	0	0	2	1
東京電力	16	6	3	3	1	1	0	0	0	0	1
日立製作所	14	1	2	3	1	2	1	1	2	0	0
日本電気	13	1	1	0	2	1	0	4	2	1	0
日立電線	13	4	1	1	0	0	1	0	0	1	2
三洋電機	10	0	0	0	0	2	0	4	0	0	4
石川島播磨重工業	10	3	1	1	3	0	0	0	0	0	0
デンソー	10	1	0	1	0	0	0	3	1	3	1
宇宙開発事業団	9	0	2	1	0	4	1	0	0	0	0
ダイヤモンド電機	8	0	0	0	0	0	0	0	3	4	0
三菱電線工業	8	0	0	0	0	7	0	0	1	0	0
三機工業	7	3	4	0	0	0	0	0	0	0	0

(2) ヒートパイプの構成要素

図 1.3.2-2 にヒートパイプの構成要素の出願人数と出願件数の推移を示す。

この分野は出願人の数も出願件数も限られており、1990 年から 94 年までは出願人も件数も低下傾向であったが、95 年からは出願人数も出願数も増加傾向に変わり、最近は比較的高い水準を維持している。

図 1.3.2-2 ヒートパイプの構成要素 出願人数-出願件数の推移

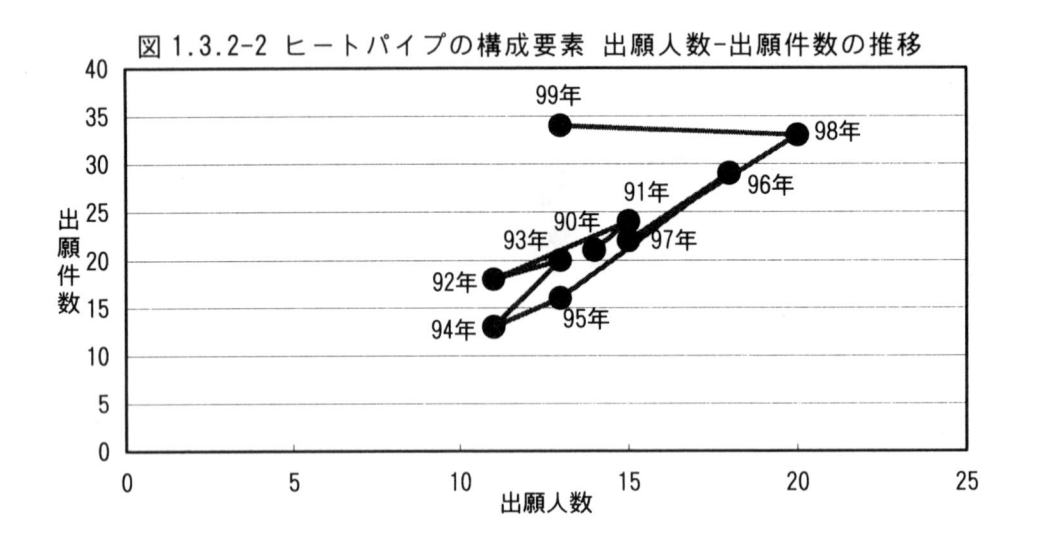

表 1.3.2-2 にヒートパイプの構成要素の主要出願人の出願状況を示す。

この分野の主要出願人は、フジクラ、古河電気工業、三菱電機、昭和電工などヒートパイプを製造している会社である。フジクラは、1995 年から数年間増加が認められ、古河電気工業は 97 年から増加が認められる。

表 1.3.2-2 ヒートパイプの構成要素 主要会社の出願状況

出願年	合計出願数	90年	91年	92年	93年	94年	95年	96年	97年	98年	99年
フジクラ	52	2	3	2	4	5	11	9	3	10	2
古河電気工業	46	7	2	1	0	0	1	1	9	12	7
三菱電機	25	4	4	5	0	1	2	1	3	3	1
昭和電工	12	0	1	1	1	1	0	1	0	2	1
ACT＋赤地	10	0	0	2	0	0	0	1	3	2	0
東芝	10	0	0	3	2	1	2	0	2	0	0
ダイヤモンド電機	9	0	0	0	0	1	0	0	3	3	1
日立電線	9	1	0	0	0	0	0	0	1	0	2
三菱マテリアル	8	1	0	1	2	2	2	0	0	0	0
産業技術総合研究所	6	0	0	0	1	0	3	0	0	1	0
三菱重工業	6	0	2	1	0	0	1	0	0	0	2
日本電信電話	5	1	1	2	0	0	0	0	0	0	0
デンソー	5	0	0	0	0	0	0	1	4	0	0
宇宙開発事業団	4	0	0	2	0	1	1	0	0	0	0
三菱伸銅	4	0	0	0	0	0	3	1	0	0	0
三洋電機	3	0	0	0	0	0	0	0	0	0	3
住友軽金属工業	3	1	0	0	0	0	0	0	0	0	0
日本電気	3	0	1	1	0	0	0	1	0	0	0
日立製作所	3	0	0	0	1	0	1	0	0	0	0

注）ACT＋赤地はアクトロニクスと赤地久輝氏の共同出願特許

(3) ヒートパイプの製造方法

図1.3.2-3にヒートパイプの製造方法の出願人数と出願件数の推移を示す。

全体として出願人の数も出願件数も低いレベルであるが、1994年以後は序々に水準を上げている。

図1.3.2-3 ヒートパイプの製造方法 出願人数-出願件数の推移

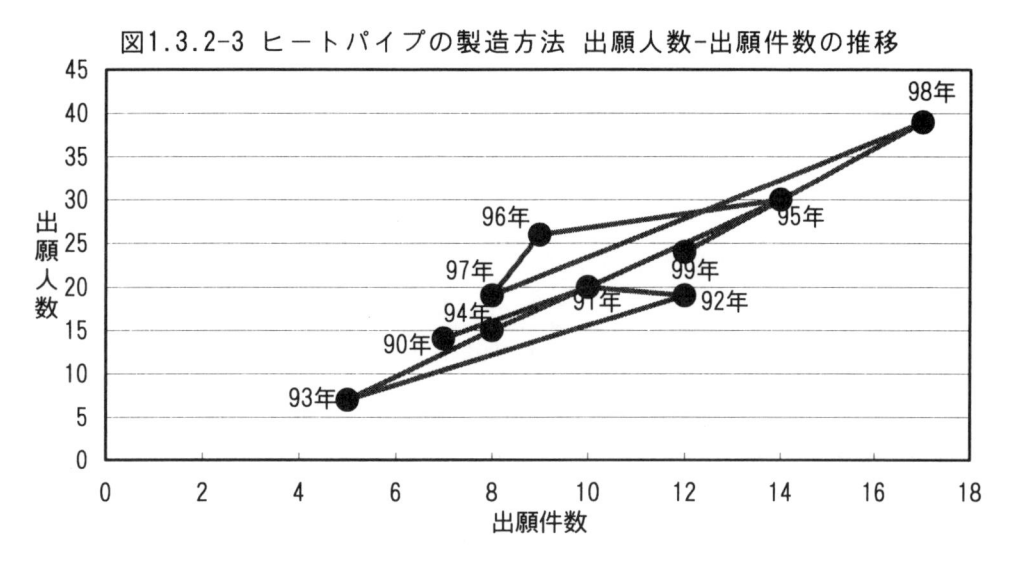

表1.3.2-3にヒートパイプの製造方法の主要出願人の出願状況を示す。

主要な出願人は古河電気工業、フジクラなどヒートパイプを製造している会社である。古河電気工業は1990年代半ばの出願が少ないが、一定の水準を維持している。フジクラは94年以降の出願が多い。昭和電工は98年に山がみられる。

表1.3.2-3 ヒートパイプの製造方法 主要会社の出願状況

出願年	合計出願数	90年	91年	92年	93年	94年	95年	96年	97年	98年	99年
古河電気工業	62	7	1	9	4	2	2	9	5	13	6
フジクラ	56	2	4	3	1	6	12	10	6	5	3
昭和電工	16	0	2	0	0	0	0	1	1	8	3
日立電線	15	1	4	0	0	0	1	1	0	1	2
ダイヤモンド電機	12	0	0	0	0	0	1	0	4	6	0
ACT＋赤地	12	1	1	1	0	0	4	2	0	1	0
三菱電線工業	9	1	3	2	0	1	2	0	0	0	0
日本軽金属	4	0	0	0	0	1	2	1	0	0	0
超しゆう実業（台湾）	4	0	0	0	0	0	0	0	2	0	2
日本アルミニウム工業	3	0	1	0	0	2	0	0	0	0	0
三菱重工業	3	0	2	0	0	1	0	0	0	0	0
三菱マテリアル	3	0	0	1	0	1	1	0	0	0	0
産業技術総合研究所	2	0	0	1	1	0	0	0	0	0	0
日商岩井	2	0	0	0	0	0	0	0	0	2	0
三菱電機	2	0	2	0	0	0	0	0	0	0	0
富士電機	2	1	0	0	0	0	1	0	0	0	0
三菱伸銅	2	0	0	0	0	0	2	0	0	0	0
超衆科技（台湾）	2	0	0	0	0	0	0	0	0	0	2

注）ACT＋赤地はアクトロニクスと赤地久輝氏の共同出願特許

(4) 特殊なヒートパイプ

図1.3.2-4 に特殊なヒートパイプの出願人数と出願件数の推移を示す。

出願人はごく特定の会社に絞られ、1994年頃まではかなりの出願件数があったが、95年以後は出願人の数も出願件数も低水準になっている。

図1.3.2-4 特殊なヒートパイプ 出願人数-出願件数の推移

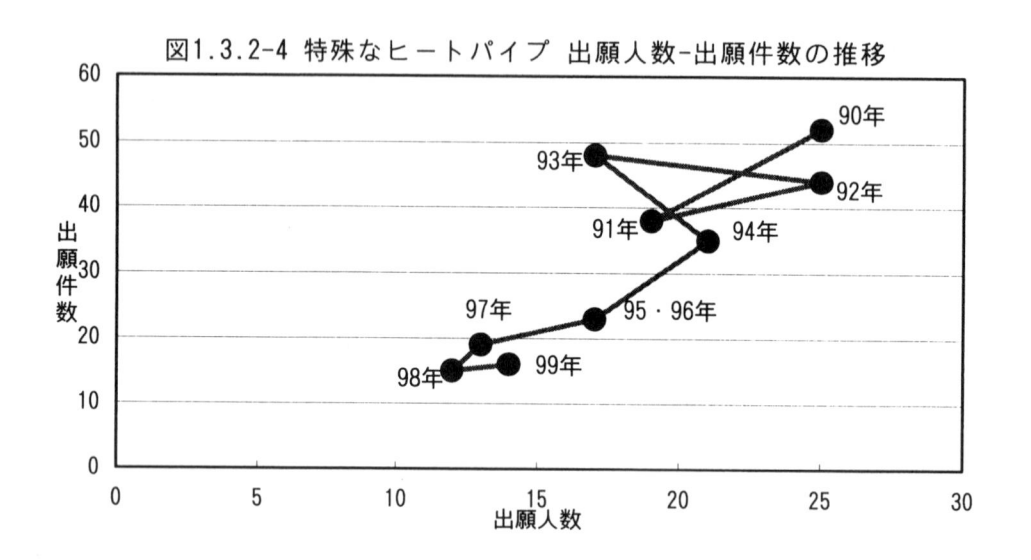

表1.3.2-4 に特殊なヒートパイプの主要出願人の出願状況を示す。

1993年頃までこの分野で出願数が多かったのはアクトロニクスと松下電器産業とフジクラの3社であるが、松下電器産業とフジクラは94年以後出願が減少した。全般的に90年代後半は出願が少ない。

表1.3.2-4 特殊なヒートパイプ 主要会社の出願状況

出願年	合計出願数	90年	91年	92年	93年	94年	95年	96年	97年	98年	99年
ACT＋赤地	60	11	7	5	6	4	6	5	7	4	0
松下電器産業	56	12	10	7	13	1	0	1	1	0	0
フジクラ	49	7	1	11	12	5	5	2	1	2	0
東芝	28	1	4	2	7	4	1	2	2	3	1
三菱電機	19	4	3	1	2	1	0	1	0	1	3
三菱電線工業	17	0	0	3	1	12	1	0	0	0	0
産業技術総合研究所	12	1	2	3	2	1	1	0	0	1	1
古河電気工業	10	0	0	3	0	0	3	1	2	0	1
東京電力	6	4	0	1	0	0	0	1	0	0	0
日本電信電話	6	0	2	2	0	0	1	0	1	0	0
石川島播磨重工業	6	0	0	2	3	0	0	0	1	0	0
宇宙開発事業団	6	0	2	2	0	1	0	0	0	0	0
日立製作所	5	0	1	0	0	2	0	0	1	0	0
昭和電工	5	1	1	0	0	0	0	0	0	0	0
三洋電機	5	0	0	0	0	1	0	2	0	0	2
ミヤワキ	4	0	0	3	0	0	0	0	0	0	0
大阪瓦斯	4	0	0	3	0	1	0	0	0	0	0
三菱重工業	4	3	1	0	0	0	0	0	0	0	0
日本軽金属	4	0	0	0	0	1	2	1	0	0	0

注）ACT＋赤地はアクトロニクスと赤地久輝氏の共同出願特許

1.3.3 ヒートパイプの応用
(1) 半導体の冷却

図 1.3.3-1 に半導体の冷却の出願人数と出願件数の推移を示す。

1994～96 年に谷が見られるが、全体として出願人の数も出願件数も堅調な増加傾向にあると言える。

図 1.3.3-1 半導体の冷却 出願人数-出願件数の推移

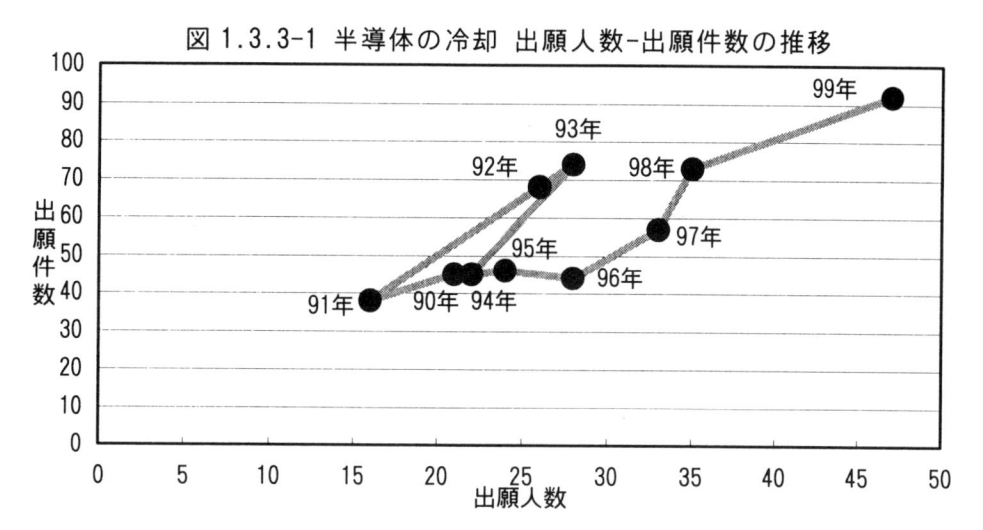

表 1.3.3-1 に半導体の冷却の主要出願人の出願状況を示す。

主要な出願人は古河電気工業、フジクラなどヒートパイプを製造している会社と東芝、三菱電機、日立製作所など電機メーカーである。

どの会社もほぼ同じ傾向で、1994～96 年に落ち込みはあるが、97 年から出願件数が増加傾向なのは、情報産業の成長と連関するものと考えられる。

表1.3.3-1 半導体の冷却 主要会社の出願状況

出願年	合計出願数	90年	91年	92年	93年	94年	95年	96年	97年	98年	99年
古河電気工業	92	6	4	6	15	5	5	5	12	8	10
東芝	84	11	11	13	10	9	6	4	4	7	6
三菱電機	39	2	3	7	5	2	3	1	4	5	6
日立製作所	38	2	2	7	5	5	1	1	4	2	5
フジクラ	35	3	1	0	1	1	3	5	2	8	11
富士通	27	3	7	2	3	0	1	0	4	3	2
昭和電工	25	1	0	1	2	3	1	2	1	4	0
富士電機	22	1	1	2	4	2	3	4	2	0	1
ダイヤモンド電機	20	0	0	4	6	1	2	1	1	5	
東芝トランス	14	0	0	2	1	3	2	1	1	2	2
日本電信電話	14	1	3	7	1	0	0	1	0	0	1
日立電線	14	0	0	1	5	0	1	0	3	0	1
カルソニック	13	0	0	0	0	0	5	1	2	2	2
松下電器産業	13	1	1	3	0	1	3	1	1	1	1
日本電気	12	1	0	0	0	0	3	2	1	3	2
ピーエフユー	11	0	0	0	3	1	0	1	1	4	1
デンソー	11	0	0	0	1	0	0	0	2	2	6
三菱電線工業	10	0	2	3	3	1	1	0	0	0	0
ACT＋赤地	7	0	0	3	1	0	0	0	2	1	0

注) ACT＋赤地はアクトロニクスと赤地久輝氏の共同出願特許

(2) 電子装置の冷却（筐体の冷却と回路基板の冷却）

図1.3.3-2に電子装置の冷却の出願人数と出願件数の推移を示す。

電子装置の冷却分野は、出願人数も出願件数も際だった傾向を示していない。

図1.3.3-2 電子装置の冷却 出願人数-出願件数の推移

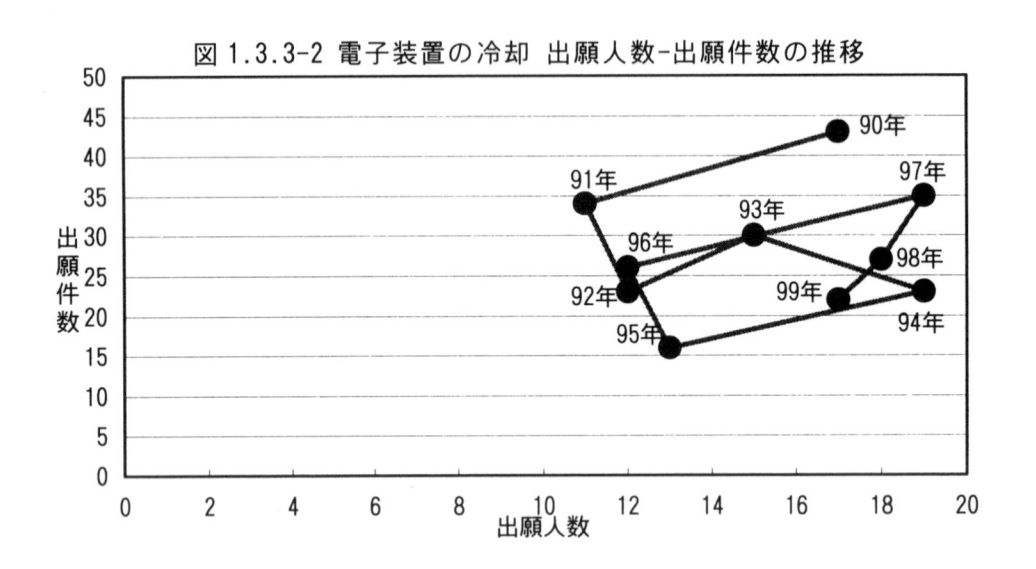

表1.3.3-2に電子装置の冷却の主要出願人の出願状況を示す。

主な出願人は古河電気工業などヒートパイプを製造している会社と三菱電機、富士通など電機メーカーである。古河電気工業と富士通は1993年までは高水準であるが、以後は低水準になり、三菱電機は91年まで高水準であるが以後は出願が少ない。96、97年にデンソーにかなりの出願がみられる他は、極だった傾向はみられない。

表1.3.3-2 電子装置の冷却 主要会社の出願状況

出願年	合計出願数	90年	91年	92年	93年	94年	95年	96年	97年	98年	99年
古河電気工業	57	8	10	6	13	1	3	5	2	2	1
三菱電機	34	10	9	1	1	2	1	0	2	1	1
富士通	27	4	4	5	3	0	0	1	3	0	2
東芝	21	4	3	1	1	2	2	1	4	1	0
日立製作所	19	2	1	1	2	2	3	0	2	2	2
デンソー	13	0	0	0	1	0	0	7	5	0	0
日本電信電話	12	4	1	2	1	1	0	0	1	0	0
日本電気	11	0	2	0	0	0	0	3	3	1	0
沖電気工業	10	2	1	1	3	0	1	2	0	0	0
フジクラ	9	2	2	0	0	0	0	1	1	3	0
昭和電工	9	0	0	0	0	1	0	1	2	4	1
ダイヤモンド電機	8	0	0	0	0	0	2	1	2	3	0
ピーエフユー	7	0	0	0	0	1	0	1	2	1	1
アドバンテスト	6	0	0	0	0	5	1	0	0	0	0
富士電機	5	0	0	1	0	0	0	2	1	0	0
ソニー	4	0	0	0	0	0	0	0	1	1	2
ファナック	4	0	0	2	1	1	0	0	0	0	0
三菱電線工業	4	0	0	1	1	2	0	0	0	0	0
日立電線	4	0	2	0	0	0	0	0	0	0	0

(3) コンピュータの冷却

図 1.3.3-3 にコンピュータの冷却の出願人数と出願件数の推移を示す。

1994年頃までは出願人の数も出願件数も僅かであったが、95年以降は出願人の数も出願件数も直線的に増加している。

図1.3.3-3 コンピュータの冷却 出願人数-出願件数の推移

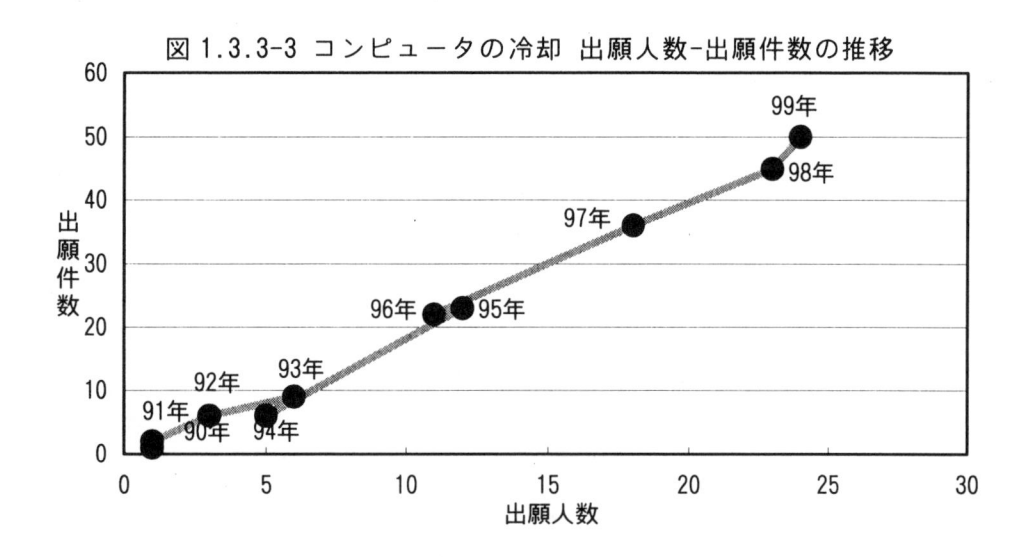

表 1.3.3-3 にコンピュータの冷却の主要出願人の出願状況を示す。

主要な出願人は古河電気工業、フジクラなどのヒートパイプを製造している会社と東芝、日立製作所など電機メーカーとピーエフユーなどコンピュータメーカーである。その何れもがほとんど同じ傾向で、1995年頃から出願件数が増加している。

表1.3.3-3 コンピュータの冷却 主要会社の出願状況

出願年	合計出願数	90年	91年	92年	93年	94年	95年	96年	97年	98年	99年
古河電気工業	25	0	0	0	2	1	8	2	1	5	6
東芝	24	0	0	2	0	0	1	2	6	5	8
フジクラ	22	0	0	0	0	2	4	4	5	4	3
日立製作所	17	1	2	0	2	1	4	0	4	1	1
ダイヤモンド電機	14	0	0	0	3	1	1	2	4	2	1
ピーエフユー	13	0	0	0	1	1	1	4	4	1	0
昭和電工	12	0	0	0	0	0	0	1	2	6	2
富士通	10	0	0	0	1	0	1	2	1	1	4
三菱電機	9	0	0	0	0	0	0	0	2	6	1
松下電器産業	8	0	0	0	0	0	1	0	2	3	2
IBM	6	0	0	0	0	0	0	0	0	0	4
ソニー	5	0	0	0	0	0	0	0	1	0	4
東芝ホームテクノ	5	0	0	0	0	0	0	0	0	1	4
日本電気	4	0	0	0	0	0	1	1	1	1	0
アルプス電気	3	0	0	0	0	0	0	0	1	2	0
キヤノン	3	0	0	0	0	0	1	2	0	0	0
日本電信電話	3	0	0	3	0	0	0	0	0	0	0

（4）コピー機・画像形成装置の均熱・冷却

図 1.3.3-4 にコピー機・画像形成装置の均熱・冷却への出願人数と出願件数の推移を示す。

この分野は出願人がほとんどコピー機メーカーに限られ、出願人の数は多くない。

出願数は 1991 年に山があり、その後出願数は少なかったが、96 年頃から急に出願数が増え、以後は高い水準を維持している。

図1.3.3-4 コピー機・画像形成装置の均熱・冷却 出願人数-出願件数の推移

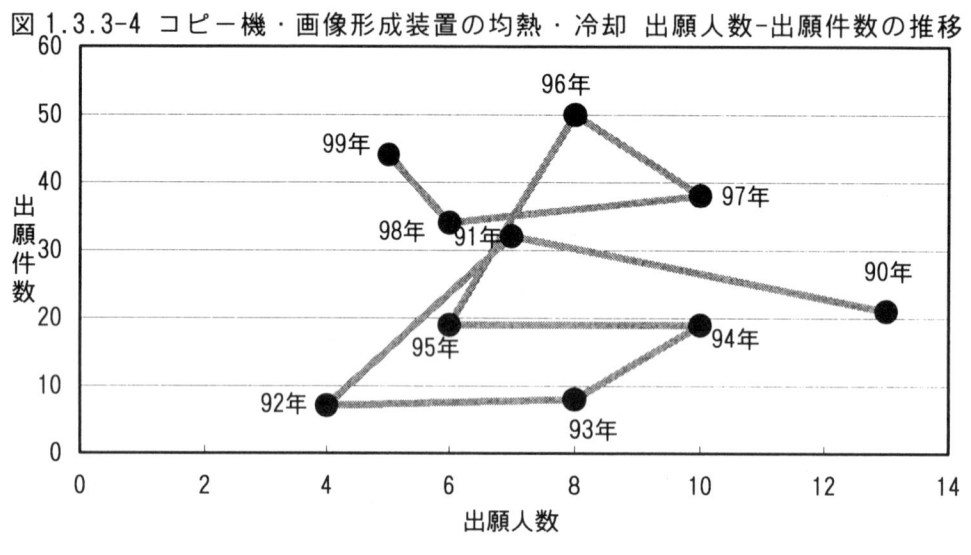

表 1.3.3-4 にコピー機・画像形成装置の主要出願人の出願状況を示す。

主な出願人はコニカ、リコーなどのコピー機を製造している会社である。コニカは 1994 年から出願が始まり、96 年から急増している。リコーは 91 年にピークがあり、その後減少していたが、94 年から再び増加している。96 年から富士ゼロックスなど他メーカーの出願も増えている。

表1.3.3-4 コピー機・画像形成装置の均熱・冷却 主要会社の出願状況

出願年	合計出願数	90年	91年	92年	93年	94年	95年	96年	97年	98年	99年
コニカ	99	0	0	1	0	5	6	26	13	15	33
リコー	89	7	23	2	2	6	8	11	15	7	6
富士ゼロックス	13	0	0	0	0	0	1	2	4	3	3
キヤノン	10	0	0	1	2	1	0	1	1	2	1
三菱電機	8	4	4	0	0	0	0	0	0	0	0
住友軽金属工業	6	2	0	0	2	0	1	1	0	0	0
ミノルタカメラ	5	0	0	0	0	0	0	5	0	0	0
古河電気工業	5	0	0	0	0	2	3	0	0	0	0
新日本製鉄	5	0	1	0	0	1	0	3	0	0	0
日東工業	5	2	0	0	2	0	1	0	0	0	0
シャープ	3	0	0	0	0	0	0	0	1	2	0
東芝	3	1	0	0	0	0	0	1	1	0	0
フジクラ	3	0	1	0	0	2	0	0	0	0	0
日本電気	3	0	0	0	1	2	0	0	0	0	0
トライシステム	2	0	0	0	1	1	0	0	0	0	0
三洋電機	2	1	1	0	0	0	0	0	0	0	0
松下電器産業	2	1	1	0	0	0	0	0	0	0	0
富士通	2	1	1	0	0	0	0	0	0	0	0

(5) **画像表示装置の冷却**

図 1.3.3-5 に画像表示装置の冷却の出願人数と出願件数の推移を示す。

1993 年頃までは、出願人の数は極めて限られていたが、94 年から出願人の数も出願件数も増加傾向を示している。

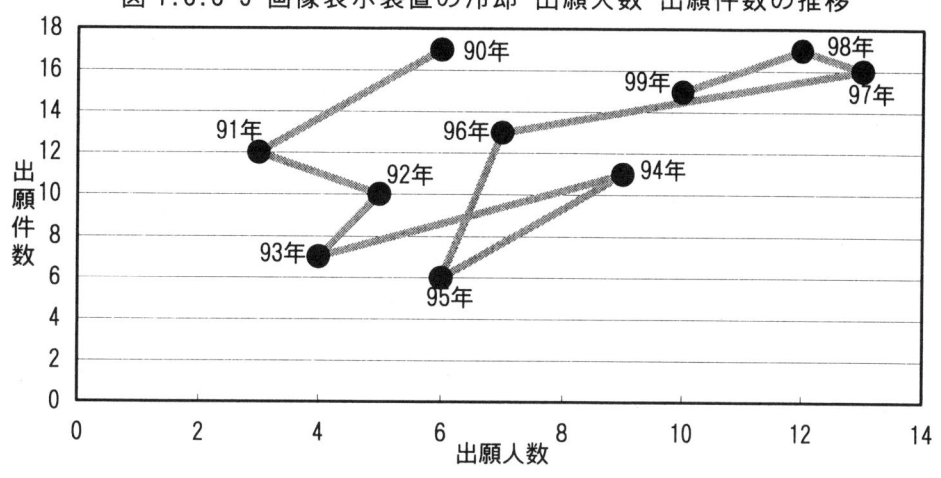

図 1.3.3-5 画像表示装置の冷却 出願人数-出願件数の推移

表 1.3.3-5 に画像表示装置の冷却の主要出願人の出願状況を示す。

主要な出願人は三菱電機、ソニーなど電機メーカーである。三菱電機のみは 1990～91 年にピークがあるが、以後は出願が減り、同社以外は 96 年頃から出願人の数も出願件数も増加している。

表1.3.3-5 画像表示装置の冷却 主要会社の出願状況

出願年	合計出願数	90年	91年	92年	93年	94年	95年	96年	97年	98年	99年
三菱電機	26	9	9	0	0	0	1	1	0	1	0
ソニー	10	0	0	0	0	1	0	0	3	3	2
カシオ計算機	8	4	0	0	3	1	0	0	0	0	0
松下電器産業	8	1	0	1	0	0	0	1	0	2	2
東芝ライテック	7	0	1	4	1	0	0	0	0	0	0
富士通ゼネラル	6	0	0	0	0	0	0	3	2	1	0
シャープ	5	0	0	0	0	0	0	0	1	1	2
三洋電機	5	0	0	3	0	0	0	0	1	0	0
東芝	5	1	0	0	0	2	0	0	0	0	2
キヤノン	4	0	0	0	0	0	0	3	0	0	1
日立製作所	3	0	0	0	0	0	0	0	2	0	0
オリンパス光学工業	2	0	0	0	0	1	1	0	0	0	0
古河電気工業	2	0	0	0	0	1	0	0	1	0	0
日本電気	2	0	0	0	0	0	0	0	0	0	1
富士写真フィルム	2	0	0	0	0	0	0	0	0	1	1
富士写真光機	2	0	0	0	0	0	0	0	0	0	2

1.4 ヒートパイプの技術開発の課題と解決手段

1.4.1 ヒートパイプ本体
(1) ヒートパイプ本体の構造

ヒートパイプ本体の構造の技術開発の課題とそのための解決手段に対応した特許・実案の出願状況を表1.4.1-1に示す。（表の内容については本章最終頁の注記を参照）

表1.4.1-1 ヒートパイプの構造

課題 / 解決手段	単管型ヒートパイプ 作動液流路等構造の工夫	蒸発部の構造に工夫	ヒートパイプをループ化	ヒートパイプを平板構造化	ヒートパイプの複合・接続
伝熱性の向上	昭和電工 8 フジクラ 6 産総研 2 古河電工 2 合計 154	フジクラ 12 産総研 6 日立電線 2 合計 26	フジクラ 11 三菱電機 9 日立製作所 4 三菱電線 4 合計 20	フジクラ 7 古河電工 7 昭和電工 5 三菱電機 3 合計 59	古河電工 2 三菱電機 2 フジクラ 2 合計 35
機能性の改良	フジクラ 6 産総研 2 合計 174	古河電工 3 フジクラ 2 合計 11	フジクラ 9 東芝 8 産総研 8 古河電工 6 三洋電機 6 合計 8	古河電工 10 昭和電工 9 フジクラ 6 合計 76	フジクラ 5 ケル 3 合計 46
小型・軽量化	三菱電機 2 日立電線 2 合計 50	 合計 5	フジクラ 4 日本電装 3 三菱電機 3 合計 2	昭和電工 4 TSヒートロニクス 2 合計 21	フジクラ 5 合計 12
生産性向上コストダウン	 合計 96	 合計 5	フジクラ 8 三機工業 5 東京電力 4 合計 5	古河電工 26 フジクラ 9 ダイヤ電機 6 三菱電機 4 日立電線 4 合計 24	 合計 65
信頼性・安定性の向上	古河電工 2 カルソニック 3 合計 54	 合計 7	フジクラ 7 東京電力 5 東芝 3 合計 1	古河電工 4 フジクラ 4 三菱電機 2 合計 20	 合計 15
特殊用途向け	フジクラ 4 三菱電機 2 合計 61	 合計 11	三菱電機 6 東芝 7 宇宙開発 5 フジクラ 4 合計 2	三菱電機 7 古河電工 3 日本電気 2 IHI 2 合計 18	フジクラ 3 日本電気 2 合計 16
合計	66	40	220	189	58

最も多い課題は①作動液の循環性、②トップヒート、③広い面積の均熱性、など機能性の改良である。①と②はヒートパイプのループ化で解決するものが多く、③はヒートパイプの平板化で解決するものが多い。次いで多い課題は伝熱性の向上で、解決手段としては、ヒートパイプのループ化と平板構造化による熱接触の改善によるものが多い。

それに次ぐ課題は生産性の向上・コストダウンであるが、平板構造ヒートパイプとループ化ヒートパイプに関するものが多い。この平板構造化の中で、安価なアルミ押出材の多穴偏平管を利用した方法は各社から出願があり、注目すべきものと考えられる。

(2) ヒートパイプの構成要素

ヒートパイプの構成要素の技術開発の課題とそのための解決手段に対応した特許・実案の出願状況を表1.4.1-2に示す。

表1.4.1-2 ヒートパイプの構成要素

課題		材料による改善 単体材料		材料による改善 複合材料		形状・構造による改善 断面形状		形状・構造による改善 長手方向		合計
ヒートパイプ容器	軽量薄型化	古河電工 ダイヤ電機 合計	6 4 13	フジクラ 合計	4 4	フジクラ 古河電工 日立電線 合計	6 3 3 16	 	 0	33
	耐曲げ加工	フジクラ 三菱マテリアル 合計	4 3 9	フジクラ 合計	2 8	 合計	 2	三菱重工 合計	2 4	23
	外部構造の改良 電気絶縁 耐食性	古河電工 デンソー 合計	4 3 14	古河電工 フジクラ 合計	5 2 9	古河電工 三菱電機 合計	5 4 21	フジクラ 三菱電機 古河電工 合計	4 2 2 19	63
	管内面改良	古河電工 昭和電工 合計	5 2 11	三菱電機 三菱マテリアル 合計	4 2 12	三菱電機 合計	4 6	 合計	 1	30
ウィック	毛管力向上	フジクラ 古河電工 三菱電機 産総研 合計	12 7 4 4 33	フジクラ 三菱電機 東芝 宇宙開発 合計	6 5 4 4 25	フジクラ 古河電工 三菱電機 合計	7 6 3 24	フジクラ ACT+赤地 合計	6 2 17	99
作動液	凍結対策他	古河電工 合計	4 14	 合計	 1	 合計	 1	 合計	 1	17

　ヒートパイプの構成要素の中で、最も出願が多いウィックの毛管力向上の技術課題に対しては、ウィックの材料による改善、すなわちウィックの単体材料の組成や製造法の改良によるものと複合材料すなわち繊維とコイルなど複数のウィック材の組合せで解決を図るものと平板状ヒートパイプ用に断面形状や固定法などウィックの形状・構造による改善を解決手段にしたものが多い。

　次に出願数の多いヒートパイプ容器の外部構造の改良に対しては、平板ヒートパイプ化など断面形状の改善や細径蛇行ヒートパイプ化など長手方向の構造の改善で伝熱性を改善したり、管体をセラミック化またはセラミック複合絶縁など単体材料または複合材料による改善で電気絶縁性を改良するなどの解決手段が多い。

　容器の軽量薄型化の課題に対しては、ヒートパイプの偏平化または平板化など断面形状の改善で解決するものが多い。

(3) ヒートパイプの製造方法

ヒートパイプの製造方法の技術開発の課題とそのための解決手段に対応した特許・実案の出願状況を表1.4.1-3に示す。

表1.4.1-3 ヒートパイプの製造方法

課題 / 解決手段	作動液封入法の工夫	封じ切り方法の工夫	製造工程の工夫改良	その他の改善	合計
HPの平板化	古河電工 2 合計 3	古河電工 6 昭和電工 2 合計 9	古河電工 16 フジクラ 14 ACT+赤地 8 ダイヤ電機 8 合計 62	昭和電工 2 合計 3	76
細径蛇行構造HPの形成	合計 1	古河電工 2 合計 4	ACT+赤地 10 日本軽金属 3 合計 15	0	20
その他一般HPの製造 — 伝熱性の向上	合計 1	合計 3	フジクラ 4 合計 10	日立電線 2 合計 3	16
その他一般HPの製造 — 機能性の向上	合計 1	古河電工 2 合計 6	合計 2	合計 3	12
その他一般HPの製造 — 小型化・軽量化	0	0	古河電工 2 合計 3	0	3
その他一般HPの製造 — 生産性の向上コストダウン	フジクラ 12 古河電工 8 三菱電線 3 昭和電工 2 合計 32	古河電工 9 フジクラ 7 三菱電線 2 合計 27	フジクラ 8 古河電工 4 日立電線 3 三菱電線 3 合計 27	フジクラ 6 古河電工 3 合計 16	97
その他一般HPの製造 — 信頼性・安定性の向上	古河電工 7 合計 13	合計 6	合計 2	フジクラ 3 合計 6	27
合計	51	55	110	32	

　ヒートパイプの製造方法に関する課題では、ヒートパイプの平板化に関するものが76件で、全体の1／3を占めている。その解決手段の大部分は本体（容器）の製造工程の工夫改良で、丸管を圧潰する方法、アルミ押出材の偏平多孔管を加工する方法、細径蛇行ヒートパイプを平板化する方法、機械加工した平板で容器を作る方法、アルミのロールボンド法などの解決手段が出願されている。

　新品種の細径蛇行型ヒートパイプの形成法に関する課題も20件出願されているが、その大部分は製造工程の工夫改良で、細溝を設けた平板を積層して細径蛇行トンネルを形成する方法や、多穴細孔偏平管で細径蛇行管を形成する等の解決手段が出願されており、多穴細孔偏平管法は各社から出願されている。

　その他一般ヒートパイプの製造方法では、生産性向上コストダウンを課題とするものが多く、作動液の封入法の工夫や封じ切り法の工夫、全体の製造工程の工夫改良や、その他の改善など、色々の解決法が出願されている。その他の改善では、絶縁ヒートパイプのろう付けなどの難しい工程を自動化する方法や、設備による解決手段の出願が約半数を占めている。

　解決手段全体の中では、製造工程の工夫改良（そのほとんどはコストダウンと自動化）に関する出願が最も多く、解決手段の46％を占めている。

(4) 特殊なヒートパイプ

特殊なヒートパイプの技術開発の課題とそのための解決手段に対応した特許・実案の出願状況を表 1.4.1-4 に示す。

表 1.4.1-4 特殊なヒートパイプ

課題＼解決手段	循環型制御型（細径蛇行除）	細径蛇行型化	二重管複合管型化	蓄熱型回転型化	異型その他特殊な手段
伝熱性向上	三菱電線 3 松下電産 14 合計 62	ACT+赤地 10 合計 26	 合計 11	 合計 6	 合計 7	ACT+赤地 3 東芝 3 昭和電工 3 合計 15
機能性向上	松下電産 4 フジクラ 3 東芝 3 産総研 3 合計 59	ACT+赤地 9 東芝 4 合計 14	三菱電線 4 大阪瓦斯 4 ミヤワキ 4 合計 14	フジクラ 6 合計 13	 合計 6
制御性向上	フジクラ 14 三菱電機 5 東芝 5 合計 73	 合計 67	 合計 1	 0	 合計 1	フジクラ 2 合計 4
製造し易さ小型化	松下電産 10 フジクラ 2 三洋電機 2 合計 58	ACT+赤地 22 日軽金 3 合計 22	フジクラ 2 三菱電機 2 合計 27	 合計 8	 合計 1	 合計 1
安定性向上信頼性向上	松下電産 23 フジクラ 5 三菱電機 4 合計 65	ACT+赤地 9 東芝 2 合計 44	 合計 10	 合計 3	 合計 2	 合計 6
用途適合性その他	フジクラ 3 三菱電線 3 三洋電機 2 松下電産 2 合計 45	ACT+赤地 6 東芝 2 合計 15	フジクラ 4 三菱電機 2 合計 8	 合計 7	 合計 2	東芝 5 フジクラ 2 ACT+赤地 2 合計 14
合計	184	68	36	25	45

特殊なヒートパイプに関する最も多い課題は、熱輸送のオンオフや温度調節などの制御性向上である。ヒートパイプをループ構造にして、循環ポンプや作動弁を導入し、温度調節系を備えた循環制御型化でこの課題を解決している。

安定性や信頼性の向上の課題では、配管や制御系を工夫した循環型制御型で解決している。これらは空調暖房、給湯、地熱による融雪などの熱システムを指向しているものが多く、松下電器産業とフジクラの2社からの出願が多い。

機能性向上の課題には、幅広い解決手段が採られている。機能性向上の中に、トップヒート性の改善がある。普通のヒートパイプは高温側が上になると機能せず、使用時の姿勢によっては動作しなくなる。これを解決したのが、循環型制御型と細径蛇行型ヒートパイプで、特に細径蛇行型はアクトロニクス社の発明で、細管の内部で無動力で作動液の気泡循環が起こり、伝熱性も優れている。

1.4.2 ヒートパイプの応用
(1) 半導体の冷却

半導体の冷却の技術開発の課題とそのための解決手段に対応した特許・実案の出願状況を表1.4.2-1に示す。

表 1.4.2-1 半導体の冷却

技術課題	解決手段	ヒートパイプ冷却器の構成の改善工夫			ヒートパイプの作動形態の改善工夫	HPの組込みペルチェ等と組合わせ
		冷却器形状の改善工夫	作動液や内部構造の改善	冷却器の配置や構成		
パワー系冷却	冷却性能向上・小型化 合計 253	古河電工 15 東芝 12 日立製作所 10 カルソニック 8 昭和電工 5 合計 77	東芝 3 古河電工 2 昭和電工 2 合計 12	東芝 31 古河電工 18 三菱電機 14 日立製作所 12 富士電機 8 合計 111	デンソー 7 東芝 6 カルソニック 5 ACT+赤地 3 合計 32	古河電工 3 昭和電工 3 東芝 2 合計 21
	高機能化 合計 36	東芝 4 日立電線 3 古河電工 2 合計 11	昭和電工 6 東芝 2 合計 9	日立電線 4 東芝 4 古河電工 3 合計 13	富士電機 2 合計 3	0
	環境対応 合計 15	合計 2	東芝 3 合計 6	日立製作所 2 合計 5	東芝 2 合計 2	0
	生産性メンテナンス性 合計 44	日立製作所 3 ダイヤ電機 2 合計 9	0	東芝 10 日立製作所 5 古河電工 5 合計 32	0	ダイヤ電機 2 合計 3
マイクロ系冷却	冷却性能向上・小型化 合計 431	古河電工 32 ダイヤ電機 12 東芝 11 富士通 11 PFU 7 日立製作所 6 合計 157	古河電工 5 三菱電機 2 日本碍子 2 合計 20	古河電工 15 日立製作所 13 富士通 12 フジクラ 11 東芝 10 ダイヤ電機 6 合計 114	デンソー 3 富士電機 2 DEC 2 合計 25	古河電工 15 東芝 10 ダイヤ電機 10 フジクラ 9 富士通 5 PFU 5 合計 115
	高機能化 合計 24	古河電工 5 富士通 2 合計 12	0	フジクラ 2 古河電工 2 合計 9	合計 2	合計 1
	生産性メンテナンス性 合計 34	フジクラ 3 IBM 2 合計 11	0	フジクラ 9 富士通 3 合計 19	合計 2	合計 2
ペルチェ素子等他素子冷却 合計 85		フジクラ 3 小松製作所 3 合計 21	フジクラ 2 合計 3	東芝 4 日立製作所 2 合計 43	アイシン精機 2 合計 3	合計 15

　半導体の冷却技術の中で最も件数の多い課題はマイクロ系冷却の冷却性能向上・小型化で、解決手段としては冷却器形状の改善によるものが最も多いが、その内容としてはヒートパイプとヒートシンクとの組合わせや、細径ヒートパイプや平板型のような、冷却器形状の改善工夫で解決を図るものが最も多い。次に多い解決手段は、冷却器の配置や構成の工夫によるものである。

　パワー系冷却における技術課題で最も多い課題は、冷却性能の向上・小型化で、この解決手段としては、冷却器の配置や構成の工夫によるものが多い。この課題に対する解決手段の中で件数は多くないが、ヒートパイプの作動形態を改善工夫した新しい熱輸送デバイスの出願は注目される。

(2) 電子装置の冷却

電子装置の冷却は、筐体の冷却とプリント基板の冷却に分け、各々の技術開発の課題と解決手段に対応した特許・実案の出願状況を表1.4.2-2及び表1.4.2-3に示す。

表1.4.2-2 筐体の冷却

課題＼解決手段	筐体内雰囲気温度の冷却		発熱部品からの放熱		その他の特殊な方法
	HP熱交換器による冷却	貫通HPによる雰囲気冷却	HPの構造や配置の工夫	HP以外の伝熱部品の構造配置	
筐体内雰囲気の冷却	古河電工 8 日立電線 3 合計 24	三菱電機 11 古河電工 3 合計 23	ファナック 2 合計 6	三菱電機 3 合計 4	デンソー 7 沖電気 2 合計 13
発熱部品の直接冷却	 0	 合計 1	東芝 9 日立製作所 4 合計 36	昭和電工 4 合計 21	NTT 2 古河電工 2 合計 11
筐体全体の冷却	 0	三菱電機 4 古河電工 2 合計 8	古河電工 5 合計 7	 合計 6	デンソー 4 古河電工 3 合計 20

表1.4.2-3 プリント基板の冷却

課題＼解決手段	プリント基板自体の冷却		発熱部品の放熱・冷却		その他の方法
	平板HPによる冷却	基板をHP化	HPの構造や配置の工夫	HP以外の伝熱部品の構造配置	
基板自体の冷却	アドバンテスト 3 合計 9	古河電工 15 富士通 4 合計 22	富士通 2 合計 4	 合計 4	 合計 1
発熱部品の直接冷却	三菱電機 2 合計 7	 0	富士通 5 東芝 3 合計 18	東芝 3 アドバンテスト 3 合計 19	 合計 1
基板と部品全体の冷却	古河電工 7 昭和電工 2 合計 17	 0	 合計 3	 合計 6	 合計 1
基板群の冷却	 合計 3	 0	 合計 3	富士通 4 沖電気 3 合計 15	 0

　筐体の冷却では、筐体内の部品の発熱を直接筐体外に放熱する発熱部品の直接冷却を課題とするものと、筐体の雰囲気を冷却する課題が多かった。前者はほとんどが、ヒートパイプや伝熱部品の構造や配置による解決手段で、後者はヒートパイプ熱交換器で冷却する手段と貫通ヒートパイプによる雰囲気冷却の解決手段のものがほぼ同数である。

　また、その他の特殊な方法による解決手段として、沸騰冷却式熱交換器による方法が出願されている。

　プリント基板の冷却の課題としては、基板上の発熱部品から直接外部に放熱する発熱部品の直接冷却課題が45件で、プリント基板自体を冷却する課題の40件より多い。前者はヒートパイプや伝熱部品の構造と配置工夫で解決を図るものが多く、後者は基板を平板ヒートパイプと積層する方法と、基板自体をヒートパイプ化する方法が多い。

　プリント基板と部品全体の冷却の課題に対する解決手段では、平板ヒートパイプによる冷却法が多い。

(3) コンピュータの冷却

コンピュータの冷却の技術開発の課題とそのための解決手段に対応した特許・実案の出願状況を表1.4.2-4に示す。

表1.4.2-4 コンピュータの冷却

課題	解決手段	ヒートシンクとの組合せ 単管型HP	ヒートシンクとの組合せ 平板型HP等	冷却ファンとの組合せ	伝熱性シート 伝熱グリース	ペルチェ素子 その他方法	合計
熱源部	小型軽量化 省電力	古河電工 4 日立製作所 2 フジクラ 2 東芝 2 合計 20	フジクラ 6 ダイヤ電器 3 ソニー 2 合計 22	東芝 4 古河電工 2 合計 7	東芝 4 古河電工 2 合計 6	フジクラ 2 合計 2	56
熱源部	高性能冷却 複数熱	古河電工 3 日立製作所 2 フジクラ 2 PFU 2 合計 10	古河電工 2 合計 5	東芝 14 フジクラ 6 古河電工 6 東芝ホーム 5 合計 62	東芝 2 合計 5	 合計 5	80
放熱部	拡散性改善 HPの固定	ダイヤ電器 5 三菱電機 4 日立製作所 3 松下電産 2 古河電工 2 合計 22	三菱電機 4 昭和電工 3 日立製作所 2 アルプス電気 2 合計 15	昭和電工 3 富士通 2 合計 9	合計 2	合計 2	42
放熱部	可動熱接合 伝熱ヒンジ 着脱性改善	古河電工 9 三菱電機 6 フジクラ 6 PFU 4 合計 46	三菱電機 4 合計 7	フジクラ 2 合計 2	合計 1	合計 1	56
放熱部	筐体に放熱	合計 5	日立製作所 2 合計 2	合計 1	合計 2	合計 3	10
合計		83	41	73	15	12	

コンピュータの冷却で最も出願数の多い技術課題は、CPUの高速化・高発熱に対応する高性能冷却で80件出願されている。

この解決手段としては、ヒートパイプと冷却ファンの組合わせで解決を図るものが最も多く、東芝、古河電工、フジクラなどが出願している。これに次いで、ヒートパイプとヒートシンクの組合せによる解決が多く、その内容は組合せの構造や配置に関するものである。

次に出願数の多い技術課題は小型軽量化と可動熱接合で、各56件出願されている。

小型軽量化は、ヒートシンク（フィン付きアルミ放熱ブロック）との組合せで解決を図っている出願が多いが、その半数以上はヒートパイプを平板化して薄型化を図ったものである。

可動熱接合のほとんどは、CPUの発熱を液晶面に放熱する伝熱ヒンジに関するもので、単管型ヒートパイプと伝熱ヒンジの組合せで解決を図ったものが多い。

(4) コピー機・画像形成装置の均熱・冷却

コピー機・画像形成装置の均熱・冷却応用の技術開発の課題とそのための解決手段に対応した特許・実案の出願状況を表1.4.2-5に示す。

表1.4.2-5 コピー機・画像形成装置の均熱・冷却応用

課題 \ 解決手段	ロールの均熱 合計 164	搬送ベルトの冷却 合計 38	排熱の利用 合計 42	筐体・発熱部の冷却 合計 21	感光体の均熱冷却その他 合計 78
製品品質向上 合計 135件	リコー 27 コニカ 8 キヤノン 6 住友軽金属 4 日東工業 4 合計 60	リコー 12 コニカ 3 富士ゼロックス 2 合計 16	富士ゼロックス 4 リコー 2 合計 8	コニカ 4 リコー 2 合計 6	コニカ 39 富士ゼロックス 2 合計 43
信頼性寿命の向上 合計 69件	リコー 16 コニカ 12 古河電工 2 合計 35	リコー 6 合計 9	富士ゼロックス 4 リコー 2 合計 9	リコー 3 富士ゼロックス 2 合計 7	コニカ 8 合計 9
環境・省エネ対策 合計 62件	リコー 15 コニカ 2 ミノルタカメラ 2 合計 26	リコー 6 合計 7	リコー 8 富士ゼロックス 7 合計 19	リコー 3 富士ゼロックス 3 合計 6	コニカ 3 合計 4
使い易さ改善 合計 77件	リコー 18 コニカ 11 キヤノン 3 ミノルタカメラ 2 合計 43	リコー 3 合計 4	富士ゼロックス 3 合計 6	合計 2	コニカ 22 合計 22

トナーを加熱定着する電子写真方式のコピー機で、最も出願数の多い技術課題は、複写サイズによらずにじみ・かすれなどのない高画質の画像を安定して得る製品品質（画質）の向上である。

この解決手段として、ロールの均熱が多く、例えば定着ロールにヒートパイプを埋設、または定着ロールをヒートパイプ構造とすることにより、ロール全長に渡り均熱化し、所定の温度に制御することが提案されている。また、ベルト転写方式・感光ドラムを用いるカラーコピー機では、別の解決手段として、ヒートパイプで搬送ベルトまたは感光体を均熱的に冷却して、所定の温度に制御して画質を高める手段が提案されている。

次に出願数が多い課題は使い易さの改善である。これに対する解決手段としてはロールの均熱によるやけどなどの危険防止が多いが、排熱の利用手段で、定着後の複写紙をヒートパイプで冷却し、その排熱を複写紙の予熱乾燥に利用してカールによる紙づまりトラブル防止や、クイックスタートを可能にするなど熱を有効利用する方法も提案されている。

信頼性・寿命の向上の技術課題に対しては、これもヒートパイプによる定着ロールの均熱化で解決を図っているものが多い。

環境・省エネ対策の技術課題に対しては、ロールの均熱を解決手段とするものが多く、ヒートパイプの均熱効果を利用して少ない電力で効果的に所定の温度まで加熱する方法と、排熱をヒートパイプで移送して熱源として利用する解決手段などが提案されている。別の解決手段である筐体・発熱部の冷却は、ヒートパイプで筐体の放熱を行い、オゾンの発生を抑制し、静粛で省エネ型のコピー機を実現するものなどがある。

(5) 画像表示装置の冷却

画像表示装置の冷却の技術開発の課題とそのための解決手段に対応した特許・実案の出願状況を表1.4.2-6に示す。

表1.4.2-6 画像表示装置の冷却

課題＼解決手段	素子の冷却 合計 94	光源の冷却 合計 14	排熱の利用 合計 40	筐体の冷却 合計 4	その他 合計 30
製品品質向上 合計 73	カシオ計算機 8 キヤノン 4 松下電産 4 三洋電機 4 合計 38	ソニー 2 合計 6	三菱電機 12 合計 14	 0	日立製作所 2 東芝ライテック 2 日立サイエンス 2 合計 15
信頼性寿命の向上 合計 50	東芝ライテック 4 東芝 2 カシオ計算機 2 ソニー 2 合計 24	 合計 3	三菱電機 10 合計 11	 0	東芝ライテック 5 合計 12
環境・省エネ対策 合計 45	 合計 9	 合計 2	三菱電機 3 合計 3	キヤノン 2 合計 3	キヤノン 2 合計 3
使い易さ改善 合計 45	ソニー 4 東芝 2 東芝ライテック 2 合計 23	松下電産 2 合計 3	三菱電機 8 富士通ゼネラル 3 合計 12	 合計 1	松下電産 2 合計 6

液晶プロジェクタ、プラズマディスプレイ、CCDの撮像管など画像表示装置の冷却で出願数が最も多い技術課題は、製品品質の向上である。すなわち、安定して明瞭な高輝度の画像を得ることである。

この課題の解決手段として、素子の冷却（表示素子、回路素子の冷却）をヒートパイプで行う方法が多数出願されている。透明冷媒中にヒートパイプを装着し、フィンおよびファンと組合わせて効果的に冷却する表示素子の冷却方法と、発熱部からヒートパイプを用いて熱を移送し、回路素子を冷却し、安定化させる方法である。別の解決手段として、光源の冷却により画像を安定化させる方法も提案されている。

信頼性寿命の向上の技術課題に対しては、素子の冷却を解決手段とするものが多く、例えばヒートパイプで素子の発熱を放散し、電子部品を冷却することにより、部品の寿命を延長し、信頼寿命を向上することなどが提案されている。

これ以外に使い易さの改善の課題には、素子の冷却や、光源の冷却手段よりやけどの事故防止を計る方法や、素子の冷却をファンに代わってヒートパイプで冷却することにより、ファンの騒音を低減し静粛なオフィスを実現する手段が提案されている。

「その他」の解決手段には、放電灯、水銀灯などの光源の品質向上、信頼性向上のためにヒートパイプを用いる放熱手段が含まれている。

表1.4 の記載内容について

1．対象データは全公開特許と実案で、審査未請求による取下げ分も含んでいる。
2．技術要素、技術課題、解決手段などの分類は重複付与している場合がある。
3．表に記載した出願人と特許数は次の基準で記載した。
　（1）特定欄の出願人の公開特許数が2件以上であること
　（2）特定欄の出願人の数が多い場合は、原則として上位4社まで
4．表中、スペースの都合で、会社名は次の通り略称を用いた。

（略称）	（正式名）
古河電工	古河電気工業
松下電産	松下電器産業
ダイヤ電機	ダイヤモンド電機
三菱電線	三菱電線工業
NTT	日本電信電話
PFU	ピーエフユー
産総研	独立行政法人産業技術総合研究所
IHI	石川島播磨重工業
東芝トランス	東芝トランスポートエンジニアリング
住友軽金属	住友軽金属工業
トヨタ	トヨタ自動車
ダイキン	ダイキン工業
宇宙開発	宇宙開発事業団
東芝ホーム	東芝ホームテクノ
IBM	インターナショナルビジネスマシーンズ
日電エンジ	日本電気エンジニアリング
バブコック	バブコック日立
新日鉄	新日本製鐵
ヒューレット	ヒューレットパッカード
TSヒートロニクス	ティーエス ヒートロニクス

5．社名・組織名の変更があった次の5社は新社名で表記した。（カッコ内は旧社名）
　　　フジクラ（藤倉電線）　　　デンソー（日本電装）
　　　三菱マテリアル（三菱金属）　東芝ライテック（東芝電材）
　　　産業技術総合研究所（工業技術院）
6．「昭和電工」は（旧）昭和アルミニウムの出願特許を含む。
7．「ACT＋赤地」はアクトロニクスと赤地久輝氏の共同出願特許である。

2. 主要企業等の特許活動

2.1 フジクラ
2.2 古河電気工業
2.3 三菱電機
2.4 東芝
2.5 リコー
2.6 日立製作所
2.7 松下電器産業
2.8 コニカ
2.9 昭和電工
2.10 富士通
2.11 日本電気
2.12 アクトロニクス
2.13 日立電線
2.14 ダイヤモンド電機
2.15 三菱電線工業
2.16 デンソー
2.17 ソニー
2.18 富士電機
2.19 キヤノン
2.20 ピーエフユー

> 特許流通
> 支援チャート
>
> # 2. 主要企業等の特許活動
>
> ヒートパイプはヒートパイプメーカーや大手電機メーカーが主流である。これら主要各社の特許を中心に解説する。

本章では、ヒートパイプに関する出願件数の多い企業20社について、企業毎に企業概要、技術移転事例、主要製品・技術、保有特許などの分析を行う。

ここで取り上げた企業は、ヒートパイプ全体で出願件数の多い上位10社と、各技術要素毎に出願件数の多い上位3社程度を取り上げ、重複を除いて20社を選出した。

各社の技術要素別出願件数の基礎は、1990年から2001年7月までに公開の特許・実用新案の出願件数である。

各社の保有特許の欄には、当該企業が保有する権利存続中または係属中の特許（実案を含む）を全部表記した。当該分野で重要と思われる特許に抄録を付けたものがあるが、その基準は技術的に特徴があり、実用性が高そうなものとした。なお同じ分野の中では、登録されているものや審査請求中のものを優先した。「概要または発明の名称」欄に収録した概要は、文末に「。」を付けて、発明の名称と区別した。

各社の保有特許は、1.4章の技術要素順、技術課題順に表記してある。

企業の概要中の技術・資本提携関係については、ヒートパイプ技術に関係あるものは見当たらなかった。また技術移転事例については、ヒートパイプ技術に関係あるものに限定した。尚、主要企業各社が保有する特許・実案がライセンスできるかどうかは各企業の状況により異なる。

表2-1 ヒートパイプの主要出願20社リスト

No.	企業名	出願数	No.	企業名	出願数
①	フジクラ	351	⑪	日本電気	73
②	古河電気工業	327	⑫	ATC＋赤地	65
③	三菱電機	250	⑬	ダイヤモンド電機	57
④	東芝	204	⑭	日立電線	56
⑤	リコー	138	⑮	三菱電線工業	55
⑥	日立製作所	116	⑯	デンソー	45
⑦	松下電器産業	111	⑰	ソニー	45
⑧	コニカ	105	⑱	富士電機	43
⑨	昭和電工	105	⑲	キヤノン	38
⑩	富士通	87	⑳	ピーエフユー	38

1990年から2001年7月の期間に公開の特許・実案の出願数

2.1 フジクラ

2.1.1 企業の概要（フジクラ）

1)	商号	株式会社フジクラ
2)	設立年月日	1910年（明治43年）3月18日
3)	資本金	53,075百万円（2001年9月30日現在）
4)	従業員	1,332名（2001年9月30日現在）
5)	事業内容	光伝送システム、通信システム、電子材料、電力システム、被覆線、マグネットワイヤ、機器電材、金属材料
6)	技術・資本提携関係	（株主）三井生命、さくら銀行、東海銀行、住友信託銀行、その他
7)	事業所	本社／東京　事業所／佐倉、鈴鹿、富津、沼津、石岡　研究所／東京・その他2　支店・営業所／大阪、その他13　海外事業所・駐在所／アメリカ・その他11
8)	関連会社	国内／藤倉ゴム工業、藤倉化成、第一電子工業、米沢電線、西日本電線、東北フジクラ、藤倉エネシス、藤倉開発、その他 海外／FUJIKURA(Thailand)、PCTT、LTEC、FUJIKURA ASIA、その他
9)	業績推移	（連結売上）3,401億（1999.3）3,247億（2000.3）3,597億（2001.3）
10)	主要製品	情報通信製品（光ファイバ等）　PC・モバイル用-プリント回路、電子ワイヤ（その他電子部品用材料等）　自動車関連（ホーロー基板等）　産業電線・電力システム（ケーブル等）　エコ電線・ケーブル等
11)	主な取引先	電力各社、NTT、JR各社、IBM　（仕入先）三井金属、同和鉱業、東京アルミ線材
12)	技術移転窓口	（知的財産部　情報特許室）東京都江東区木場1-5-1　TEL (03) 5606-1061

2.1.2 技術移転事例（フジクラ）

No	相手先	国　　名	内　　　容
—	—	—	—

今回の調査範囲・方法では該当する内容は見当たらなかった。

2.1.3 ヒートパイプ技術に関連する製品・技術（フジクラ）

技術要素	製　　品	商品名	発売時期	出　典
ヒートパイプ全般	丸型ヒートパイプ、偏平ヒートパイプなど	フジクラヒートパイプ	—	同社カタログ
コンピュータの冷却用	ヒートパイプと放熱板、伝熱ヒンジ、ヒートシンク、冷却ファンなどの複合製品	フジクラサーマルソリューション	—	（同　上）
半導体の冷却	ヒートシンクとの複合製品	フジクラヒートシンク	—	（同　上）

2.1.4 技術開発課題対応保有特許の概要（フジクラ）

図2.1.4-1にフジクラのヒートパイプの技術要素別出願件数を示す。

同社は画像表示装置以外の全分野に出願しており、特にヒートパイプの構造関係の出願が多い。ヒートパイプの応用分野では、半導体の冷却とコンピュータの冷却の出願が多い。

図2.1.4-1 フジクラの技術要素別出願件数

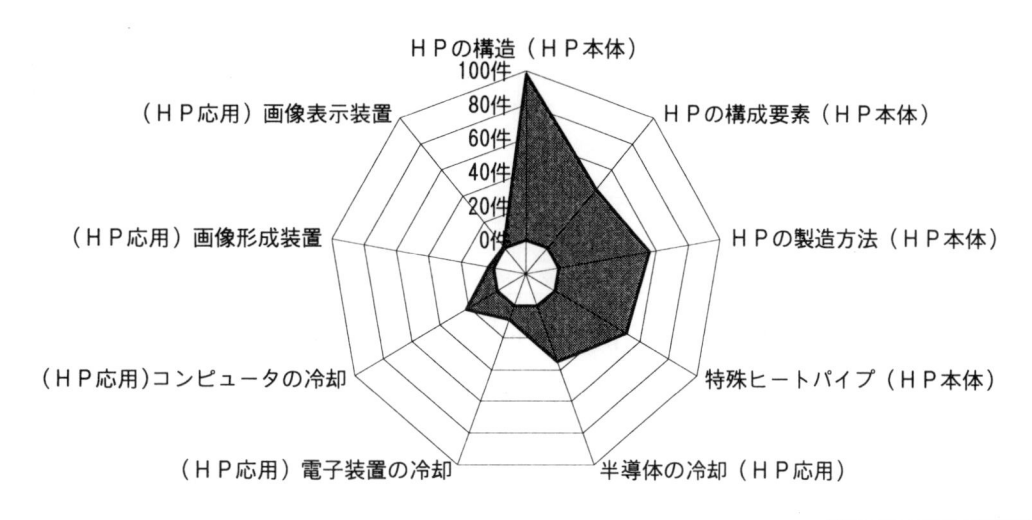

表2.1.4-1 フジクラにおける保有特許の概要　　○：開放の用意がある特許

技術要素	課題	解決手段	特許分類（IPC）	特許No.	概要または発明の名称	
HPの構造	伝熱性能向上	液流路構造	F28D 15/02,101	実公平07-017952	大型ヒートパイプ	
			F28D 15/02,101	実公平08-007256	分離型ヒートパイプ	
			F28D 15/02,101	特公平07-031023	ループ型ヒートパイプ	
			F28D 15/02,101	特公平07-031024	熱サイホン型ヒートパイプ	
			H05K 7/20	特開2000-040891	ヒートパイプ付きヒートシンク	○
			F01K 25/00	特許第3090441号	ヒートパイプ式タービン発電機	
		蒸発部構造	F28D 15/02,102	特許第2868208号	ヒートパイプ	○
			F28D 15/02	実案第2589586号	回転式ヒートパイプ	○
		ループ構造化	F28D 15/02,101	実公平06-039246	ループ型ヒートパイプ	
			F28D 15/02,101	実案第2589584号	コルゲート型ヒートパイプ	○
			F28D 15/02,101	特許第2866714号	蓄熱式給湯器の制御方法およびその方法を実施するための蓄熱式給湯器	
			F28D 15/02,101	特許第2663316号	ループ型ヒートパイプの蒸発部の構造	
			F28D 15/02,101	特許第2502955号	ループ型ヒートパイプ	○
			F28D 15/02,101	特開平09-049690	熱サイホン	
		平板構造化	F28D 15/02,101	実案第2603309号	金属粒充填式平板型ヒートパイプ	○
			F28D 15/02	特開2000-356485	平板状ヒートパイプ	○
			F28D 15/02,101	特開2001-183079	扁平型ヒートパイプおよびその製造方法	
			F24H 1/18	特公平07-104041	高温蓄熱体を備えたヒートパイプ式給湯装置	
			F28D 15/02,101	特開平08-303970	携帯型パソコン冷却用の偏平ヒートパイプおよびその製造方法	○
			F28D 15/02,101	特許第2743345号	ヒートパイプおよびその製造方法	○
			F28D 15/02,101	特開平09-210582	ヒートパイプ	○
			F28D 15/02	特開平09-303979	ヒートパイプ	○
			F28D 15/02,101	特開平11-193994	平板状ヒートパイプ	
		複合・接続化	H01L 35/30	特開平07-335943	熱電発電ユニット	

表 2.1.4-2 フジクラにおける保有特許の概要　　〇：開放の用意がある特許

技術要素	課題	解決手段	特許分類（IPC）	特許 No.	概要または発明の名称	
HPの構造	伝熱性能向上	複合・接続化	F28D 15/02	特開平09-133483	二重管型ヒートパイプ	
			F28D 15/02	特開平09-329394	電子素子の冷却構造	〇
			F28D 15/02,101	特許第2515696号	ヒートパイプ式熱交換器	〇
		その他	H05K 7/20	特開平10-209659	冷却ファンを有する冷却システム	〇
			F28D 15/02	特開平10-267572	ヒートパイプの保持構造	〇
	機能向上改良	液流路構造	F28D 15/02,101	特許第2572740号	水槽の冷却水供給管に挿入したタービンでポンプを駆動して、パイプ下部から上部へ作動液を連続的に強制還流する構成で、トップヒート式に使用することができる熱サイホン。	〇
			F24J 3/08	実案第2599516号	地熱熱源ヒートパイプ式融雪装置	
			F28D 15/02,105	特公平06-050234	高温熱源用熱サイホンの始動方法	
			F28D 15/02,102	特開平09-273878	エルボ型ヒートパイプ継手	〇
		蒸発部構造	F28D 15/02,101	実案第2542912号	傾斜配置型長尺ヒートパイプ	〇
		ループ構造化	E01C 11/26	実案第2523034号	ループ型ヒートパイプで深夜電力用蓄熱手段を備え、作動流体の流量調整弁で蓄熱を必要なときにのみ取り出して利用できる電力蓄熱型融雪システムで、給湯や暖房用にも使用できる。	
			F28D 15/02,101	特許第2774359号	ループ型ヒートパイプ	〇
			F28D 15/02,101	特公平06-050232	蓄熱型融雪装置	
			F28D 15/02,101	特公平06-050233	二重ループ型熱交換器	
			F28D 15/06	特許第2853943号	ループ式ヒートパイプの作動流体循環流量の制御方法	〇
			F28D 15/02,101	特公平08-030637	地熱を地上に取り出す大型のループ型ヒートパイプと、この地熱を有効利用する熱回収装置とから構成され、地熱量が減少すると作動流体は蒸発部下部液体溜りに溜められて次に地熱量が増加した際に地熱を充分に取り出すことができないという不都合に対応した。	
			F28D 15/02,101	特許第2530582号	ループ型ヒートパイプ	〇
			E01C 11/26	特許第2689400号	太陽熱蓄熱型路面融雪装置	
		平板構造化	F28D 15/02,101	特開平07-208884	毛細管力の強い第1ウィックの周囲に蒸気通路となる空隙を形成し、この第1ウィックの表面と、コンテナの内面との境に毛細管力の弱い第2ウィックを介装した平板型ヒートパイプでトップヒートモードでも効率よく作動する。	〇
			F28D 15/02,101	特許第2557811号	放熱用壁部材	〇
			F28D 15/02,102	特許第2557812号	放熱用壁構造	〇
			F28D 15/02,102	特開平09-049691	偏平型ヒートパイプ	〇
			F28D 15/02	特開平11-023167	平板状ヒートパイプ	〇
			E01C 11/26	実案第2558877号	ヒートパイプ式融雪ユニットパネル	
			F28D 15/02,102	特開2000-161879	平板状ヒートパイプ	〇
			F28D 15/02,101	特開2000-258079	平板型ヒートパイプを用いた放熱構造	〇
		複合・接続化	F28D 15/02,101	特開平11-173775	屋外設置型通信機器用カードの冷却装置	〇
			F28D 15/02,101	特開2000-154983	ヒートパイプ構造体	〇
		その他	F28D 15/02,101	特許第2772072号	ヒートパイプ装置	〇
			G06F 1/20	特開平11-202979	電子素子の冷却装置	〇
			F22B 1/00	特開平10-002501	蓄熱型蒸気発生器	
	小型化軽量化	複合・接続化	F28D 15/02	特開2000-065489	パソコンの冷却装置	〇
			H05K 7/20	特開2000-277963	パソコンの冷却装置	〇
			F28D 15/02	特開平09-324991	ノートブック型パソコンの冷却構造	〇

表2.1.4-3 フジクラにおける保有特許の概要　　○：開放の用意がある特許

技術要素	課題	解決手段	特許分類（IPC）	特許No.	概要または発明の名称	
HPの構造	小型化軽量化	複合・接続化	H01F 27/12	特許第2501548号	ヒートパイプ冷却式地中設置型変圧器とその設置方法	
	生産性コスト	ループ構造化	F28D 15/02,106	特公平08-030638	ループ型ヒートパイプの蒸発管の製造方法	
			F28D 15/02,101	特開平08-193792	蓄熱型ヒートパイプ式給湯装置	
			F28D 15/02	特開平11-325764	電子素子の冷却装置	○
		平板構造化	F28D 15/02,103	特開平08-303972	携帯型パソコン冷却用の偏平ヒートパイプとその製造方法	○
			F28D 15/02,101	特開平09-159382	平板型ヒートパイプおよびその製造方法	○
			F28D 15/02,101	特開平11-183067	平板状ヒートパイプ	○
			F28D 15/02,106	特開平11-183070	フラットヒートパイプの製造方法	○
			F28D 15/02,106	特開2001-201283	扁平型ヒートパイプの製造方法	○
			F28D 15/02,106	特開2001-208491	扁平型ヒートパイプおよびその製造方法	○
		複合・接続化	F28D 15/02,106	特許第2609213号	ヒートパイプの組立方法	○
	信頼性安定性	ループ構造化	F28D 20/00	実公平08-000613	ヒートパイプ用管路を有する蓄熱器の構造	
			F28D 15/02,101	特開平08-327259	長尺熱サイホン	
		平板構造化	F28D 15/02	特開平10-103884	プレート型ヒートパイプ	○
			F28D 15/02,101	特開平11-183068	平板状ヒートパイプ	○
			F28D 15/02,106	特開平11-287578	平板状ヒートパイプの製造方法	○
			F28D 15/02,101	特開2001-091172	平板状ヒートパイプ	○
		複合・接続化	F24H 7/02,601	特開平10-002616	蓄熱型ヒートパイプ式給湯装置用蒸発ブロック	
	特殊用途	液流路構造	F28D 15/02,101	特開平07-332882	長尺ヒートパイプの吊下げ用ワイヤの取付け装置	○
			F24J 3/08	特開平08-005162	地熱抽出装置	
		平板構造化	F28D 15/02,101	特開平08-303971	携帯型パソコン冷却用の偏平ヒートパイプおよびその製造方法	○
		その他	E01H 5/10	特開平08-134862	堆肥を熱源としたヒートパイプ式融雪装置	
HPの構成要素	容器（コンテナ）	材料改善	F28D 15/02,103	特許第2707070号	高温用ヒートパイプ	
			F28D 15/02	特開平09-303979	ヒートパイプ	○
		内面めっき	F28D 15/02,102	特開平10-078293	プラスチックヒートパイプおよびその製造方法	○
		フレキ・プラスチック	F28D 15/02,102	特開平10-148484	プラスチックヒートパイプ	○
		耐熱金属容器	F28D 15/02,106	特許第2743012号	酸化し易い耐熱金属製のコンテナを用いた高温用ヒートパイプの製造方法	○
		複合材料改善	F28D 15/02,103	特開平11-304381	ヒートパイプ	○
			C23C 4/00	特許第2984035号	溶射薄膜形成面の温度管理方法	○
			F28D 15/02,103	特開2000-046487	ヒートパイプおよびその製造方法	○
		断面構造改善	F28D 15/02,101	特許第2743345号	コンテナ画平板状の加熱部と、この加熱部の上側に離間しかつ加熱部より面積の広い放熱部と、これら加熱部と放熱部とのそれぞれの周縁部を全周に亘って互いに連結する側壁部とによって扁平状に形成されている。	○
			F28D 15/02	特開平10-103884	プレート型ヒートパイプ	○
			F28D 15/02,102	特開2000-161879	平板状ヒートパイプ	○
		複合ウィック	F28D 15/02,101	特開平08-303970	携帯型パソコン冷却用の偏平ヒートパイプおよびその製造方法	○
			F28D 15/02,101	特開平08-303971	携帯型パソコン冷却用の偏平ヒートパイプおよびその製造方法	○

表2.1.4-4 フジクラにおける保有特許の概要

○：開放の用意がある特許

技術要素	課題	解決手段	特許分類(IPC)	特許No.	概要または発明の名称	
HPの構成要素	容器（コンテナ）	複合ウィック	F28D 15/02,103	特開平08-303972	携帯型パソコン冷却用の偏平ヒートパイプとその製造方法	○
			F28D 15/02,101	特開平11-193994	平板状ヒートパイプ	
			F28D 15/02,106	特開2000-055577	ヒートパイプの製造方法	○
		伸縮型HP	F28D 15/02,102	実案第2603304号	伸縮型ヒートパイプ	
		放熱面拡大容器	F28D 15/02,102	特開平09-184696	ヒートパイプ	○
			F28D 15/02,106	特開平11-287578	平板状ヒートパイプの製造方法	○
			H05K 7/20	特開平11-330747	電子素子の冷却構造	○
		長手構造改造	F28D 15/02,103	特開平09-170888	ウィックが多数本の極細線からなる編組体によって形成されている。少なくともコンテナの長手方向の両端側で、所定間隔の隙間を開けるよう中空螺旋状に巻回されたスパイラル部材が、コンテナ内に、その長手方向に沿って配設され、該ウィックをコンテナの内壁面に押し付けて固定している。	○
		2重管ループHP	F28D 15/02	特開平09-133483	二重管型ヒートパイプ	
		エルボ形HP	F28D 15/02,102	特開平09-273878	エルボ型ヒートパイプ継手	○
		偏平HP	F28D 15/02,102	特開平09-049691	偏平型ヒートパイプ	○
			F28D 15/02,106	特開平09-049693	ヒートパイプ用コンテナの製造方法	○
		焼ナマシ偏平HP	F28D 15/02,102	特許第2868208号	ヒートパイプ	○
			F28D 15/02,106	特開平10-238976	ヒートパイプの製造方法	○
	容器（端末）	長手構造改造	F28D 15/02,101	特開2001-183079	扁平型ヒートパイプおよびその製造方法	
			F28D 15/02,101	特開2000-258079	平板型ヒートパイプを用いた放熱構造	○
	ウィック	複合材料改善	F28D 15/02,103	特開2000-146472	コンテナの内部に、多数本の極細線がコンテナの長さ方向に向けた姿勢で配設されている。少なくとも長さ方向での両端側において所定間隔の隙間を開けた状態に中空螺旋状に巻回された帯状体が、その外周面の一部をコンテナの内壁面に接触させた状態でコンテナの長さ方向に沿って配設されている。	○
		金属粒充填平板HP	F28D 15/02,101	実案第2603309号	金属粒充填式平板型ヒートパイプ	○
			F28D 15/02,101	特開平07-208884	平板型ヒートパイプ	○
			F28D 15/02,103	特開平11-294980	ヒートパイプおよびその製造方法	○
		断面構造改善	F28D 15/02,103	実案第2567420号	ファイバーウィックを有するヒートパイプ	○
			F28D 15/02	特開平11-023167	平板状ヒートパイプ	○
		開口部小グループ	F28D 15/02	実案第2589586号	回転式ヒートパイプ	○
		長手構造改造	F28D 15/02,106	特開平09-273881	コルゲート型ヒートパイプの製造方法	○
		プラズマ粗化	F28D 15/02,102	特開平08-075381	ヒートパイプとその製造方法	○
		容赦膜粗化	F28D 15/02,102	特開平08-075382	ヒートパイプとその製造方法	○
		ワイヤ表面処理	F28D 15/02,106	特開平09-273882	ヒートパイプおよびその製造方法	○
		ウィック挿入方法	F28D 15/02,106	特開平10-019483	細線の管内挿入装置及び方法	○
			F28D 15/02,103	特許第2707069号	ヒートパイプ	○
			F28D 15/02,102	特開平11-351770	ヒートパイプ	○
		コルゲート管ウィック	F28D 15/02,101	実案第2589584号	コルゲート型ヒートパイプ	○
HPの製造方法	伝熱性能向上	製造工程	F28D 15/02,103	特開2000-046487	ヒートパイプおよびその製造方法	○
			F28D 15/02,101	特開2001-183079	扁平型ヒートパイプおよびその製造方法	
			F28D 15/02,101	特許第2502955号	ループ型ヒートパイプ	○
			F28D 15/02,102	特開平08-075381	ヒートパイプとその製造方法	○
			F28D 15/02,102	特開平08-075382	ヒートパイプとその製造方法	○
	生産性コスト	作動液封入法	F28D 15/02,106	特開2000-018855	ヒートパイプの製造方法	○

表 2.1.4-5 フジクラにおける保有特許の概要

○：開放の用意がある特許

技術要素	課題	解決手段	特許分類（IPC）	特許No.	概要または発明の名称	
HPの製造方法	生産性コスト	作動液封入法	F28D 15/02,106	特開平07-332884	中高温用ヒートパイプの製造方法	○
			F28D 15/02,106	特開平09-026276	中高温用ヒートパイプの製造方法および装置	
			F28D 15/02,106	特許第2743012号	酸化し易い耐熱金属製のコンテナを用いた高温用ヒートパイプの製造方法	○
			F28D 15/02,106	特許第2743014号	ヒートパイプにおける作動流体の封入方法	○
			F28D 15/02,106	特許第2720365号	ヒートパイプを仮封止した状態でコンテナを加熱して作動液を沸騰させ、不活性ガスを満たしたガスチャンバに接続開閉弁を開けて作動流体を沸騰させた後、開閉弁を閉じて注入口を本封止する。	○
			F28D 15/02,106	特開平09-096495	中高温用ヒートパイプの製造方法	
			F28D 15/02,106	特開平09-170889	ヒートパイプの製造方法	○
			F28D 15/02,106	特開平10-148485	ヒートパイプの製造方法	○
			F28D 15/02,106	特開平10-148486	ヒートパイプの製造方法	○
		封じ切り法	F28D 15/02,106	特開2000-274974	ヒートパイプの端部封止方法	○
			F28D 15/02,106	特開平09-126674	ヒートパイプの製造法	○
			F28D 15/02,106	特開平10-238974	ヒートパイプの製造方法	○
			F28D 15/02,106	特開平10-238975	ヒートパイプおよびその製造方法	○
		製造工程	F28D 15/02,106	特許第2609213号	ヒートパイプの組立方法	○
			F28D 15/02,106	特公平08-030638	管内に複数の液戻り管を有するループ型ヒートパイプの蒸発管の製造方法で、液戻り管と介装材とを同時に送り出し、巻き付けて撚り合せ体を形成しこれを蒸発管に挿入する。	
			F28D 15/02,106	特開平08-178563	ヒートパイプの製造方法	○
			F28D 15/02,106	特開平09-273881	コルゲート型ヒートパイプの製造方法	○
			F28D 15/02,106	特開平09-273882	ヒートパイプおよびその製造方法	○
			F28D 15/02,106	特開平10-238976	製品長さより複数倍長いパイプに複数倍長いウィックを挿入し、そのパイプを脱気・作動液を注入し、その作動液をパイプの全長に均等に分布させ、パイプの長手方向の複数箇所を圧潰溶着して封止、切断して複数本のヒートパイプとする。	○
		その他改善	F28D 15/02,106	特開平08-278091	ヒートパイプ式冷却ユニットの製造方法	○
			F28D 15/02,106	特開平08-327260	ヒートパイプ用コンテナの製造方法	○
			F28D 15/02,106	特開平08-327261	ヒートパイプ用コンテナの製造方法	○
			F28D 15/02,106	特開平09-049693	ヒートパイプ用コンテナの製造方法	○
			F28D 15/02,106	特開2000-205770	ヒートパイプ用コンテナの製造方法	○
			F28D 15/02,101	特開平09-159382	平板型ヒートパイプおよびその製造方法	○
			F28D 15/02,106	特開平09-189488	ヒートパイプ用液戻し管の製造方法および製造装置	○
			F28D 15/02,106	特開平10-019483	細線の管内挿入装置及び方法	○
			F28D 15/02,106	特開平11-083360	フィンを備えたヒートパイプおよびその製造方法	○
			F28D 15/02,106	特開平11-083361	フィンを備えたヒートパイプおよびその製造方法	○
	信頼性安定性	作動液封入法	F28D 15/02,106	特開平10-038485	ヒートパイプの作動流体封入方法および器具	○
		封じ切り法	F28D 15/02,106	特開平10-170180	ヒートパイプ	○
		製造工程	F28D 15/02,106	特開2000-055577	ヒートパイプの製造方法	○
			F28D 15/02,103	特開平11-294980	ヒートパイプおよびその製造方法	○

表 2.1.4-6　フジクラにおける保有特許の概要　　○：開放の用意がある特許

技術要素	課題	解決手段	特許分類(IPC)	特許No.	概要または発明の名称	
HPの製造方法	特殊用途	製造工程	F28D 15/02,101	特開平08-303971	携帯型パソコン冷却用の偏平ヒートパイプおよびその製造方法	○
	平板HP製法	作動液封入法	F28D 15/02,106	特開平09-280759	ヒートパイプの製造方法	○
		製造工程	F28D 15/02,106	特開2001-201283	扁平型ヒートパイプの製造方法	○
			F28D 15/02,106	特開2001-208491	扁平型ヒートパイプおよびその製造方法	○
			F28D 15/02,101	特開平08-303970	携帯型パソコン冷却用の偏平ヒートパイプおよびその製造方法	○
			F28D 15/02,101	特許第2743345号	ヒートパイプおよびその製造方法	○
			F28D 15/02,106	特開平09-273880	ヒートパイプの製造方法	○
			F28D 15/02,106	特開平11-183070	フラットヒートパイプの製造方法	○
			F28D 15/02,106	特開平11-287578	平板状ヒートパイプの製造方法	○
特殊HP	伝熱性向上	循環型制御型	F28D 15/02,106	特公平08-030638	ループ型ヒートパイプの蒸発管の製造方法	
			F28D 15/02,101	特許第2572740号	トップヒート式熱サイホン	○
			F28D 15/02,101	特公平08-030637	ループ型ヒートパイプ	
			F28D 15/06	実案第2589608号	受熱・放熱箇所切換式ヒートパイプ	○
			F24J 3/08	実案第2599516号	地熱利用融雪ヒートパイプの凝縮部側に液相作動流体を貯溜する液溜部を設け、液溜部の作動液を制御しながら蒸発部に供給する流量調節手段を設けた。	
		二重複合管	F28D 15/02,101	特許第2502955号	ループ型ヒートパイプ	○
			F28D 15/02	特開平09-133483	二重管型ヒートパイプ	
		蓄熱型回転型	F28D 15/02	実案第2589586号	モータの回転軸に用いるヒートパイプで、内周面に開口部より溝内が広いグルーブを形成する。この部分が作動流体の液溜まりとなっていて伝熱効果が大きい。	○
			F22B 1/00	特開平10-002501	蓄熱型蒸気発生器	
			F24H 7/02,601	特開平10-002616	蓄熱型ヒートパイプ式給湯装置用蒸発ブロック	
			G06F 1/20	特開平11-202979	電子素子の冷却装置	○
			E01C 11/26	特許第2689400号	太陽熱蓄熱型路面融雪装置	
			F28D 15/02,101	特許第2772072号	ヒートパイプ装置	○
		細径ループ型	F28D 15/02	特開平11-023167	平板状ヒートパイプ	○
	制御性向上	循環型制御型	F25D 9/00	実公平07-042072	ヒートパイプで自然冷熱を利用する地中貯蔵庫で、ヒートパイプに非凝縮ガスの貯留容器を接続したのでヒートパイプの熱輸送量をコントロールして庫内温度を任意に調整できる。	
			F28D 15/06	特開2000-146473	無電源則温式熱移動制御ヒートパイプ	○
			E01H 5/10	特開平08-134862	堆肥を熱源としたヒートパイプ式融雪装置	
			F28D 15/06	特開平08-285483	ヒートパイプ	○
			F28D 15/06	特許第2609217号	ループ式ヒートパイプの作動液の循環制御装置	
			F28D 15/02,101	特許第2866714号	蓄熱式給湯器の制御方法およびその方法を実施するための蓄熱式給湯器	
			E01C 11/26	特許第2886110号	ヒートパイプの蒸発部は高温の地熱流体中に配設され、ヒートパイプの凝縮部は地表面と平行に埋設されている。ヒートパイプの蒸発部と凝縮部の中間に作動液の遮断弁を設けた。	
			F28D 15/02,105	特公平06-050234	高温熱源用熱サイホンの始動方法	
	生産性小型化	循環型制御型	F28D 15/02	特開平11-325764	電子素子の冷却装置	○

表 2.1.4-7 フジクラにおける保有特許の概要　　○：開放の用意がある特許

技術要素	課題	解決手段	特許分類（IPC）	特許 No.	概要または発明の名称	
特殊HP	生産性小型化	二重複合管	H01L 35/30	特開平07-335943	熱電発電ユニット	
			F28D 15/02,106	特許第2609213号	ヒートパイプの組立方法	○
	安定性信頼性	循環型制御型	F28D 15/02,101	特開平08-327259	長尺熱サイホン	
			F28D 15/02,101	特許第2530582号	ループ型ヒートパイプ	○
			F28D 15/06	特許第2853943号	ループ式ヒートパイプの作動流体循環流量の制御方法	○
			F28D 15/02,101	特公平07-031023	蒸発管の内周に作動液を噴出するノズル孔が多数形成された液戻り管を設け蒸気の流速が速い場合にも蒸発部に作動液を確実に供給できるようにする。	
	用途適合性	循環型制御型	E01C 11/26	特開平08-109607	未利用熱源使用融雪システム	
		二重複合管	F28D 15/02,101	特許第2515696号	ヒートパイプ式熱交換器	○
		異型その他	F28D 15/06	特開平08-014780	高温用ヒートパイプの性能試験方法	○
半導体の冷却	パワー系高性能	形状改善	H01L 23/427	実開平04-012660	電子素子用ヒートシンク	○
	パワー系環境性環境規制対応	配置改善	F28D 15/02	特開平09-280758	ヒートパイプ式熱交換器	○
	マイクロ系高性能	形状改善	H01L 23/36	特開平09-232484	電子素子の冷却構造	○
			H05K 7/20	特開平11-330747	電子素子の冷却構造	○
			H05K 7/20	実案第2520667号	電子素子の冷却構造	○
			H01L 23/427	特開2000-174188	電子素子の冷却構造	○
			H05K 7/20	特開2000-277963	パソコンの冷却装置	○
			H01L 23/427	特開平11-067997	パソコン内の複数の発熱素子をヒートパイプで熱的に連結し、その端部にはファン付きヒートシンクが装着された冷却装置。	○
			H01L 23/36	特開2000-216309	電子素子の放熱構造	○
			H01L 23/427	特開2000-252400	ヒートシンク用コネクタ	○
			H01L 23/427	特開平09-232488	電子素子の冷却構造	○
			H01L 23/427	特開2001-110970	電子素子の放熱構造	○
		配置改善	H05K 7/20	特開2000-261175	電子機器の冷却装置	○
			H01L 23/427	特開2001-035979	電子機器におけるヒートパイプ式放熱構造	○
			G06F 1/20	特開2000-010662	コンピュータの冷却装置	○
		他材と組合せ	F28D 15/02	特開2000-018852	ヒートパイプ付きヒートシンクおよびその製造方法	○
			H05K 7/20	特開2000-040891	ヒートパイプ付きヒートシンク	○
			H01L 23/427	特開2000-164778	電子素子用冷却器	○
			H01L 23/427	特許第2583343号	LSI素子等を内装したセラミックパッケージに作動液を密封してヒートパイプとした電子部品冷却器。	○
	マイクロ系小型化	形状改善	F28D 15/02	特開2000-356485	平板状ヒートパイプ	○
			F28D 15/02,102	特開2000-161879	平板状ヒートパイプ	○
			H01L 23/427	特開2000-340725	電子素子の冷却装置	○
			H01L 23/427	特開平10-050910	小径で可とう性を有するヒートパイプによりパソコンの素子熱を他部位に誘導して冷却する。	○
			F28D 15/02	特開2000-065489	パソコンの冷却装置	○
	マイクロ系生産性	形状改善	F16 11/04	特許第3181272号	ノートパソコンの素子冷却用ヒートパイプをその中心軸線を中心にした回転が自在で熱の授受を効果的に実現できるヒンジ部材。	○
			H01L 23/427	特開2001-110969	電子素子の放熱構造	○
			H01L 23/40	特開2001-110967	電子素子の放熱構造	○

表 2.1.4-8 フジクラにおける保有特許の概要　　○：開放の用意がある特許

技術要素	課題	解決手段	特許分類（IPC）	特許 No.	概要または発明の名称	
半導体の冷却	マイクロ系生産性	配置改善	F28D 15/02	実案第2546030号	集中回路冷却用ヒートパイプの受熱ブロック	○
	ペルチェ等	形状改善	H01L 35/32	特開平08-335723	熱・電気変換装置	
		形状改善	H01L 35/32	特開平09-129937	熱・電気変換装置	
	他素子	形状改善	H01L 35/30	特開平07-335943	熱電発電ユニット	
			H01L 31/042	特開平09-186353	太陽電池モジュール	
電子装置の冷却	発熱部品直冷	HPの構造	H05K 7/20	実案第2520667号	電子素子の冷却構造	○
			H05K 7/20	特開平11-330758	屋外設置型通信機器用カードの冷却装置	
		HP以外の構造	H05K 7/20	特開平11-204966	屋外設置される通信機器用密閉筐体内のカード基板に密着させた熱伝導性エラストマー集熱部材を介して、カード基板の発熱をヒートパイプで筐体に放熱する。	
			H05K 7/20	特開2000-124652	平板状機能部品の冷却装置	○
	基板群冷却	HP以外の構造	F28D 15/02,101	特開平11-173775	屋外設置通信機器に内蔵される複数のカード基板の発熱をカードに近接して配置された熱吸収板付き複数のヒートパイプで筐体に放熱する。	
	基板全体冷却	平板HPで冷却	F28D 15/02	特開平10-103884	プレート型ヒートパイプ	○
計算機の冷却	薄型・省電力	偏平HP	F28D 15/02,101	特開平08-303970	携帯型パソコン冷却用の偏平ヒートパイプおよびその製造方法	○
			F28D 15/02,101	特開平08-303971	携帯型パソコン冷却用の偏平ヒートパイプおよびその製造方法	○
			G06F 1/20	特開平11-202979	電子素子の冷却装置	○
			H05K 7/20	特開2000-261175	電子機器の冷却装置	○
			H01L 23/427	特開平10-050910	電子素子の冷却構造	○
			H05K 7/20	特開平10-224069	電子装置用冷却器	○
		平型HP	H01L 23/427	特開平09-232488	電子素子の冷却構造	○
			G06F 1/20	特開平08-137580	パソコンの冷却構造	○
		ヒートシンク鋳包	H01L 23/467	特開平11-195738	ヒートシンクおよびその製造方法	○
	高性能冷却	ファンと組合せ	F28D 15/02	特開平11-325764	電子素子の冷却装置	○
			H05K 7/20	特開平10-209659	冷却ファンを有する冷却システム	○
		ヒンジ含む	H05K 7/20	特開2000-277963	パソコンの冷却装置	○
	HPの固定	着脱接合	H01L 23/427	特開平11-067997	パソコンの冷却装置	○
	可動隙熱接合	伝熱ヒンジ	H05K 7/20	特許第3017711号	電子素子に蒸発部が熱授受可能に配設されるとともに、前記パソコン本体における外気との熱交換面積が大きい液晶部に凝縮部が配設されたヒートパイプ機構と、そのヒートパイプ機構における前記蒸発部と前記凝縮部との中間部（伝熱ヒンジ）から選択的に熱を奪って放熱するように駆動される冷却手段とを備えていることを特徴とするパソコンの冷却装置。	○
		着脱自在	G06F 1/20	特許第3107730号	携帯型パソコンの冷却構造	○
			F28D 15/02	特開2000-065489	パソコンの冷却装置	○
			F16C 11/04	特許第3181272号	ヒートパイプ用ヒンジ部材	○
			G06F 1/20	特許第3035170号	ノートブック型パソコンの冷却構造	○
		熱抵抗小	F28D 15/02	特開平09-324991	ノートブック型パソコンの冷却構造	○

2.1.5 技術開発拠点（フジクラ）

東京都：本社
千葉県：佐倉工場
静岡県：沼津工場

2.1.6 技術開発者（フジクラ）

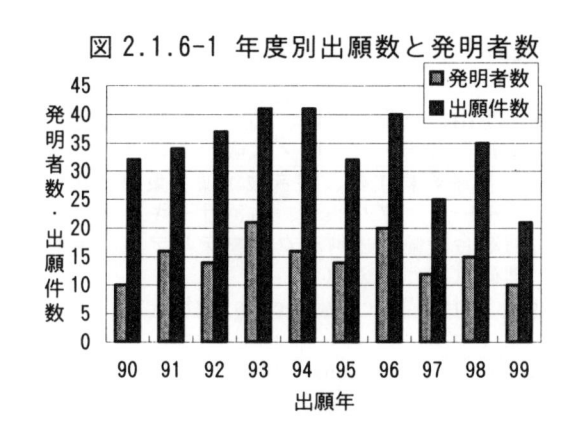

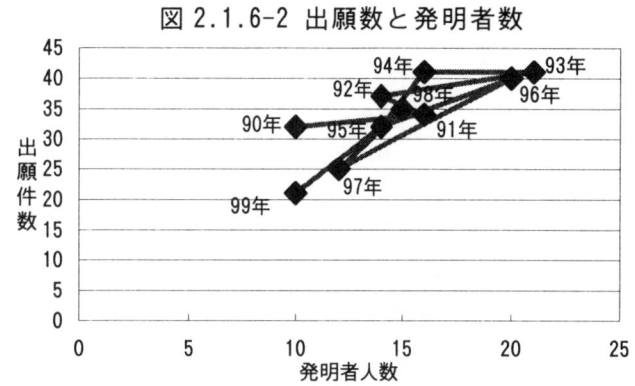

図 2.1.6-1 年度別出願数と発明者数

図 2.1.6-2 出願数と発明者数

発明者の数も出願件数も全期間にわたり、ほぼ一定している。

2.2 古河電気工業

2.2.1 企業の概要(古河電気工業)

1)	商号	古河電気工業株式会社
2)	設立年月日	1896年(明治29年)6月25日
3)	資本金	59,207百万円(2001年9月30日現在)
4)	従業員	8,382名(2001年9月30日現在)
5)	事業内容	電線ケーブル、情報機器・エレクトロニクス製品、伸銅品、軽金属品、プラスチック品部門、工事・機器電材
6)	技術・資本提携関係	(株主)ステート・ストリート・バンク&トラスト、チェース・マンハッタン、朝日生命、古河機械金属、その他
7)	事業所	本社/東京 事業所/千葉、日光、平塚、小山、三重、大阪、福井、九州、滋賀、蒲原、品川 研究所/横浜、その他5 支社・支店・営業所/大阪・その他13
8)	関連会社	国内/旭電機、OCC、岡野電線、協和電線、原子燃料工業、超音波工業、東京特殊電線、東北古河電工、日本製箔、古河オートモーティブパーツ、古河サーキットフォイル、古河産業、古河精密金属工業、古河総合設備、古河テクノマテリアル、古河電工不動産、古河電池、山崎金属産業、理研電線、その他 海外/Furukawa Electric North America、Fitel Lucent Technologies その他多数
9)	業績推移	(連結売上)7,266億(1999.3) 6,965億(2000.3) 8,269億(2001.3)
10)	主要製品	情報通信製品(光ファイバ・ケーブル、光ファイバ融着機、光アンプ、光部品、光システム、光線路監視システム、光半導体、ネットワーク機器) エレクトロニクス製品(半導体・自動車電装部品・素材、無線システム、電子部品材料、電解銅箔、復号接点材料、金属精密加工品、形状記憶合金、磁気ヘッド用磁性材料、自動車用部品、超電導材、ヒートパイプ、メモリーディスク用アルミ基板等) エネルギー製品(電線ケーブル、裸線、アルミ線、被覆線、巻線、電力ケーブル、通信ケーブル、自動車用電線、電子機器用配線材、光ファイバケーブル等) マテリアル(アルミニウム・銅の板、条、管、棒、線、形、鋳鍛造製品、加工品) プラスチック品部門(電線管路材、プラスチック製品) 工事・機器電材部門 送電線・通信機・プラント施設等工事、電線用付属品、給配電システム製品、熱システム製品
11)	主な取引先	NTT、JR各社、電力各社、他 (仕入先)伊藤忠商事、三井物産、日商岩井
12)	技術移転窓口	(知的財産部 技術法務室)東京都千代田区丸の内2-6-1 TEL(03)3286-3541

2.2.2 技術移転事例(古河電気工業)

No	相手先	国名	内容
1	ダイヤモンド電機	日本	ダイヤモンド電機のヒートパイプ事業部門買収に伴い同社の保有する関連特許を譲り受けた。

2.2.3 ヒートパイプ技術に関連する製品・技術(古河電気工業)

技術要素	製品	商品名	発売時期	出典
半導体の冷却	マイクロ素子用HP冷却器	マイクロキッカー	1993年	同社カタログ
	電力半導体用HP冷却器	パワーキッカー	1983年	(同 上)
	トランジスタ用HP冷却器	ヒートキッカー	1978年	(同 上)
	IGBT用HP均熱板	パワープレート	1997年	(同 上)
筐体の冷却	密閉電子筐体用HP冷却器	エアーキッカー	1984年	(同 上)
CPUの冷却	CPU用HP均熱板(ヒートスプレッダー)	ペーパーチャンバー	2001年	(同 上)
IGBTの冷却	IGBT用ループ状HP冷却器	パワーループ	1995年	(同 上)

2.2.4 技術開発課題対応保有特許の概要（古河電気工業）

図 2.2.4-1 に古河電気工業のヒートパイプの技術要素別出願件数を示す。

同社は全分野に出願しており、特にヒートパイプの本体関係と、応用分野では半導体の冷却、電子装置の冷却とコンピュータの冷却に出願が多い。

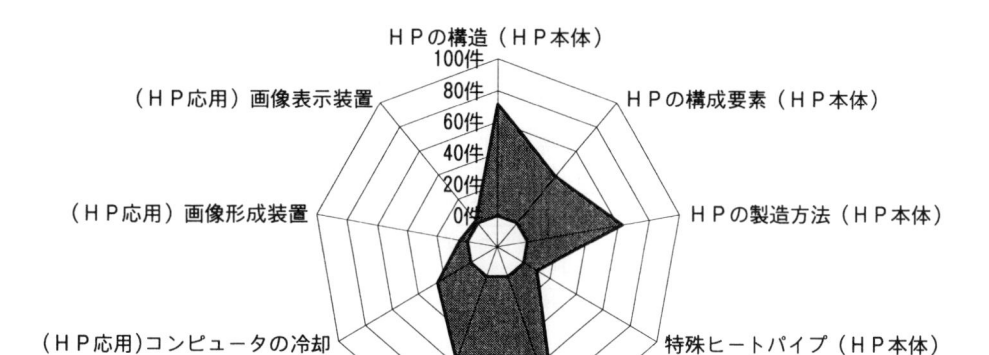

図 2.2.4-1 古河電気工業の技術要素別出願件数

表 2.2.4-1 古河電工における保有特許の概要　　○：開放の用意がある特許

技術要素	課題	解決手段	特許分類(IPC)	特許No.	概要または発明の名称	
HPの構造	伝熱性能向上	液流路構造	F28D 15/02,101	特許第2677883号	コンテナ内に加熱部から断熱部を経て冷却部まで連続する両端が開放された内管を設け、断熱部にコンテナ内のグルーブ等置換の間にウィック層を形成することにより、最大熱輸送量を増大させる。	
			F28D 15/02,101	特開2001-027487	重力式ヒートパイプ	
		平板構造化	F28D 15/02,101	特開平11-063863	板型ヒートパイプ	
			F28D 15/02	特開平11-223479	板型ヒートパイプとそれを用いた冷却構造	
			F28D 15/02,101	特開2000-035292	板型ヒートパイプ	
	機能向上改良	液流路構造	F28D 15/02,101	特開2000-074578	扁平ヒートパイプとその製造方法	
			F28D 15/02,101	特開2000-074579	扁平ヒートパイプとその製造方法	
			F28D 15/02	特許第3164518号	2枚のアルミ板を、その間に熱移動用回路を形成するようにろう付けし作動液を封入した平面型ヒートパイプで、高精度に形成できフィンの取り付けが容易。	
			F28D 15/02,101	特開平07-332883	平型ヒートパイプ及び前記平型ヒートパイプを用いたヒートシンク	
		平板構造化	F28D 15/02	特開平10-267571	板型ヒートパイプとそれを用いた冷却構造	
			F28D 15/02,101	特開平10-267573	平面型ヒートパイプ	
			F28D 15/02	特許第3106429号	板型ヒートパイプとそれを用いた冷却構造	
			F28D 15/02,101	特許第3108656号	板型ヒートパイプとそれを用いた冷却構造	
			F28D 15/02	特開平11-063862	板型ヒートパイプとそれを用いた冷却構造	
			F28D 15/02	特開平11-101584	板型ヒートパイプの実装構造	
			F28D 15/02,106	特開平11-201673	板型ヒートパイプの製造方法	
			F28D 15/02,101	特開2000-074580	扁平ヒートパイプとその製造方法	

表 2.2.4-2 古河電工における保有特許の概要　　○：開放の用意がある特許

技術要素	課題	解決手段	特許分類（IPC）	特許No.	概要または発明の名称	
HPの構造	機能向上改良	平板構造化	F28D 15/02,103	特開2000-074581	扁平ヒートパイプとその製造方法	
			F28D 15/02,103	特開2001-074381	薄型平面型ヒートパイプおよびコンテナ	
			F28D 15/02,101	特開2000-002493	冷却ユニットとそれを用いた冷却構造	
			F28D 15/02,101	特開2000-018853	板型ヒートパイプを用いた冷却構造	
			F28D 15/02,101	特開2000-035294	板型ヒートパイプとそれを用いた冷却構造	
			H01L 23/427	特開2000-124374	板型ヒートパイプとそれを用いた冷却構造	
			F28D 15/02,101	特開2000-193385	平面型ヒートパイプ	
			H05K 7/20	特開2001-024374	高発熱密度発熱体用ヒートシンク	
			F28D 15/02	特開平11-201667	ヒートパイプ式冷却器	
		ループ構造化	G05D 9/02	特開平06-195130	空調用熱交換器の液面調節器及びそれを用いた空調システム	
			F28D 15/02,101	特開平07-091870	蒸発器の液面レベルより高所に連通する調整タンクを設置し、蒸発器より低所の凝縮器を蒸気管で連通させ、蒸発器タンクの液面が所定のレベル以下になったときに開く制御弁を設置した、作動液の循環用外部動力を必要としないトップヒート式ヒートパイプ。	
			F28D 15/02,101	特開平08-159676	空調用室内ユニットの液面調節器およびそれを用いた空調システム	
	小型化軽量化	複合・接続化	F28D 15/02	特開2000-055576	パソコンの冷却構造	
		ループ構造化	F28D 15/02,101	特開平09-133484	空調用熱交換器の液面調節器	
	生産性コスト	平板構造化	F28D 15/02,101	特開2000-035293	板型ヒートパイプとそれを用いた冷却構造	
			F28D 15/02	特開2001-147084	ウィックおよび薄型平面型ヒートパイプ	
			F28D 15/02,101	特開2000-028281	板型ヒートパイプとその製造方法	
			F28D 15/02,103	特開平10-253274	両端部で連通する貫通穴が複数並んだ扁平多孔管の各孔にワイヤーが備えられたシート型ヒートパイプで、トップヒートモードでも優れた特性が実現する。	
			F28D 15/02,101	特開平10-300372	平面型ヒートパイプとその製造方法	
			F28D 15/02	特開平11-101585	板型ヒートパイプとその実装構造	
			F28D 15/02,101	特開平11-173776	板型ヒートパイプとその製造方法	
			F28D 15/02,101	特開平11-237193	板型ヒートパイプとそれを用いた実装構造	
			F28D 15/02,101	特開平11-294978	板型ヒートパイプとその実装構造	
			F28D 15/02,101	特開2000-146470	平板型ヒートパイプ及びその製造方法	
			F28D 15/02,101	特開2000-356486	板型ヒートパイプおよびその製造方法	
			F28D 15/02,101	特開2001-033178	板型ヒートパイプとその製造方法	
			F28D 15/02	特開平11-023166	ヒートパイプとその製造方法	
			F28D 15/02,101	特許第3108669号	穴が連通した偏平多穴管の端部に治具を挿入して溶接封止することにより板型ヒートパイプを低コストで製造できる。	
	信頼性安定性	液流路構造	F28D 15/02,101	特開2000-274970	平面型ヒートパイプ	
			H01L 23/427	特開2000-332175	フィン付ヒートシンク	
		平板構造化	F28D 15/02,101	特開2000-161878	平面型ヒートパイプ	
			F28D 15/02,101	特開2001-165585	平面型ヒートパイプ	
			F28D 15/02	特開平11-118372	ヒートパイプ構造	
		その他	B21D 41/04	特開平06-106269	ヒートパイプの封止部構造及び封止方法	
			F28D 15/02	特開平11-183065	冷却器	
	特殊用途	液流路構造	F28D 15/02,101	特開平09-178376	ループ式熱輸送システム	

52

表 2.2.4-3 古河電工における保有特許の概要　　　○：開放の用意がある特許

技術要素	課題	解決手段	特許分類（IPC）	特許 No.	概要または発明の名称	
HPの構成要素	容器（コンテナ）	材料改善	C09K 5/04	特開2001-055564	ヒートパイプ用作動液およびヒートパイプ	
		板金平面HP	F28D 15/02,101	特開2000-161878	平面型ヒートパイプ	
			F28D 15/02	特開2001-147084	ウィックおよび薄型平面型ヒートパイプ	
			F28D 15/02,102	特開2000-314597	平面型ヒートパイプ	
		溶接管偏平HP	F28D 15/02,101	特開2000-074578	扁平ヒートパイプとその製造方法	
		偏平HP	F28D 15/02,103	特開2000-074581	扁平ヒートパイプとその製造方法	
		エンボス板HP	H01L 23/427	特開2001-094022	板型ヒートパイプ	
		ブロック入り	H01L 23/427	特開2000-124374	板型ヒートパイプとそれを用いた冷却構造	
			F28D 15/02	特開平10-267571	板型ヒートパイプとそれを用いた冷却構造	
			F28D 15/02	特開平11-223479	板型ヒートパイプとそれを用いた冷却構造	
			H01L 23/427	特開平11-317482	ヒートシンク	
		アルミ多穴管HP	F28D 15/02,101	特開2000-035292	板型ヒートパイプ	
			F28D 15/02	特開平11-023166	ヒートパイプとその製造方法	
		波板入り	F28D 15/02	特許第3106429号	板型ヒートパイプとそれを用いた冷却構造	
		長手構造改善	F28D 15/02,104	特開平09-113162	ヒートパイプ	
		内面管理方法	F28D 15/02,101	特開平11-063863	板型ヒートパイプ	
	容器（端末封止）	長手形状改善	F28D 15/02,103	特開2001-074381	薄型平面型ヒートパイプおよびコンテナ	
			F28D 15/02,101	特開2000-035293	板型ヒートパイプとそれを用いた冷却構造	
	ウィック	材料改善	F28D 15/02,103	特開2001-108384	ヒートパイプ	
		複合材料改善	F28D 15/02,102	特開2001-227884	ヒートパイプおよびその製造方法	
		アルミ多穴管HP	F28D 15/02,103	特開平10-253274	両端部で連通する複数の貫通穴を有し、前記貫通穴の少なくとも一部にはワイヤーまたはワイヤーメッシュが備わる、シート型ヒートパイプ。	
		多穴管ウィックレス	F28D 15/02,101	特開2000-028281	板型ヒートパイプとその製造方法	
		断面構造改善	F28D 15/02,101	特許第3108656号	板型コンテナの空洞部内に当該コンテナの吸熱面と放熱面の両内壁に接合する伝熱ブロックを設け、該伝熱ブロックの側壁から放熱面内壁に沿ってウィックが配置され、該ウィックと前記伝熱ブロックとは位置決め部材により密接されている板型ヒートパイプ。	
		平面型HP	F28D 15/02,106	特開2001-183080	圧縮メッシュウィックの製造方法、および、圧縮メッシュウィックを備えた平面型ヒートパイプ	
		グループ形状規定	F28D 15/02,103	特許第2677879号	ヒートパイプ	
	ウィック トップヒート対応	メッシュシート	F28D 15/02,101	特開2000-035294	板型ヒートパイプとそれを用いた冷却構造	
			F28D 15/02	特開平11-063862	板型ヒートパイプとそれを用いた冷却構造	
		パイプウィック	F28D 15/02,101	特許第2677883号	ヒートパイプ	
		長手構造改善	F28D 15/02,102	特開平10-122775	可変コンダクタンスヒートパイプ	
			F28D 15/06	特開2001-153577	可変コンダクタンスヒートパイプ	
		ロール挿入	F28D 15/02,103	特開平11-201670	ヒートパイプの製造方法	
		内部区画仕切る	F28D 15/02,101	特開平10-267573	平面型ヒートパイプ	
		多穴管ウィック	F28D 15/02	特開平11-101585	板型ヒートパイプとその実装構造	
	作動液	材料改善	F28D 15/02	特開平11-201667	ヒートパイプ式冷却器	

表 2.2.4-4 古河電工における保有特許の概要　　○：開放の用意がある特許

技術要素	課題	解決手段	特許分類(IPC)	特許No.	概要または発明の名称
HPの構成要素	作動液	材料改善	C09K 5/04	特許第2726542号	作動温度に相当する沸点のフッ化炭素化合物と、これよりも低沸点のフッ化炭素化合物を含有することにより、熱的、化学的な安定性を得ると共に、環境への悪影響を防止する。
HPの製造方法	小型化軽量化	製造工程	F28D 15/02,102	特開2001-227884	ヒートパイプおよびその製造方法
	生産性コスト	封じ切り法	F28D 15/02,106	実案第2521222号	パイプの端末が端面波状ないし蛇行状に封止されており、かつ、封止された端末の径方向の最大長さがパイプの径以下であるヒートパイプの封止端末形状。
			F28D 15/02,101	特開2000-035293	板型ヒートパイプとそれを用いた冷却構造
			F28D 15/02,106	特開2000-171183	ヒートパイプ用管体の溶接封止方法
			F28D 15/02,106	特開2000-213881	平型ヒートパイプの製造方法
			F28D 15/02,106	特開平09-089480	ヒートパイプ
			F28D 15/02,106	特開平11-201672	ヒートパイプの製造方法
		その他改善	F28D 15/02,106	特開2001-183080	圧縮メッシュウィックの製造方法、および、圧縮メッシュウィックを備えた平面型ヒートパイプ
			B23K 1/002	特公平07-047206	絶縁筒両端に設けた高周波誘導加熱コイルで接合部を加熱すると同時に被接合銅管を同一速度で回転してろう接合する。
			F28D 15/02,102	特開平07-198279	ヒートパイプ，ヒートパイプ式放熱器及びヒートパイプ式放熱器の製造方法
	生産性コスト	その他改善	F28D 15/02,101	特開平10-300372	平面型ヒートパイプとその製造方法
			F28D 15/02,101	特開平11-173776	板型ヒートパイプとその製造方法
		製造工程	F28D 15/02,106	特許第2737804号	絶縁型ヒートパイプの製造方法
			F28D 15/02,106	特許第2834559号	絶縁型ヒートパイプの接合方法
			F28D 15/02,106	特開平07-198280	ヒートパイプの製造方法
			F28D 15/02,106	特開平09-079773	ヒートパイプの製造方法
			F28D 15/02,103	特開平11-201670	ヒートパイプの製造方法
		作動液封入法	F28D 15/02,106	特公平07-092351	ヒートパイプへの作動液充填方法及び装置
			F28D 15/02,106	特開平10-054680	ヒートパイプへの作動液封入方法及び作動液封入装置
			F28D 15/02,106	特開平10-073384	U字状ヒートパイプの製造方法
			F28D 15/02,106	特開平10-078294	ヒートパイプの製造方法
			F28D 15/02,106	特開平11-223481	ヒートパイプの製造方法
	信頼性安定性	製造工程	G01N 3/12	特開2001-013051	平面型ヒートパイプの封じ切り部の信頼性評価方法
		作動液封入法	F28D 15/02,106	特公平07-015353	ヒートパイプ用作動液充填装置
			F28D 15/02,106	特公平07-015354	ヒートパイプへの作動液の注入方法
			F28D 15/02,106	特公平07-072676	ヒートパイプへの作動媒体の充填方法
		その他改善	B23K 9/167	特許第3148354号	TIG溶接方法
	平板HP製法	製造工程	F28D 15/02,101	特開2000-028281	板型ヒートパイプとその製造方法
			F28D 15/02,101	特開2000-074578	扁平ヒートパイプとその製造方法
			F28D 15/02,101	特開2000-074579	扁平ヒートパイプとその製造方法
			F28D 15/02,101	特開2000-074580	扁平ヒートパイプとその製造方法
			F28D 15/02,103	特開2000-074581	扁平ヒートパイプとその製造方法
			F28D 15/02,101	特開2001-033178	板型ヒートパイプとその製造方法
			F28D 15/02	特開平11-023166	ヒートパイプとその製造方法
			F28D 15/02,106	特開平11-201673	板型ヒートパイプの製造方法

表 2.2.4-5 古河電工における保有特許の概要　　○：開放の用意がある特許

技術要素	課題	解決手段	特許分類(IPC)	特許 No.	概要または発明の名称
HPの製造方法	平板HP製法	製造工程	F28D 15/02,101	特許第3108669号	押出法による偏平多穴管の端部に治具を挿入して端部を溶接封止し、多穴部が端部で連通した構造にし、連通穴で構成される空洞に作動液を封入して平板型ヒートパイプを製造する。
		封じ切り法	F28D 15/02,103	特開2001-074381	薄型平面型ヒートパイプおよびコンテナ
	細管HP製法	製造工程	F28D 15/02,101	特開2000-146470	平板型ヒートパイプ及びその製造方法
			F28D 15/02,101	特開2000-356486	板型ヒートパイプおよびその製造方法
特殊HP	機能性向上	蓄熱型回転型	F28D 15/02	特開平11-183065	冷却器
			F28D 15/06	特開2001-153577	可変コンダクタンスヒートパイプ
			F28D 15/02,101	特開平09-178376	ループ式熱輸送システム
	制御性向上	循環型制御型	H01M 10/50	特開平09-326263	電力貯蔵用電池の放熱装置
			F28D 15/06	特開平11-063867	一端にガス溜め部を有する可変コンダクタンスヒートパイプにおいて凝縮部とガス溜の間にフィルタ部を設けて伝熱能力の低下を防ぐ。
	安定性信頼性	蓄熱型回転型	G03G 15/20,103	特開平08-305195	加熱ローラ
		異型その他	B21D 41/04	特開平06-106269	ヒートパイプの封止部構造及び封止方法
半導体の冷却	パワー系高性能	形状改善	F28D 15/02,101	特開2001-165585	平面型ヒートパイプ
			H05K 7/20	特開2001-060788	平面型良熱移動体式ヒートシンク
			H01L 23/427	特開平11-317482	ヒートシンク
			H01L 23/427	特許第2685918号	ヒートパイプ式冷却器
			H01L 23/427	特許第2555198号	ヒートパイプ式冷却器
			H01L 23/427	特許第2534362号	ヒートパイプ式冷却器
			H01L 23/427	特許第2534363号	ヒートパイプ式冷却器
			F28D 15/02	特開平11-201667	ヒートパイプ式冷却器
		配置改善	H01L 23/427	特開2001-028417	フィンを所定角度で折り曲げた形状として、縦置き状態にても自然対流冷却を可能にした。
			H05K 7/20	特開平08-288682	ヒートパイプを略ループ状とした冷却器を構成し、素子取り付け面を筐体の全面と平行的に配置して、素子メンテを容易にした。
			H01L 23/427	特開平07-202092	半導体装置用冷却器
		作動形態改善	H01L 23/427	特開平09-148501	半導体冷却器の製造方法
	パワー系生産性	内部構造改善	H01L 23/427	特開平08-037259	ヒートパイプ式サイリスタ冷却器
	マイクロ系高性能	形状改善	F28D 15/02	特開平10-267570	ヒートパイプ式放熱器
			F28D 15/02	特開平10-267571	板型ヒートパイプとそれを用いた冷却構造
			F28D 15/02,101	特開平10-267573	平面型ヒートパイプ
			H01L 23/427	特開2001-094022	板型ヒートパイプ
			F28D 15/02,106	特開2001-183080	圧縮メッシュウィックの製造方法、および、圧縮メッシュウィックを備えた平面型ヒートパイプ
			H01L 23/427	特開2000-124374	板型ヒートパイプとそれを用いた冷却構造
			H01L 23/427	特開平10-303347	半導体素子冷却用ヒートシンク
			H01L 23/427	特開平10-107192	ヒートシンク
			H01L 23/427	特開2001-127225	電子機器用冷却装置および冷却方法
			H01L 23/427	特開平10-092990	冷却構造
			H05K 7/20	特開平11-097873	パソコン素子の発熱を細径ヒートパイプを用いて他所に誘導し、そこでファンを具備したフィンにより熱放散させる。

表 2.2.4-6 古河電工における保有特許の概要

○：開放の用意がある特許

技術要素	課題	解決手段	特許分類(IPC)	特許 No.	概要または発明の名称	
半導体の冷却	マイクロ系高性能	形状改善	F28D 15/02	特開2000-055576	パソコンの冷却構造	
			H01L 23/36	特開平10-242353	発熱部品冷却用放熱装置	
			H05K 7/20	特開平06-291481	高密度放熱型回路基板	
		配置改善	H05K 7/20	特開平08-037389	ヒートパイプ式放熱装置	
			H01L 23/427	特開平10-107193	ヒートシンク	
			H01L 23/427	特開2000-332175	フィン付ヒートシンク	
			H01L 23/427	特開平08-046101	ヒートパイプ式熱交換器	
		他材Tと組合せ	F28D 15/02	特開平09-126670	ヒートパイプ式ヒートシンク	
			H01L 23/36	特開2001-057405	放熱フィンを備えたヒートシンクおよび放熱フィンの固定方法	
			H01L 23/36	特開2001-085579	ヒートシンクの製造装置および製造方法	
	マイクロ系高機能	形状改善	F28D 15/02,101	特開2000-002493	冷却ユニットとそれを用いた冷却構造	
			F28D 15/02	特開平09-126669	ヒートパイプ式ヒートシンクおよび電子部品ユニット	
			F28D 15/02,103	特開平10-253274	貫通孔を具備したアルミシート内部にワイヤーを配置してヒートパイプとした傾斜に強いシート状ヒートパイプ。	
		内部構造改善	H01L 23/427	特開2000-208685	電子装置用冷却部品	
			H01L 23/427	特開平11-289039	ヒートパイプ式冷却器	
	マイクロ系小型化	形状改善	F28D 15/02	特許第3106429号	複数のマイクロ素子からの発熱を効率良く熱流速変換させることを可能にした平板型ヒートパイプ。	
			F28D 15/02,101	特開2000-018853	板型ヒートパイプを用いた冷却構造	
			F28D 15/02,101	特許第3108656号	内部に複数の金属柱及び金属メッシュ又は多孔質構造体を配したマイクロ素子均熱用平板型ヒートパイプ。	
			F28D 15/02	特開平11-063862	板型ヒートパイプとそれを用いた冷却構造	
			F28D 15/02	特開平11-083355	ファン付きヒートシンク	
			H05K 7/20	特許第3106428号	ヒートシンクおよびその製造方法、並びにヒートシンク付き電子装置およびその製造方法	
			H01L 23/427	特開平08-316386	ヒートパイプを用いた電子機器放熱ユニットおよびその製造方法	
			H01L 23/427	特許第2807415号	電子機器における発熱部品の放熱構造	
			H01L 23/427	特開平07-147358	ヒートパイプ式放熱ユニットおよびその製造方法	
			H01L 23/427	特許第2599464号	ヒートパイプ内蔵型実装基板	○
	マイクロ系生産性	配置改善	F28D 15/02	特開平07-113589	ヒートパイプ式筐体冷却器	
筐体の冷却	雰囲気冷却	HP熱交換器	F28D 15/02	特開平06-288690	ヒートパイプ式筐体冷却器	
			F28D 15/02	特許第3042541号	ヒートパイプ式筐体冷却器	
		貫通HPによる	H05K 5/06	特開平06-314887	電気回路部品防水設置機構	
			H05K 7/20	特開平07-030271	電気回路部品設置機構	
	発熱部品直冷	HPの構造	H02G 3/16	実案第2514378号	電気接続箱	
			H05K 7/20	特開2001-060788	平面型良熱移動体式ヒートシンク	
		その他の方法	H05K 7/20	特開平08-288682	発熱電気部品が取り付けられた吸熱ブロックが筐体側壁の一部を構成し、ループ形ヒートパイプと外部放熱フィンでこの吸熱ブロックを風冷する。	
			F28D 15/02	特開平09-203591	移動体における筐体内の冷却装置	
		HPの構造配置	F28D 15/02	特開平11-118372	ヒートパイプ構造	
	筐体全体冷却	HPの構造	H02G 3/10	実案第2554625号	電気接続箱取付け構造体	

表 2.2.4-7 古河電工における保有特許の概要　　○：開放の用意がある特許

技術要素	課題	解決手段	特許分類(IPC)	特許No.	概要または発明の名称	
筐体の冷却	筐体全体冷却	HPの構造	H02G 3/16	実案第2571487号	電気接続箱	
			H05K 5/02	特開平10-135653	電気接続箱	
			H02G 3/16	特開平10-285751	電気接続箱	
		HP以外の構造	H02G 3/16	実案第2556646号	ヒートパイプ付き電気接続箱	
		その他の方法	H05K 5/02	特開2000-196249	電子機器用筐体	
			G06F 1/20	特開平09-138717	小型電子機器の放熱構造	
プリント基板の冷却	基板自体冷却	基板をHP化	H05K 7/20	特開平06-291481	高密度放熱型回路基板	
			H01L 23/427	特許第2599464号	ヒートパイプ内蔵型実装基板	○
	基板自体冷却	基板をHP化	H05K 1/02	特許第2635770号	金属絶縁基板の絶縁層に複数の平角型ヒートパイプを埋設し、基板外の放熱部に熱接続できるようにしたプリント配線用基板。	○
		平板HPで冷却	H05K 7/20	実案第2577504号	放熱型回路基板	○
	基板全体冷却	平板HPで冷却	H05K 7/20	特開2000-156584	放熱構造を有する装置	
			H05K 7/20	特開平08-037389	ヒートパイプ式放熱装置	
			F28D 15/02,101	特開平11-294978	板型ヒートパイプとその実装構造	
	用途適合性	循環型制御型	H05K 7/20	特開平08-288682	移動手段における筐体内の冷却装置	
計算機の冷却	小型・省電力	HSと組合せ (HS：ヒートシンク)	H01L 23/427	特開平08-316386	電子部品から発生した熱を伝播するブロックの孔に、ヒートパイプが挿入されており、ヒートパイプの孔に挿入される部分が断面略半円形状であり、かつ孔の断面形状も略半円であって、ヒートパイプは孔に機械的に接触されている。	
			G11B 33/14	特開2000-173259	ディスク媒体読み取り装置の電子部品冷却構造	
			G06F 1/20	特開平09-138717	小型電子機器の放熱構造	
			F28D 15/02	特開平09-126670	ヒートパイプ式ヒートシンク	
		板型HP	F28D 15/02,101	特開平11-237193	板型ヒートパイプとそれを用いた実装構造	
	高性能冷却	ファンと組合せ	F28D 15/02	特開2000-035291	ファンの送風口側にダクトを設け、その中にフィンを複数枚、ファンによる送風方向に沿って設ける。そのフィンに突き刺すようにヒートパイプの放熱部を取り付ける。	
		平板型HP	F28D 15/02,101	特開2000-002493	冷却ユニットとそれを用いた冷却構造	
			H05K 7/20	特開平11-097873	冷却装置	
			H05K 7/20	特開2000-277957	電子装置の冷却構造	
		単管型HP	H05K 7/20	特開2001-057492	発熱素子を収納する筐体の冷却装置および冷却方法	
			H05K 7/20	特開2000-216574	携帯用電子機器の冷却方法及びその装置	
	HPの固定	HP-ヒートシンク	H05K 7/20	特開平08-037389	ヒートパイプ式放熱装置	
	可動筐隙接合	HP-伝熱ヒンジ	G06F 1/20	特開2000-353029	放熱ヒンジ部材に上方に開口するパイプ受溝を形成し、ヒートパイプの蒸発側を配置すると共に、パイプ固定部材の弾性をもって被嵌させて回動可能に保する、よって、ヒートパイプを溝内に配置しパイプ固定部材を嵌め込む容易な組立とする。	
			G06F 1/20	特開2000-311033	熱伝導装置及びこれを備えた電子機器	
		多面接触	F28D 15/02	実案第3023103号	電子機器用ヒートパイプ式放熱装置におけるヒートパイプの可動部構造	
			G06F 1/20	特開2000-293271	電子装置の放熱ヒンジ構造	
			F28D 15/02	特開平09-079772	放熱装置	
		可動部	F28D 15/02	実案第3023108号	電子機器用ヒートパイプ式放熱装置におけるヒートパイプの可動部構造	

表 2.2.4-8 古河電工における保有特許の概要　　○：開放の用意がある特許

技術要素	課題	解決手段	特許分類(IPC)	特許 No.	概要または発明の名称
計算機の冷却	可動部隙熱接合	可動部	F28D 15/02	特開平09-178375	電子機器用ヒートパイプ式放熱装置におけるヒートパイプの可動部構造
		伝熱性シート	G06F 1/20	特開平10-039955	ノートブック型電子機器の発熱素子の冷却構造
		スリット入り	F28D 15/02	実案第3023102号	電子機器用ヒートパイプ式放熱装置におけるヒートパイプの可動部構造
		ヒンジ通線	F28D 15/02	特開2000-055576	パソコンの冷却構造
画像形成装置	環境・省エネ	ロールの均熱	G03G 15/20,103	特開平08-248797	定着装置用加熱ロール及びその製造方法
			G03G 15/20,103	特開平08-262905	複写機用定着ローラー及びその製造方法
	信頼性の向上	ロールの均熱	G03G 15/20,103	特開平08-305195	加熱ロールを加圧変形させてヒートパイプとの密着性を改善したヒートパイプ埋設加熱ロールの製造方法。
	使い易さ改善	ロールの均熱	G03G 15/20,102	特開平08-137311	ヒートパイプからなる加熱ロールを高周波平面コイルで加熱することによりクイックスタートを可能とした。
			G03G 15/20,101	特開平08-137305	トナー定着装置
画像表示装置	信頼性向上	筐体の冷却	G09F 9/00,304	特開平10-301498	平板型ディスプレイ装置の冷却構造
		素子の冷却	G02F 1/1335,530	特開平08-136918	平板型ヒートパイプを用いて表示素子光源の均熱／放熱を行い寿命を改善したディスプレイ装置。

2.2.5 技術開発拠点（古河電気工業）
東京都：本社
神奈川県：横浜研究所

2.2.6 技術開発者（古河電気工業）

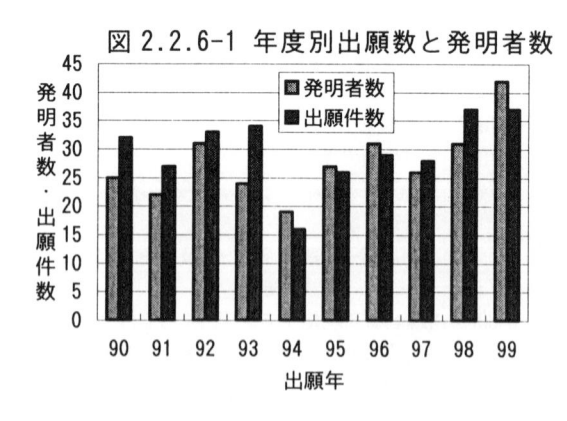

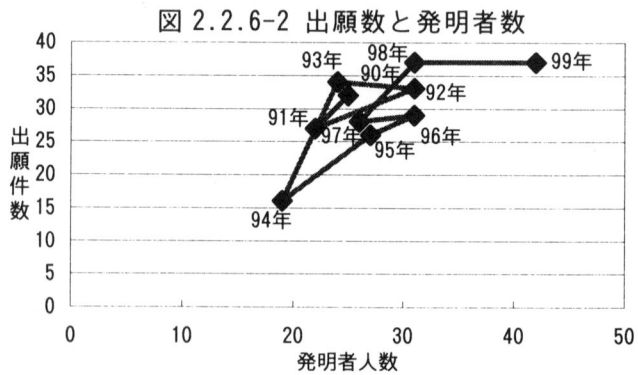

図 2.2.6-1 年度別出願数と発明者数

図 2.2.6-2 出願数と発明者数

発明者数も出願件数も 1994 年に落ち込んだが、その後回復し、増加傾向にある。

2.3 三菱電機

2.3.1 企業の概要（三菱電機）

1)	商号	三菱電機株式会社
2)	設立年月日	1921年（大正10年）1月15日
3)	資本金	175,820百万円（2001年9月30日現在）
4)	従業員	39,073名（2001年9月30日現在）
5)	事業内容	重電機器、産業メカトロニクス、情報通信システム、電子デバイス、家庭電器
6)	技術・資本提携関係	（株主）住友信託銀行、明治生命、東京三菱銀行、日本生命、その他
7)	事業所	本社／東京　支社／大阪、名古屋、福岡、広島、その他7　事業所／電力、産業システム、系統変電、交通システム、受配電システムの事業所、その他41
8)	関連会社	アドバンストディスプレイ、三菱電機ビルテクノサービス、島田理化工業、三菱プレシジョン、三菱電機ライフサービス、三菱セミコンダクタヨーロッパ、三菱電機情報ネットワーク，三菱電機ビジネスシステム、三菱電機エンジニアリング、三菱電機システムサービス、第一電工、島田理化工業、その他多数
9)	業績推移	（連結売上）37,940億（1999.3）37,742億（2000.3）41,294億（2001.3）
10)	主要製品	
11)	主な取引先	電力各社、JR各社、他　（仕入先）三菱商事、松下電器産業、大日本印刷
12)	技術移転窓口	（知的財産渉外部）東京都千代田区丸の内2-2-3　TEL(03)3218-2134

2.3.2 技術移転事例（三菱電機）

No	相手先	国　名	内　容
—	—	—	—

今回の調査範囲・方法では該当する内容は見当たらなかった。

2.3.3 ヒートパイプ技術に関連する製品・技術（三菱電機）

技術要素	製品	商品名	発売時期	出典
筐体の冷却用	盤冷却用ヒートパイプ式熱交換器	天井取付型(CPX)	—	インターネット
		側面取付型(FPX)	—	（同　上）
工業用設備排熱回収	排熱回収用ヒートパイプ式熱交換器	（形式、材質別数種類あり）	—	（同　上）
半導体の冷却	大容量素子冷却用ヒートパイプ式ヒートシンク	（ファンにあった鋳型、分離型などで数種類あり）	—	（同　上）
半導体ウエハー等の加熱	ヒートパイプ式高精度均熱ホットプレート	—	—	（同　上）
工業用ロール（紙、繊維、金属箔など）	ヒートパイプ式均熱ロール	—	—	（同　上）

インターネット：http://melco.co.jp/service/heatpipes/index.htm

2.3.4 技術開発課題対応保有特許の概要（三菱電機）

図 2.3.4-1 に三菱電機のヒートパイプ分野の技術要素別出願件数を示す。

同社は全分野に出願しており、特にヒートパイプ本体の構造と構成要素、応用分野では半導体の冷却、電子装置の冷却、画像表示への出願が多い。

図 2.3.4-1 三菱電機の技術要素別出願件数

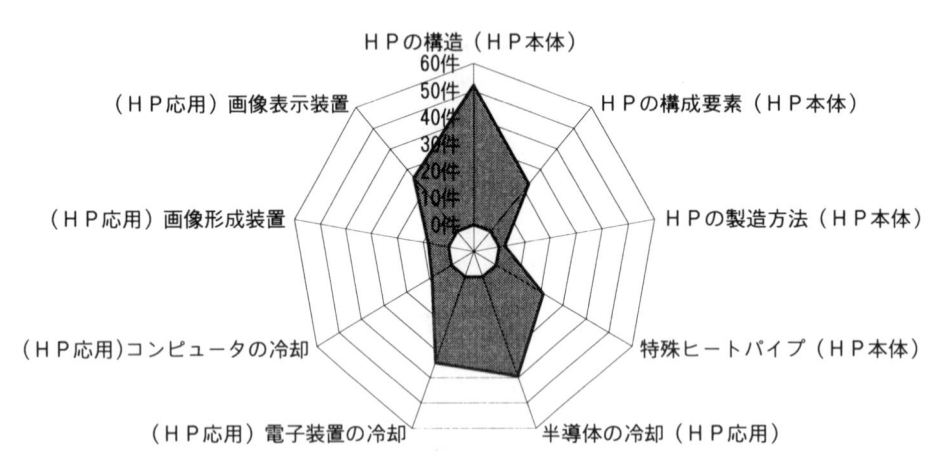

表 2.3.4-1 三菱電機における保有特許の概要　　○：開放の用意がある特許

技術要素	課題	解決手段	特許分類（IPC）	特許No.	概要または発明の名称
HPの構造	伝熱性能向上	液流路構造	F25D 9/00	特許第2699623号	宇宙空間で使用する循環沸騰凝縮伝熱システムの凝縮管に連通し、かつ上記凝縮管より小さい内径を有する液管を設け、凝縮管内の冷媒液体が連通部を介して液管内に流入するようにした。
			F28D 15/02	特開2001-066080	ループ型ヒートパイプ
		蒸発部構造	F28D 15/02,101	特開平10-246583	ループ型ヒートパイプの蒸発器内の液ために面したウィックの気孔径を蒸発器容器壁に面した部分のウィックの気孔径よりも大きくして、液相作動流体のウィックに均等浸透を図った。
		ループ構造化	F28D 15/02,101	特開2000-146471	ループ型ヒートパイプ
			G06F 1/20	特開2000-222070	情報機器
			F28D 15/02,101	特開2000-274971	自然循環式空気調和機
	機能向上改良	蒸発部構造	B60H 1/22	特許第2502196号	旅客運送車両の足元暖房装置
		ループ構造化	F24F 6/04	特許第2600460号	加湿装置
			E04H 9/16	特許第2822823号	融解処理装置
			G06F 1/20	特開平11-095873	ループ形ヒートパイプ
		平板構造化	F28D 15/02,101	特開2001-021281	均熱装置
		その他	H05K 7/20	特開平08-288680	電子機器
	小型化軽量化	液流路構造	F28D 15/02,101	特開2000-171181	ヒートパイプ
			F28D 15/02,101	特許第2682584号	熱交換装置
		ループ構造化	F28D 15/02,101	特開2000-241089	蒸発器、吸熱器、熱輸送システム及び熱輸送方法
	生産性コスト	蒸発部構造	F28D 15/02,101	特許第2768212号	ヒータを内蔵した伝熱ブロックの貫通孔にループ状ヒートパイプの蒸発管部を挿着し、凝縮管体の一方側を蒸発管体内と連通させ、道路などの融雪を行う。
		複合・接続	F28D 15/02,101	実案第2509119号	ヒートパイプ

60

表 2.3.4-2 三菱電機における保有特許の概要　　○：開放の用意がある特許

技術要素	課題	解決手段	特許分類(IPC)	特許 No.	概要または発明の名称	
HPの構造	信頼性安定性	ループ構造化	F28D 15/02,101	特開2001-221584	ループ型ヒートパイプ	
		ループ構造化	F28D 15/02,101	特開平09-264681	ループヒートパイプ	
	特殊用途	平板構造化	F28D 15/02,101	特開2000-097585	衛星構体用ヒートパイプ入りサンドイッチパネル	
HPの構成要素	容器（コンテナ）	長手構造改善	F28D 15/02	特開2001-066080	内部に作動流体が封入されたパイプがループ状に連結され、重力方向に、上から凝縮器、液だめパイプ、蒸発器の順に設置され、凝縮器は熱交換フィンを備え、液だめパイプは凝縮器の熱交換フィンに埋め込まれ、蒸発した作動流体流出口は液状作動流体流入口よりも上側に設置する。	
		U字型HPの製法	F28D 15/02,102	特開平11-030490	熱交換装置およびその製造方法	
			F28D 15/02	特許第3001386号	熱交換装置	
			F28D 15/02,101	特開2000-171181	ヒートパイプ	
	ウィック	複合構造改善	F28D 15/02,101	特開平10-246583	蒸発器およびこれを用いたループ型ヒートパイプ	
		グルーブ・メッシュ	F28D 15/02,101	特開平09-264681	ループヒートパイプ	
		ループ型HP	F28D 15/02,101	特開2000-146471	ループ型ヒートパイプ	
		断面構造改善	F28D 15/02,103	特開平08-219668	ヒートパイプ	
			F28D 15/02,103	特開平05-118780	ヒートパイプ	
		グルーブ形状規定	F28D 15/02,103	特開平11-294979	ヒートパイプ	
		長手構造改善	F28D 15/02,104	特開平09-096494	ヒートパイプおよびその製法	
			G06F 1/20	特開平11-095873	ループ形ヒートパイプ	
HPの製造方法	生産性コスト	その他改善	F28D 15/02	特許第2585870号	複数本の孔にヒートパイプ素管を挿入後拡管してヒートパイプを密着固定するものにおいて、中空ロールの孔の開口端に流体圧力を導入する拡管用の管が接続可能な接合部を設ける。	
特殊HP	伝熱性向上	循環型制御型	G06F 1/20	特開2000-222070	情報機器	
			F25D 9/00	特許第2699623号	ヒートパイプの凝縮部に凝縮管内径より細径で複数の孔で凝縮部と連通する液管を設けることにより管内の液膜を薄くし伝熱能力を高める。	
	機能性向上	二重複合管	F28D 15/02,101	特開平09-264681	ループヒートパイプ	
	制御性向上	循環型制御型	F28D 15/02	特開2000-171180	ラジエータ	
			F28D 15/06	特開平07-280474	ヒートパイプ	
	生産性小型化	循環型制御型	F28D 15/02,101	特開2000-241089	蒸発器、吸熱器、熱輸送システム及び熱輸送方法	
		二重複合管	F28D 15/02,101	実案第2509119号	ヒートパイプ	
			F28D 15/02,101	特許第2682584号	熱交換装置	
		異型その他	E01C 11/26	特許第2797892号	加熱装置	
	安定性信頼性	循環型制御型	F28D 15/02	特許第2001-066080	ループ型ヒートパイプ	
			F24D 7/00	特許第2531876号	暖房装置	
	用途適合性	循環型制御型	F28D 15/02,101	特許第2768212号	ヒータを内蔵した伝熱ブロックの貫通孔にループ状ヒートパイプの蒸発管部を挿着し、凝縮管体の一方側を蒸発管体内と連通させ、道路などの融雪を行う。	
		二重複合管	E04H 9/16	特許第2822823号	融解処理装置	
		異型その他	H01L 23/427	特許第3071140号	電解反応による水蒸発式冷却装置	

61

表 2.3.4-3 三菱電機における保有特許の概要　　○：開放の用意がある特許

技術要素	課題	解決手段	特許分類(IPC)	特許 No.	概要または発明の名称
半導体の冷却	パワー系高性能	形状改善	F28D 15/02	特開平11-241893	半導体素子冷却装置
			H01L 23/427	特開平11-097596	素子冷却装置
			H01L 23/427	特開2001-024122	発熱体の冷却装置
		配置改善	H01L 23/427	実案第2569679号	放熱器
			H01L 23/427	特開2000-232191	ヒートパイプ式冷却装置
			F24F 5/00	特開2000-234767	冷却装置及び空気調和機の冷却装置
			H01L 23/427	特許第2770633号	半導体装置の冷却構造
			H01L 23/427	特許第2791270号	縦置型の車輌搭載用の半導体冷却器において、その放熱フィンがヒートパイプと同方向に配置され、かつフィンが2分割され、下側が上方向に傾斜切断されている自冷式の冷却器。
			H01L 23/467	特許第2803971号	電力変換装置の冷却装置
			B60L 15/00	特開平09-037414	電気車搭載用インバータ装置
			H05K 7/20	特開平11-354955	電子機器の冷却構造
	パワー系環境性	内部構造改善	H01L 23/427	特許第3071140号	水の電解反応によって冷媒としての水を発生させる半導体冷却器。
	パワー系生産性	配置改善	H01L 23/427	特開2000-216313	発熱体の冷却装置
			H01L 23/427	特許第2885995号	半導体素子用ヒートパイプ式冷却装置
	マイクロ系高性能	作動形態改善	H01L 23/427	特開平11-307703	素子冷却装置
			H01L 23/36	特許第3177921号	平板ブロックに配置された複数の円筒状突起とその内部に熱伝導用ヒートパイプを備えた電子部品放熱器。
		配置改善	H04パワー系小型化7/155	特開平11-346183	衛星通信用端末装置
			パワー系小型化64G 1/50	特開平08-053100	ヒートパイプを埋め込んだハニカムサンドイッチパネルにおいて、ヒートパイプ及び伝熱板をパネル外表面に露出させた。
		他材と組合せ	H01L 23/427	特開平10-270616	電子部品の放熱装置
			H01L 23/427	特開2000-174187	ヒートパイプ埋め込みハニカムサンドイッチパネル
	マイクロ系小型化	他材と組合せ	H05K 7/20	特開平10-215093	ヒートパイプ埋め込みハニカムサンドイッチパネル
	マイクロ系生産性	配置改善	H05K 7/20	特許第2901943号	冷却装置
	ペルチェ他	他材と組合せ	H01Q 1/00	特開2000-323910	アンテナ装置の冷却構造
電子装置の冷却	雰囲気冷却	その他の方法	F28D 15/02	特開平11-337277	沸騰冷却装置
		貫通HPによる	H05K 7/20	実開平05-087995	密閉筐体の熱交換装置
	発熱部品直冷	HP以外の構造	H05K 5/06	特開2001-057485	屋外設置電子装置
		平板HPで冷却	H05K 7/20	特開平10-215093	ヒートパイプ埋め込みハニカムサンドイッチパネル
	基板群冷却	HP以外の構造	H05K 7/20	特許第2901943号	着脱可能に収納された発熱部品を有する基板に、ヒートパイプが埋め込まれた熱伝導板を熱伝導マットを介して設置し、マット端部を押圧して基板面に圧着する。
計算機の冷却	小型・省電力	ファンと組合せ	H05K 7/20	特許第3014371号	発熱部品であるCPUに接触可能な板状のヒートスプレッダの一部をファンハウジングの一部として使用し、ヒートスプレッダとファンを一体化すると共に、CPUの厚みより薄いファンハウジングを有するファンをCPUの直近に並列配置する。
	高性能冷却	ループ型HP	G06F 1/20	特開平11-095873	ループ形ヒートパイプ
	可動密熱接合	熱サイホン組合せ	H05K 7/20	特許第3037931号	熱サイホン及び熱サイホンの製造方法及び情報処理装置

62

表 2.3.4-4 三菱電機における保有特許の概要　　○：開放の用意がある特許

技術要素	課題	解決手段	特許分類（IPC）	特許No.	概要または発明の名称	
計算機の冷却	可動部隙材接合	HP-伝熱ﾋﾝｼﾞ	H05K 7/20	特許第3035520号	蓋部側での放熱板構造として、放熱板に熱ｷｲﾊﾟﾝを組み合わせ、CPUの熱を循環ﾊﾟｲﾌﾟ内の作動液に加えて、作動液を加熱して蒸発させ、蒸気熱として熱ｷｲﾊﾟﾝへ熱輸送し、蓋部の全面を有効放熱面積として使った高性能な放熱構造。	
		ﾊﾟｲﾌﾟ凝縮器	G06F 1/20	特開2000-222070	情報機器	
	筐体への放熱	熱対策ケース	A45C 11/00	特開平10-262719	ノートパソコン収納ケース	
画像表示装置	製品品質向上	ロールの均熱	H05B 3/00,335	特公平07-070351	作動温度の異なる複数のﾋｰﾄﾊﾟｲﾌﾟを埋設し、広い温度範囲で均熱なﾛｰﾙ装置。	
	使い易さ改善	筐体の冷却	G09F 9/00,304	特開平10-143082	平板表示パネル冷却装置	
			G09F 9/00,304	特開平11-327449	プラズマディスプレイ装置	
	信頼性向上	素子の冷却	G02F 1/1335,530	特開平09-022013	U字／ループ型など特殊なヒートパイプを用いて表示部の冷却機能を改善したプロジェクター。	

2.3.5 技術開発拠点（三菱電機）

神奈川県：鎌倉製作所、生活システム研究所
静岡県：静岡製作所
岐阜県：中津川製作所
長崎県：長崎製作所
東京都：本社
兵庫県：制御製作所、神戸製作所、伊丹製作所、中央研究所
福岡県：福岡製作所

2.3.6 技術開発者（三菱電機）

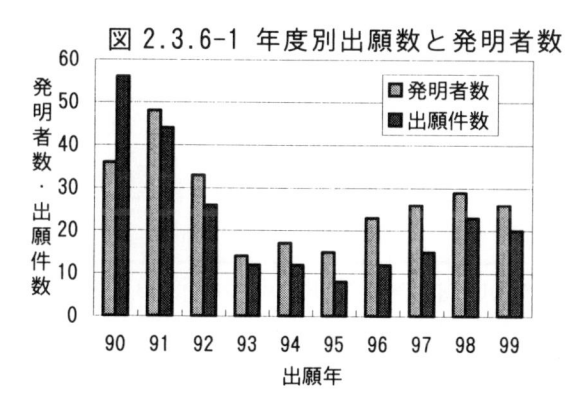

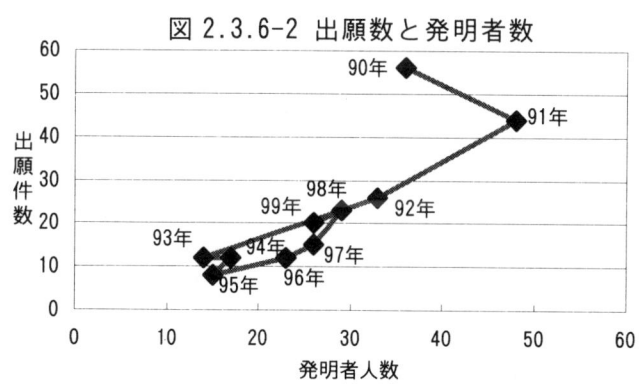

図 2.3.6-1 年度別出願数と発明者数

図 2.3.6-2 出願数と発明者数

　出願件数も発明者数も1990年のピークから93年～95年にかけて落ち込んだが、その後増加傾向に向かっている。

2.4 東芝

2.4.1 企業の概要（東芝）

1)	商号	株式会社 東芝
2)	設立年月日	1904年（明治37年）6月25日
3)	資本金	274,922百万円（2001年9月30日現在）
4)	従業員	51,340名（2001年9月30日現在）
5)	事業内容	情報通信・社会システム、デジタルメディア、重電システム、電子デバイス、家庭電器、その他
6)	技術・資本提携関係	（株主）第一生命、さくら銀行、チェースマンハッタン、日本生命、その他
7)	事業所	本社／東京　支店営業所／北海道、東北、北関東、東関東、東京、西東京、神奈川、静岡、新潟、長野、北陸、中部、関西、四国、中国、九州　研究所／研究開発センター、他8　事業所／川崎、青梅、姫路、府中、など30
8)	関連会社	東芝エンジニアリング、東芝プラント建設、芝浦メカトロニクス、東芝機械、東芝ケミカル、東芝セラミックス、東芝タンガロイ、東芝テック、東芝アドバンストシステム、東芝EMI、東芝情報機器、東芝プラント建設、東芝情報システム、東芝TLC、東芝電池、東芝デバイス、東芝メディカル、東芝キャリア、東芝ライテック　その他多数
9)	業績推移	（連結売上）53,009億（1999.3）57,493億（2000.3）59,513億（2001.3）
10)	主要製品	個人向け製品　パソコン・情報ツール、映像・家電　法人向け製品　コンピュータ・ソフトウエア・情報ツール、IT/インターネットソリューション・APS事業・コンサルテーション、社会インフラシステム、各種産業機器・環境、映像・家電、半導体・電子部品、医療システム、電力システム、エレベーター・エスカレーター・ビル管理
11)	主な取引先	東京電力、中部電力、JR各社、他
12)	技術移転窓口	（知的財産部 企画担当）東京都港区芝浦 1-1-1　TEL（03）3457-2501

2.4.2 技術移転事例（東芝）

No	相手先	国　名	内　　容
—	—	—	—

今回の調査範囲・方法では該当する内容は見当たらなかった。

2.4.3 ヒートパイプ技術に関連する製品・技術（東芝）

技術要素	製　　品	商品名	発売時期	出　典
（リニアモータ、MRIなど）	液体ヘリウムを用いたループヒートパイプ	—	96年5月発表	インターネット1
コンピュータの冷却	パソコン用冷却ファンモジュール	—	—	インターネット2

インターネット1：http://www.toshiba.co.jp/about/press/1996_05/pr_j1601.htm

インターネット2：http://www.toshiba.co.jp/tht/3_buhin/meisai/mort.htm

2.4.4 技術開発課題対応保有特許の概要（東芝）

図2.4.4-1に東芝のヒートパイプの技術要素別出願件数を示す。

同社はヒートパイプの製造法以外の全分野に出願しており、最も出願件数が多いのは半導体の冷却であるが、ヒートパイプ本体の構造やコンピュータの冷却、電子装置の冷却、画像表示装置などにも相当数の出願をしている。

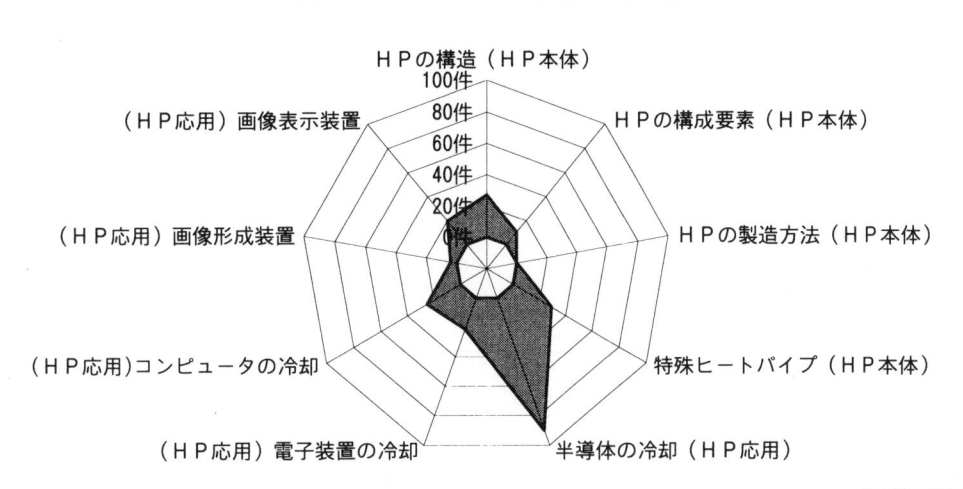

図2.4.4-1 東芝の技術要素別出願件数

表2.4.4-1 東芝における保有特許の概要　　○：開放の用意がある特許

技術要素	課題	解決手段	特許分類 (IPC)	特許No.	概要または発明の名称	
HPの構造	伝熱性能向上	液流路構造	F28D 15/02,101	特許第2772234号	蒸発器	
			F28D 15/02,101	特許第2732755号	二重管ヒートパイプ	
		ループ構造化	F28D 15/02,101	特開平10-089867	ループ型細管ヒートパイプ	
			F28D 15/02,101	特開平11-183066	熱輸送用ヒートパイプ装置	
		その他	F28D 15/02,101	特開2001-108383	ヒートパイプ式冷却器	
	機能性向上	ループ構造化	F28D 15/02	特許第2859927号	受熱部と放熱部をループ型ヒートパイプで接続しループ内に逆止弁を設けた、可動部のないシンプルな構造で信頼性が高く配置が限定されない熱媒循環システム。	
			F28D 15/02,101	特許第2732763号	発熱体を搭載する受熱部と離れた放熱部を二相熱媒体循環系で連結した構成の排熱システムの温度制御性を高めるため、受熱部を発熱体搭載部と熱交換部に分けて両者間をヒートパイプで連結する。	
			F25B 1/00,395	特開平07-253254	熱搬送装置	
	小型化軽量化	液流路構造	H01F 27/10	特許第3119995号	静止誘導機器巻線の冷却構造	
			F28D 15/02	特開平11-108571	ヒートパイプ式半導体冷却器	
			F28D 15/02	特開平11-132678	電力変換装置、及び電力変換装置用ヒートパイプ式冷却器	
		ループ構造化	F28D 15/02,101	特開平08-178562	二相流体ループ式排熱システム	
			F28D 15/02,101	特開平08-285481	半導体冷却装置	
		複合・接続化	H01F 27/12	特開2001-167938	静止誘導機器	
	信頼性安定性		F28D 15/02,101	特開平08-200976	蒸発管	
		ループ構造化	F28D 15/02,101	特開平09-033180	複数の発熱体を冷却する二相流体ループ式排熱システムにおいて各発熱体ごとに制御温度に応じて冷却流体の流量制御機構を設け高効率の熱制御を実現した。	
		平板構造化	F28D 15/02,101	実案第2596219号	平板型ヒートパイプ	

表 2.4.4-2 東芝における保有特許の概要　　　　○：開放の用意がある特許

技術要素	課題	解決手段	特許分類(IPC)	特許No.	概要または発明の名称	
HPの構造	信頼性安定性	複合・接続化	H05K 7/20	特開平11-017375	電子機器及びその冷却装置	
			H05K 7/20	特許第2753159号	コールドプレートおよびこれを用いた冷却装置	
	特殊用途	ループ構造化	F28D 15/02,101	特許第2772178号	凝縮装置	
			F28D 15/02,101	特開平08-166195	蒸発器	
			F28D 15/02,101	特開平08-178561	熱交換器	
			H01F 41/12	特許第2994908号	静止誘導機器の巻線の樹脂モールド方法	
			H01F 27/08	特開平08-191020	変圧器	
			F28D 15/02	特開平09-303978	ループ型細管ヒートパイプ装置	
		その他	F28D 15/02,101	特開平09-303982	冷却用ユニット	
HPの構成要素	容器(コンテナ)	複合材料改善	F28D 15/02	特開平11-108571	銅材の冷却ブロックに形成した挿入穴に対して、セラミックス製の熱輸送管を挿入し、この熱輸送管の内部に冷媒としての純水を注入する。冷却ブロックに取り付けられた半導体素子に対して、放熱板を電気絶縁する。	
		断面構造改善	F28D 15/02,101	実案第2596219号	平板型ヒートパイプ	
	ウィック	断面構造改善	F28D 15/02,103	特開平08-285482	ヒートパイプ	
		長手構造改善	F28D 15/02,101	特開平08-200976	蒸発管	
		二重管HP	F28D 15/02,101	特許第2732755号	二重管ヒートパイプ	
特殊HP	伝熱性向上	二重複合管	F28D 15/02,101	特許第2732755号	二重管ヒートパイプ	
		異型その他	F28D 15/02,101	特開平11-183066	熱輸送用ヒートパイプ装置	
	用途適合性	異型その他	F28D 15/02,101	特開2001-108383	ヒートパイプ式冷却器	
	機能性向上	細径ループ型	H01F 27/10	特許第3119995号	静止誘導機器巻線の冷却構造	
		細径循環制御	F28D 15/02	特開平09-303978	ループ型細管ヒートパイプ装置	
		二重複合管	F28D 15/02,101	特開平09-303982	冷却用ユニット	
	制御性向上	細径ループ型	F28D 15/02,101	特開平10-089867	ループ型細管ヒートパイプ	
			F28D 15/02,101	特開平08-178562	二相流体ループ式排熱システム	
			F28D 15/06	特開平11-257884	ヒートパイプを用いた温度制御装置	
		循環型制御型	F28D 15/02,101	特許第2732763号	発熱体を搭載する受熱部と離れた放熱部を二相熱媒体循環系で連結した構成の排熱システムの温度制御性を高めるため、受熱部を発熱体搭載部と熱交換部に分けて両者間をヒートパイプで連結する。	
			F28D 15/02,101	特許第2772178号	凝縮装置	
	用途適合性	異型その他	H02M 1/00	特開2000-060106	電力変換装置	
			H01L 23/427	特開2000-091482	半導体素子用冷却器およびその製造方法	
			H01F 27/08	特開平08-191020	変圧器	
			H01F 41/12	特許第2994908号	静止誘導機器の巻線の樹脂モールド方法	
半導体の冷却	パワー系高性能	形状改善	H01L 23/473	特許第2724236号	半導体装置の冷却器	
			H01L 23/427	特許第2996843号	ヒートパイプ式冷却器	
			F28D 15/02,101	実案第2596219号	平板型ヒートパイプ	
			H02M 7/04	特許第2904939号	電力半導体用のヒートパイプ冷却器に於いて、その沸騰ブロックの片面にアーム回路を構成するサイリスタとダイオードを取り付け、その片側には直列に接続される他のアーム回路を構成するサイリスタとダイオードを取り付けた。	
			H01L 23/427	特開平09-283676	絶縁碍子を配したヒートパイプ冷却器において、その沸騰部内面に円周方向、上向きに開いたトンネル状の溝を設けた。	
			H02M 7/48	特開2000-060140	電力変換装置	
			H01L 23/427	特開2001-024123	車両用半導体冷却装置	

表 2.4.4-3 東芝における保有特許の概要　　○：開放の用意がある特許

技術要素	課題	解決手段	特許分類（IPC）	特許No.	概要または発明の名称	
半導体の冷却	パワー系高機能	配置改善	H01L 23/467	特開2001-024124	走行風の取り入れを容易になるように最適化し、実際の運転時での冷却効率を高めた車輌搭載用半導体冷却装置。	
			H02M 7/04	特開平08-163869	電力変換装置	
			H01L 23/427	特開2000-150748	車両用半導体回路冷却装置	
			H01L 23/427	特開平11-097595	半導体冷却装置	
		作動形態改善	H01L 23/427	特開平09-139453	半導体冷却装置	
	パワー系小型化	形状改善	H01L 23/427	特開平11-284115	半導体装置及びその半導体装置に使用される絶縁回路基板。	
			H02M 7/48	特開平09-098582	電力変換器	
		配置改善	H02M 7/04	特開2000-228880	電力変換装置、電力変換装置用ヒートパイプ式冷却器、及び電力変換装置用ヒートパイプ式冷却装置	
		他材と組合せ	H01L 23/427	特開平09-289272	半導体モジュール	
	パワー系環境性	内部構造改善	H01L 23/427	特開2000-091482	銅製の中空平板容器に冷媒として環境に優しい水を封入した沸騰冷却式の半導体冷却器。	
			H02M 1/00	特開2000-060106	電力変換装置	
	パワー系生産性	配置改善	H02M 7/04	特開2001-025255	電力変換装置	
			H01L 23/427	特開平08-181262	ヒートシンク	
			H05K 7/20	実案第2568041号	電気機器収納装置	
	マイクロ系高性能	形状改善	G06F 1/16	特許第3139816号	オフコン等の小型電子機器で半導体素子が実装された複数の基板間に板状のヒートパイプを配置し、その他部にはフィンを設けた電子機器。	
			H01L 23/36	特許第3122173号	スリットを形成した複数のフィン要素を積層してなるヒートパイプを具備した放熱器。	
			H05K 9/00	特開平10-117088	電磁波シールドボックス構造	
			H01L 23/36	特開2001-144236	放熱器、放熱装置および放熱器の製造方法	
			H01L 23/427	特許第2962429号	冷却装置	
			G06F 1/20	特開平10-275032	電子機器の放熱構造	
		配置改善	H01L 23/427	特許第2735306号	基板冷却装置	○
			H05K 7/20	特開平10-224064	発熱部品装置	
		他材と組合せ	H01L 25/00	特公平08-017221	半導体装置及び半導体ウエーハの実装方法	
	マイクロ系小型化	配置改善	H05K 7/20	特開平08-130385	電子回路基板及びその冷却方法	
		形状改善	H05K 7/20	特開2001-196773	発熱部品の冷却装置および電子機器	
	マイクロ系生産性	配置改善	H01L 23/38	特開平08-031993	冷却装置	
電子装置の冷却	発熱部品直冷	HPの構造	H01L 23/427	特開平08-213522	電気車の制御箱	
			H05K 7/20	特開平10-107469	発熱部品の冷却装置および電子機器	
			H05K 7/20	特開平11-087961	筐体内部に冷却ファンの空気流路を設け、基板上発熱部品の発熱をヒートパイプで空気流路壁部材に導き、筐体外部に放出する。	
			F28D 15/02	特開平11-132678	電力変換装置、及び電力変換装置用ヒートパイプ式冷却器	
			H05K 7/20	特許第2753159号	コールドプレートおよびこれを用いた冷却装置	
		HPの構造配置	H05K 7/20	実案第2551821号	発熱部品を実装したプリント基板の基板・部品間にヒートパイプを介在させ、そのヒートパイプ先端を基板ホルダーに接続して放熱する。	
			H05K 7/20	特開平10-224064	発熱部品装置	

表 2.4.4-4 東芝における保有特許の概要

○：開放の用意がある特許

技術要素	課題	解決手段	特許分類(IPC)	特許No.	概要または発明の名称	
電子装置の冷却	発熱部品直冷	HPの構造配置	H05K 7/20	特開平11-068371	電子機器及びその印刷配線基板	
			H05K 7/20	特開2000-013069	回路部品の冷却装置、冷却装置を有する電子機器および回路部品用のヒートシンク	
		HP以外の構造	H05K 7/20	特開平08-130385	電子回路基板及びその冷却方法	
			H01L 23/427	特許第2735306号	基板冷却装置	○
			H01L 23/427	特許第2962429号	基板に実装された発熱体表面にヒートパイプを取付け、このヒートパイプに連通し基板間の冷却風とフィン面が平行になる様なフィンチューブ部分を冷却部とする。	
	基板自体冷却	平板HPで冷却	H05K 7/20	特開平08-139481	電子機器の冷却装置	
	基板群冷却	平板HPで冷却	G06F 1/16	特許第3139816号	小型電子機器	
	基板全体冷却	HP以外の構造	H05K 7/20	特開平08-236973	電子部品用基板と基板収納シャーシ	
計算機の冷却	薄型・省電力	HP-ヒートシンク	H05K 7/20	特開平11-017375	電子機器及びその冷却装置	
		偏平HP	G06F 1/20	特開平11-191024	小型電子機器	
		板状HP	G06F 1/16	特許第3139816号	小型電子機器	
	高性能冷却	ファンと組合せ	H05K 7/20	特開2000-013070	ファン取付け部と、動作中に発熱するMPUが熱的に接続される受熱部とが互いに並べて配置されたヒートシンクとを備えている。ファンユニットは、ファンを支持するファンケーシングを有し、このファンケーシングは、ファンを挟んで向かい合う吸込口および開口部と、ファンの径方向外側に位置された排出口とを有し、ヒートパイプと一体にて組立てられる。	
			G06F 1/20	特開2000-214958	両面吸気型送風ファンのファン軸方向に該送風ファンを挟んで一対の吸気口を設け、且つ前記ファン軸と略直交する周囲に送風口を設けた冷却ファンユニットと、電子部品に熱的に接続される受熱部、及び前記冷却ファンユニットの取付けられるファンユニット取付部が設けられた放熱部材とを具備したことを特徴とする冷却装置。（偏平ヒートパイプ）	
			G06F 1/16	特開平10-124172	取り外し可能な機能部品を有する情報処理装置	
		単管型HP	H05K 7/20	特開平11-068371	電子機器及びその印刷配線基板	
			H05K 7/20	特開2000-013065	電子機器	
			G06F 1/20	特開2000-010665	電子機器	
			H05K 7/20	特開平11-087961	電子機器の放熱構造	
		伝熱シート介在	H05K 7/20	特開2000-332473	電子機器	
			G06F 1/16	特開2001-005558	情報処理装置	
			G06F 1/16	特開2001-005559	情報処理装置	
			H05K 7/20	特開2000-013069	回路部品の冷却装置、冷却装置を有する電子機器および回路部品用のヒートシンク	
		偏平HP	H05K 7/20	特開2000-216575	冷却装置及び冷却装置を内蔵した電子機器	
			H05K 7/20	特開2001-007580	冷却装置及び冷却装置を内蔵した電子機器	
			H05K 7/20	特開平08-274480	ヒートシンク装置およびそれに用いられる送風装置ならびにそれを用いた電子機器	
			G06F 1/16	特開2000-357027	情報処理装置	
			H05K 7/20	特開平10-107469	発熱部品の冷却装置および電子機器	

表 2.4.4-5 東芝における保有特許の概要　　○：開放の用意がある特許

技術要素	課題	解決手段	特許分類(IPC)	特許 No.	概要または発明の名称	
計算機の冷却	高性能冷却	偏平HP	G06F 1/20	特開2000-075960	電子機器システムおよび電子機器の機能を拡張するための拡張装置	
		グリース組込	H01L 23/36	特開2000-332169	発熱体の放熱構造及びこれを有する電子機器	
		単管型HP	G06F 1/20	特開平10-275032	電子機器の放熱構造	
	可動部隙接合	HP-伝熱ヒンジ	H05K 7/20	特開平11-087955	電子機器の放熱構造	
			H05K 7/20	特開2001-068883	電子機器	
2-4 (注)	使い易さ改善	ロールの均熱	G03G 15/20,102	特開平09-319243	定着装置	
	製品品質向上	ロールの均熱	G03G 15/20,101	特開平10-207271	定着装置	
画像表示装置	製品品質向上	その他	H01J 21/06	特開平08-087964	微少真空管	
	信頼性向上	素子の冷却	G01T 1/24	特開2001-153959	X線平面検出器	
	使い易さ改善	素子の冷却	H01L 23/38	特開平08-031993	ペルチェと組合わせてヒートパイプを使用し、CCDの発熱を筐体に効率的に移送する冷却装置。	
			G06F 1/16	特開2000-357027	情報処理装置	
	信頼性向上	素子の冷却	G09F 9/00,304	特開平08-069254	情報案内表示装置	

（注）技術要素 2-4：画像形成装置

2.4.5 技術開発拠点（東芝）

埼玉県：深谷工場
三重県：三重工場
神奈川県：京浜事業所、総合研究所、研究開発センター、小向工場、柳町工場
大阪府：大阪工場、
東京都：本社事務所、青梅工場、府中工場
栃木県：那須電子管工場
兵庫県：姫路半導体工場

2.4.6 技術開発者（東芝）

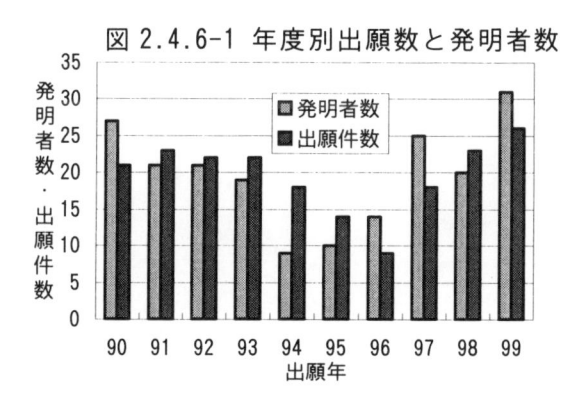

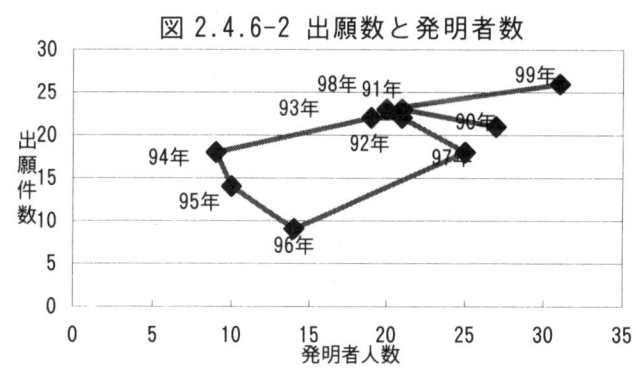

図 2.4.6-1 年度別出願数と発明者数

図 2.4.6-2 出願数と発明者数

　出願件数は 1990 年から 96 年にかけて減少したが、97 年からは発明者数も出願件数も急速な増加傾向が認められる。

2.5 リコー

2.5.1 企業の概要（リコー）

1)	商号	株式会社リコー
2)	設立年月日	1936年2月
3)	資本金	103,434百万円（2001年3月31日現在）
4)	従業員	12,242名
5)	事業内容	OA機器、カメラ、電子部品、機器関連消耗品の製造・販売
6)	技術・資本提携関係	（技術援助契約先）※ Xerox(米国)、International Business Machines(米国)、ADOBE Systems(米国)、Jerome H. Lemelson(米国)、Texas Instrument(米国)、日本IBM、シャープ、キヤノン、ブラザー工業
7)	事業所	本社／東京　工場／兵庫、神奈川、静岡、大阪、福井
8)	関連会社	東北リコー、リコーエレメックス、迫リコー、リコーユニテクノ、リコー計器、リコーマイクロエレクトロニクス、その他
9)	業績推移	（売上）7,205億円（1999.3）7,775億円（2000.3）8,554億円（2001.3）
8)	主要製品	デジタル/アナログ複写機、マルチ・ファンクションプリンター、レーザプリンター、ファクシミリ、デジタル印刷機、光ディスク応用商品、デジタルカメラ、アナログカメラ、光学レンズ
11)	主な取引先	東京リコー、エヌビーエスリコー、大阪リコー、神奈川リコー、リコーリース

※　技術援助契約先はヒートパイプ技術に関するものに限らない。

2.5.2 技術移転事例（リコー）

No	相手先	国　　名	内　　　容
—	—	—	—

今回の調査範囲・方法では該当する内容は見当たらなかった。

2.5.3 ヒートパイプ技術に関連する製品・技術（リコー）

技術要素	製　　　品	商品名	発売時期	出　　典
—	—	—	—	—

今回の調査範囲・方法では該当するものは見当たらなかった。

2.5.4 技術開発課題対応保有特許の概要（リコー）

図2.5.4-1にリコーのヒートパイプの技術要素別出願件数を示す。

同社の出願は特徴的で、ほとんど全部を画像形成装置に集中している。これ以外は半導体の冷却に幾らかの出願がみられるだけである。なお、掲載の特許については開放していない。

図 2.5.4-1 リコーの技術要素別出願件数

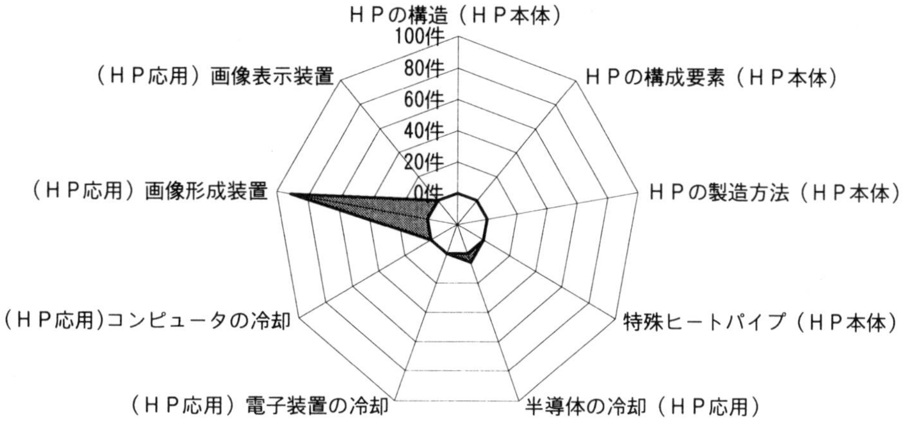

表 2.5.4-1 リコーにおける保有特許の概要　　○：開放の用意がある特許

技術要素	課題	解決手段	特許分類(IPC)	特許No.	概要または発明の名称	
半導体の冷却	マイクロ系高性能	形状改善	H01L 23/427	特開2001-196517	ヒートパイプおよびヒートパイプの取付方法およびヒートパイプ一体型ステム	
			H01L 23/427	特開2000-101007	ヒートパイプの吸熱部取り付け構造	
			H01L 23/427	特開2001-217366	回路基板の部品からの発熱を2本のフィン付きヒートパイプによって基板外に引き出し、共通のファンによって各フィンを冷却する。	
画像形成装置	製品品質向上	ロールの均熱	G03G 21/20	特開平10-319823	画像形成装置における記録シート冷却装置	
			G03G 15/20,301	特許第2669731号	加熱ロールの回転軸に角度を持たせてヒートパイプを傾斜埋設し、傾斜設置時にも均熱効果をもたせた定着装置。	
			G03G 15/20,301	特許第3056821号	加熱ロールに近接して短尺、扁平ヒートパイプを設け、温度を迅速に検出しロール温度を制御する定着装置。	
			G03G 15/20,301	特許第3090983号	定着装置及び定着ローラ	
			G03G 15/20,301	特許第3135648号	画像形成装置の定着装置	
			G03G 15/00,303	特開平08-030048	画像形成装置	
			G03G 15/20,109	特開平08-248812	表面温度を検出して制御するヒートパイプ埋設定着装置	
			G03G 15/20,103	特開平08-305202	加熱定着装置	
			G03G 15/20,103	特開平08-335002	複数のヒートパイプを同心円からずらして配置して均熱性を改善した定着装置。	
			G03G 15/20,102	特開平09-034290	定着ロールの非通紙部の冷却手段としてヒートパイプを用いて加熱を防止した定着装置。	
			G03G 15/20,301	特開平09-281846	定着装置	
			G03G 15/02,101	特開平09-230670	帯電ロールにヒートパイプを埋設し均熱化を図った帯電装置。	
			G03G 21/00,345	特開平09-319258	電子写真プロセス	
			G03G 15/20,103	特開平10-254279	誘導発熱ローラ	

表 2.5.4-2 リコーにおける保有特許の概要　　○：開放の用意がある特許

技術要素	課題	解決手段	特許分類（IPC）	特許No.	概要または発明の名称	
画像形成装置	製品品質向上	ロールの均熱	G03G 15/20,103	特開平09-311575	熱移動媒体として液溜まりを設けて均熱・保温した定着装置。	
		ベルトの冷却	G03G 21/20	実案第2542935号	ヒートパイプからなるシート搬送ローラの一端にフィンを設け、ファンを用いて空冷することにより、冷却効果を改善したシート冷却装置。	
			B65H 29/70	特許第3050633号	ヒートパイプとファンを用いて加熱定着後のシートの温度を制御することにより水分量を調節してカールを防止する装置。	
			G03G 15/20,104	特開2000-330411	熱定着装置のウエブ供給機構	
			G03G 15/00,510	特開平10-069134	定着装置の冷却装置	
			G03G 15/20,107	特開平10-254285	電子写真装置	
		発熱部の冷却	G03G 15/00,550	特開2000-162841	画像形成装置	
		排熱の利用	B41J 2/475	特開2001-138576	画像形成装置	
	環境・省エネ	ロールの均熱	G03G 15/20,105	特開平10-312130	定着装置	
			G03G 15/20,101	特許第3130408号	熱源からニップロールを介して耐熱シートを加熱する定着装置においてニップローをヒートパイプで構成することにより均熱化、低コスト化を実現した。	
			G03G 15/20,301	特許第3056817号	ヒートパイプを埋設する穴径にプラスの公差を設定し定着ロール表面の交換時にヒートパイプを再利用できるようにし低コスト化を図った定着装置。	
			G03G 15/20,103	特開平10-221994	誘導発熱ローラ	
			G03G 15/20,103	特開2001-092289	定着用加熱ローラ及び定着装置	
			G03G 15/20,301	特開平09-090811	ヒートパイプを埋設した後ロール端部を縮径加工するヒートパイプ埋設ロールの製造方法。	
			G03G 15/20,109	特開平10-020707	熱ローラ定着装置	
			G03G 21/20	特開2000-293090	画像形成装置	
			G03G 15/20,301	特開平08-314326	幅方向に複数本のヒートパイプを埋設してコストを低減した定着装置。	
			G03G 15/20,301	特許第2997434号	ヒートパイプを埋設した加熱ロールの両端部に低熱電導材を配置して端部からの放熱を抑制し均熱化とともに省電力効果を実現した定着ロール。	
		ベルトの冷却	G03G 21/20	特開平10-282866	記録紙冷却装置	
			G03G 15/20,301	特開平11-007218	画像形成装置の冷却装置	
			G03G 15/00,106	特開平10-104890	画像形成装置	
			G03G 21/20	特開平10-247052	ヒートパイプを用いた冷却装置	
		排熱の利用	G03G 15/20,301	特開2000-122467	画像形成装置	
			G03G 15/20,301	特開平09-274409	画像形成装置	
			G03G 15/20,102	特開2000-321902	熱定着装置	
			G03G 15/20,102	特開平08-227240	画像形成装置	
			G03G 15/20,101	特開平09-050201	定着ロールの廃熱をヒートパイプで移送し用紙を乾燥して定着性能を高めた画像形成装置。	
		発熱部の冷却	G03G 21/00,350	特開平11-305597	結露・昇華汚染防止装置	
	使い易さ改善	ロールの均熱	G03G 15/20,301	特許第3024810号	扁平ヒートパイプを放射状にオーバーラップして埋設することにより、均熱性を改善しクイックスタートを可能にした定着ロール。	
			G03G 15/20,301	特許第2968859号	一部に薄肉部を持つヒートパイプを埋設し、過熱時安全な部位で爆発するようにして、安全性を改善した定着装置。	

表 2.5.4-3 リコーにおける保有特許の概要　　○：開放の用意がある特許

技術要素	課題	解決手段	特許分類(IPC)	特許No.	概要または発明の名称	
画像形成装置	使い易さ改善	ロールの均熱	G03G 21/00,578	特開平10-171319	画像形成体除去装置	
			G03G 15/20,102	特許第2960784号	定着装置	
			G03G 15/20,301	特許第2965361号	定着装置	
			G03G 15/20,103	特開平08-152798	定着装置	
			G03G 15/20,103	特開平09-297483	定着ローラ	
			G03G 15/20,301	特開2000-056617	定着装置	
			G03G 15/20,101	特開平11-242396	熱定着装置	
		ベルトの冷却	G03G 15/00,510	特開平10-133440	記録シートの冷却装置	
			G03G 15/00,510	特開平10-198094	記録シート冷却装置	
		排熱の利用	G03G 21/00,540	特開平08-022227	画像形成装置	
		発熱部の冷却	G03G 21/20	特開平11-272148	画像形成装置	
	信頼性の向上	ロールの均熱	G03G 15/20,103	特開平07-028351	画像定着装置	
			G03G 15/20,109	特許第2975442号	定着装置	
			G03G 15/20,301	特開平11-338305	ヒートパイプ長さ/ロール幅/用紙幅の相対関係を規定して均熱化を図った定着ロール。	
			G03G 15/20,109	特開2001-201978	定着装置	
			G03G 15/20,102	特開平11-282294	定着装置	
		ベルトの冷却	G03G 15/20,101	特開2001-209262	記録材冷却装置、定着ユニット及び画像形成装置	
			G03G 21/00,578	特開平08-115019	像保持体からの像形成物質除去方法及びその装置	
			G03G 21/20	特開平11-024537	画像形成装置の原稿カバー	
			G03G 21/20	特開平11-065405	原稿供給装置	
			G03G 15/20,101	特開平11-015308	画像形成装置	
			G03G 15/00,518	特開平11-119489	転写紙冷却装置	
		排熱の利用	G03G 15/00,534	特開平10-207155	画像形成装置の記録紙冷却装置	
		発熱部の冷却	G03G 15/20,101	特開2000-089594	定着装置	

2.5.5 技術開発拠点（リコー）

東京都：本社

2.5.6 技術開発者（リコー）

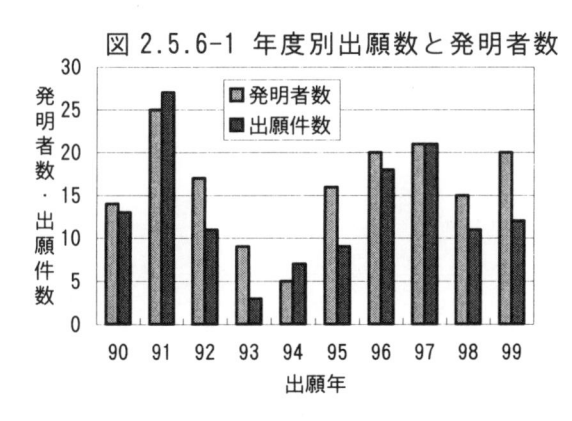

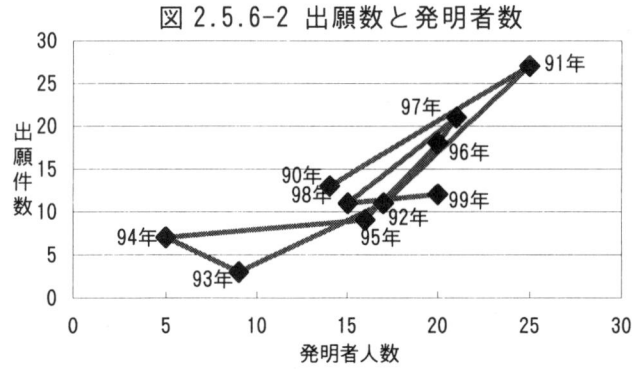

図 2.5.6-1 年度別出願数と発明者数

図 2.5.6-2 出願数と発明者数

発明者数、出願件数とも1991年にピークがみられるが、95年以降はほぼ一定している。

2.6 日立製作所

2.6.1 企業の概要（日立製作所）

1)	商号	株式会社日立製作所
2)	設立年月日	1920年（大正9年）2月1日
3)	資本金	281,755百万円（2001年9月30日現在）
4)	従業員	55,916名（2001年9月30日現在）
5)	事業内容	情報・通信システム、電子デバイス、電力産業システム、デジタルメディア、家庭電器、サービス
6)	技術・資本提携関係	（株主）住友信託、日本生命、チェースマンハッタン、第一生命、東洋信託、その他
7)	事業所	本社／東京　支社／関西・横浜・その他8　グループ／11　研究所／6
8)	関連会社	日立金属、日立電線、日立化成工業、日立建機、日立クレジット、日立マクセル、日立情報システムズ、日立ソフトウェアエンジニアリング、日立メディコ、日立電子エンジニアリング、日製産業、日立機電工業、その他多数
9)	業績推移	（連結売上）79,773億（1999.3）80,012億（2000.3）84,169億（2001.3）
10)	主要製品	パーソナル／デジタル家電、家電／ＡＶ機器、パソコン・周辺機器、住宅設備・店舗、福祉介護・リフォーム　ビジネス／ソリューション　サービス、ソフトウェア　コンピュータ　ネットワーク・情報通信、映像システム　環境　ビル設備、医療、公共・社会　電力・電機　産業、建設　半導体　部品・部材、材料、組立
11)	主な取引先	NTT、東京電力、電源開発　その他　（仕入先）松下電器、日本HP、大日本印刷
12)	技術移転窓口	（知的財産権本部　ライセンス第一部） 東京都千代田区丸の内 1-5-1　TEL (03) 3212-1111

2.6.2 技術移転事例（日立製作所）

No	相手先	国　名	内　容
－	－	－	－

今回の調査範囲・方法では該当する内容は見当たらなかった。

2.6.3 ヒートパイプ技術に関連する製品・技術（日立製作所）

技術要素	製　品	商品名	発売時期	出　典
－	－	－	－	－

今回の調査範囲・方法では該当するものは見当たらなかった。

2.6.4 技術開発課題対応保有特許の概要（日立製作所）

図 2.6.4-1 に日立製作所のヒートパイプの技術要素別出願件数を示す。

同社は全分野に出願しているが、最も出願数が多いのは半導体の冷却関係である。これ以外に電子装置の冷却、コンピュータの冷却、ヒートパイプ本体の構造にかなりの数の出願が見られ、画像表示装置にも数件の出願がある。

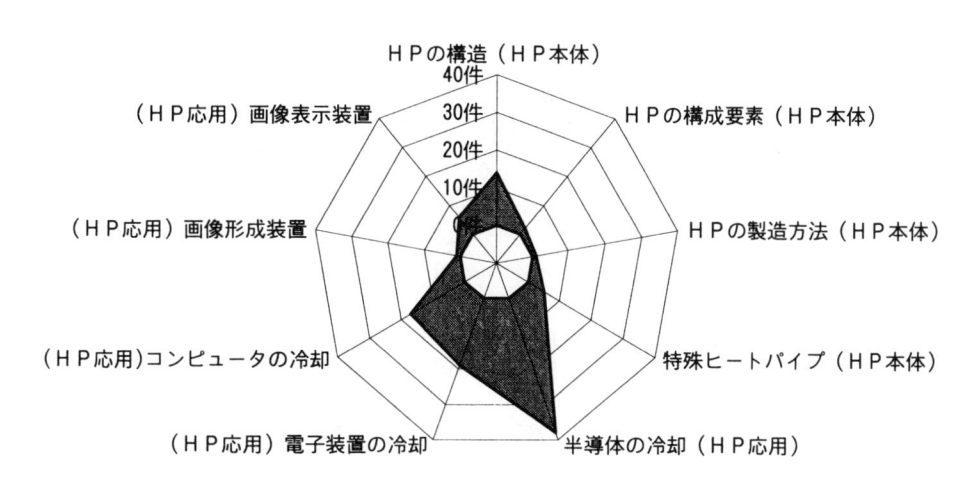

図 2.6.4-1 日立製作所の技術要素別出願件数

表 2.6.4-1 日立製作所における保有特許の概要　　○：開放の用意がある特許

技術要素	課題	解決手段	特許分類（IPC）	特許No.	概要または発明の名称	
HPの構造	伝熱性能向上	ループ構造化	F24H 7/00	特開平05-312411	平面被加熱体と蓄熱装置とをヒートパイプなど熱伝達装置によって熱的に結合するとともに該熱伝達装置の熱流を制御する手段を設けた。	
			F28D 15/02,101	特開平11-044492	蓄熱装置	
	機能向上改良	ループ構造化	F25B 30/04,510	特開平09-159305	熱伝達装置及び空気調和装置	
	生産性コスト	複合・接続化	F28D 15/02,101	特開2001-201282	放熱装置	
	信頼性安定性	ループ構造化	H05K 7/20	特許第3070787号	電子装置	
			F28D 15/02	特開平10-238972	熱伝達装置	
		平板構造化	F28D 15/02,101	特開平10-160367	平板状ヒートパイプ及びそれを用いた電子装置	
(注)	容器（コンテナ）	長手構造改善	F28D 15/02,103	特開平08-219667	ヒートパイプ	
特殊HP	機能性向上	異型その他	F25D 1/02	特開平07-243738	磁気式液体振動ポンプ及びそれを利用した電子機器用冷却装置	
	安定性信頼性	循環型制御型	F28D 15/02	特開平10-238972	熱伝達装置	
	用途適合性	異型その他	F28D 15/02,101	特開2001-201282	放熱装置	
半導体の冷却	パワー系高性能	形状改善	H02M 7/48	特開2001-136756	モータ駆動装置及半導体素子冷却装置	
			H01L 23/427	特許第3067399号	電力半導体の冷却装置において、フィンが装着された放熱部と上部を切り欠いたブロックに挿入された過熱部の間でヒートパイプを略L字状に折り曲げた。	○
			H01L 23/427	特許第2860850号	電力変換器の冷却装置	○
			H01L 23/427	特許第2759587号	電気車用インバータ装置の冷却装置	
			H02M 7/48	特許第2896454号	インバータ装置	○
			H02M 7/48	特許第2932140号	電気車用インバータ装置	○
			H01L 23/427	特開2001-118976	電子部品の冷却装置	

（注）技術要素1-2：ヒートパイプの構成要素

表 2.6.4-2 日立製作所における保有特許の概要

○：開放の用意がある特許

技術要素	課題	解決手段	特許分類（IPC）	特許 No.	概要または発明の名称	
半導体の冷却	パワー系高機能	配置改善	H01L 23/427	特開平10-321779	ヒートパイプ式冷却装置	
			H05K 7/20	特開平08-088490	車両制御装置用冷却装置	
			F28D 15/02	特許第3020790号	複数の水ヒートパイプの一端をブロックに埋め込み、多端にフィンが装着された半導体冷却器にて、その凝縮部を2群以上に分け、かつ各群のヒートパイプ及び放熱フィンを異ならせて0℃以下の低温でも起動を可能にした。	
	パワー系小型化	形状改善	H02M 7/48	特開平11-008982	インバータ装置	
			H01L 23/427	特開平11-251499	電力変換装置	
	パワー系生産性	内部構造改善	H01L 23/427	特開2000-200866	車両制御装置の半導体冷却装置	
	マイクロ系高性能	形状改善	H05K 7/20	特開平07-142886	電子機器装置	
		配置改善	H01L 23/427	特開2000-243885	ヒートシンク	
			H05K 7/20	特開2001-044674	電子装置	
			H05K 7/20	特開2001-044675	電子装置	
			H01L 23/467	特許第3182941号	冷却デバイス	○
			H01L 23/427	特開平11-054680	縦置きにて効率良く自然対流が発生するフィンを装着した半導体冷却方法。	
			H05K 7/20	特開平08-148870	電子装置の放熱構造	
		内部構造改善	H05K 7/20	特開2000-232286	放熱システム	
	マイクロ系小型化	形状改善	H05K 7/20	特開平08-288681	ノートパソコンのパワー系高機能CPU冷却装置で、平板型のヒートパイプ筐体を用いて薄型、小型化を図る。	
			H05K 7/20	特開平11-186771		
		配置改善	H05K 1/02	特開平08-032187	モジュール基板及びそれを用いた電子装置	
		他材と組合せ	H01L 23/427	特開平09-293814	ヒートパイプ付き放熱板搭載ハイブリッドIC用基板	
	他素子の冷却	配置改善	H01L 31/02	特開平11-097718	光モジュール冷却装置	
電子装置筐体の冷却	雰囲気冷却	HP熱交換器	F25D 1/00	特開平09-138044	密閉筐体とその湿度制御法	
		貫通HPによる	H05K 7/20	特開平09-116285	車両用電気機器装置	
	発熱部品直冷	HPの構造配置	H05K 7/20	特開平07-142886	電子機器装置	
			H05K 7/20	特開平08-148870	多数の電子回路基板を収納したユニットの上に放熱器を配置して両者間を接続したヒートパイプで個々の基板を冷却し、ユニットを多段に配置できる構造にした。	
			H02M 7/48	特開平11-008982	インバータ装置	
			H05K 7/20	特許第2545467号	電子装置の放熱構造	○
			G06F 1/20	特開平11-202978	ノート形コンピュータ	
		HP以外の構造	G06F 1/20	特開2001-142574	電子装置	
			H05K 7/20	特開平10-290087	電子装置	
		平板HPで冷却	H05K 7/20	特開平11-186771	回路基板に設けた開口部に搭載した発熱部品ベアチップを、基板下面に固定した偏平ヒートパイプ上に直接接合させ、ヒートパイプの他端に放熱部を設け薄型化を計る。	
	筐体全体冷却	その他の方法	H01L 23/427	特許第2759587号	車両用インバータの発熱素子を搭載した受熱板を、それらを収納する筐体の外壁の一部とし、外側面に放熱フィンの付いたL字傾斜型ヒートパイプを埋め込む。	
			H05K 7/20	特開平08-288681	電子機器用筐体およびその製造方法	

76

表 2.6.4-3 日立製作所における保有特許の概要　　○：開放の用意がある特許

技術要素	課題	解決手段	特許分類（IPC）	特許No.	概要または発明の名称	
基板の冷却	基板自体冷却	基板をHP化	H05K 7/20	特許第3094780号	回路基板を低発熱部品領域と高発熱部品領域に区分し、それぞれに対応した大きさの独立の放熱器で基板を冷却する。	○
	基板群冷却	HPの構造配置	H05K 7/20	特開2001-024369	屋外用電子機器筐体	
		HP以外の構造	H05K 7/20	特開2001-230583	密閉筐体の冷却構造	
計算機の冷却	薄型・省電力	HP-ヒートシンク	G06F 1/00,340	特開平10-333766	携帯情報端末	
			H05K 7/20	特開平11-186771	回路モジュール及び情報処理装置	
		単管HP	G06F 1/20	特開平09-114550	電子機器	
			G06F 1/20	特開平09-114552	電子装置	
			G06F 1/20	特開平11-202978	ノート形コンピュータ	
		平板型HP	H05K 7/20	特開2001-230579	携帯型電子機器用キーボードおよび携帯型電子機器	
			H01L 31/02	特開平11-097718	光モジュール冷却装置	
		フレキシブルチューブ	H05K 7/20	特開平07-142886	電子機器装置	
	強制冷却	ファンと組合せ	G06F 1/20	特開2001-142574	電子装置	
	可動部熱伝達	HP-伝熱ヒンジ	H05K 7/20	特開平10-290087	電子装置	
	筐体への冷却	HP-ヒートシンク	H05K 7/20	特開平08-288681	電子機器用筐体およびその製造方法	
画像表示装置	製品品質向上	筐体の冷却	G03B 21/16	特開平10-221779	映像表示装置	
	使い易さ改善	素子の冷却	G02F 1/1333	特開平10-319379	表示装置	
	信頼性向上	その他	H01J 37/141	特開平11-238483	荷電粒子線装置	

2.6.5 技術開発拠点（日立製作所）

愛知県：情報機器事業部

茨城県：水戸工場、自動車機器事業部、計測機器事業部、機械研究所、日立研究所
　　　　エネルギー研究所、産業機械システム事業部

神奈川県：マルチメディアシステム開発本部、映像情報メディア事業部、情報通信事業
　　　　部、PC事業部、オフィスシステム事業部、汎用コンピュータ事業部

千葉県：電子デバイス事業部

東京都：中央研究所、デバイス開発センタ

栃木県：冷熱事業部栃木本部

静岡県：空調システム事業部

2.6.6 技術開発者（日立製作所）

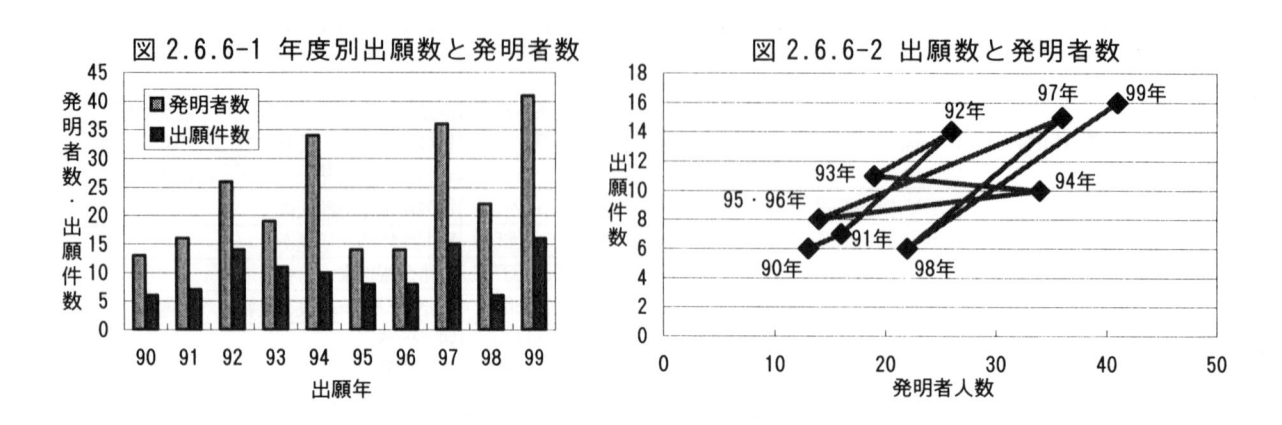

図 2.6.6-1 年度別出願数と発明者数

図 2.6.6-2 出願数と発明者数

発明者数、出願件数とも増減はあるものの、若干増加傾向がみられる。

2.7 松下電器産業

2.7.1 企業の概要（松下電器産業）

1)	商号	松下電器産業株式会社
	設立年月日	1935年（昭和10年）12月15日
3)	資本金	211,000百万円（2001年9月30日現在）
4)	従業員	57,585名（2001年9月30日現在）
5)	事業内容	AVシステム関連商品、防災・セキュリティ関連機器、PC・サーバー関連商品、ビジネスドキュメント関連商品、通信・ネットワーク関連商品、建築・環境関連商品
6)	技術・資本提携関係	（株主）住友銀行、住友生命、日本生命、住友信託、松下興産、その他
7)	事業所	本社／大阪　研究所・営業所等／IT革新本部・インターネット戦略本部・その他83事業部／コーポレート情報システム社・AVC社・その他87
8)	関連会社	松下電子工業、日本ビクター、九州松下電器、松下寿電子工業、松下精工、松下通信工業、松下電子部品、松下産業機器、松下電池、松下冷機、松下電送システム、その他多数
9)	業績推移	（連結売上）76,401億（1999.3）72,993億（2000.3）76,815億（2001.3）
10)	主要製品	映像機器（プロジェクター等）　音響機器（業務用サウンド機器等）　教育機器（UNIXシリーズ等）　複合機・複写機・ファクシミリ　電子黒板　WAN（ターミナルアダプタ等）　業務用無線機　ビジネス電話　建築設備用機器（インターホン等）環境設備用機器（分煙システム等）
11)	主な取引先	—
12)	技術移転窓口	（IPRオペレーションカンパニー　ライセンスセンター）大阪市中央区城見 1-3-7 松下IMPビル19F　TEL (06) 6949-4525

2.7.2 技術移転事例（松下電器産業）

No	相手先	国　　名	内　　　容
—	—	—	—

今回の調査範囲・方法では該当する内容は見当たらなかった。

2.7.3 ヒートパイプ技術に関連する製品・技術（松下電器産業）

技術要素	製　　　品	商品名	発売時期	出　　典
—	—	—	—	—

今回の調査範囲・方法では該当するものは見当たらなかった。

2.7.4 技術開発課題対応保有特許の概要（松下電器産業）

図 2.7.4-1 に松下電器産業のヒートパイプの技術要素別出願件数を示す。

同社は特殊ヒートパイプ分野に特に力を入れていて出願数が多い。その他では、半導体の冷却、画像表示装置、コンピュータの冷却の分野にも出願が見られる。

図 2.7.4-1 松下電器産業の技術要素別出願件数

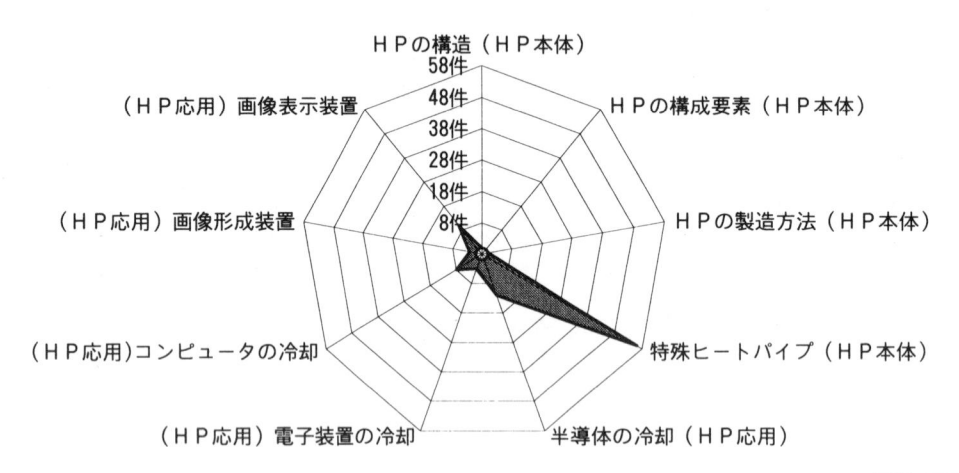

表 2.7.4-1 松下電器産業における保有特許の概要　　○：開放の用意がある特許

技術要素	課題	解決手段	特許分類(IPC)	特許No.	概要または発明の名称	
特殊HP	制御性向上	循環型制御型	F24D 7/00	特開平09-210384	熱搬送装置	
	伝熱性向上	循環制御型	F24D 7/00	特公平07-059987	媒体を加熱蒸発し無動力熱搬送方式で運転する暖房機で、開閉弁が開の時シーバへ溜った液冷媒を短時間で流出させることにより大きな熱搬送量を得る。	
			F24D 7/00	特公平07-059988	暖房機	
			F28D 7/00	特許第2861544号	熱交換器	
			F28D 7/00	特許第3021860号	熱交換器	
	機能性向上	循環制御型	F25B 19/00	特開平07-332790	熱搬送装置	
	生産性小型化	循環制御型	F28D 15/02,101	特許第2605869号	蒸発凝縮型熱交換装置の熱媒を入口ヘッダー管から複数列設けた多数の通路を縦方向に流し、各通路に均一に分流し、冷媒通路部材を均一に加熱する。	
			F28D 15/02,101	特許第2674217号	熱交換装置	
			F25B 41/00	特許第2834303号	熱交換器	
	安定性信頼性	循環制御型	F24D 7/00	特公平07-030925	蒸発凝縮型熱搬送装置の冷媒加熱器の出口側の温度変化に応じて開閉弁の開閉動作周期を変化させるとともに，開閉動作周期の上限下限制御装置を設けた。	
			F24D 7/00	特許第2692966号	熱搬送装置	
			F24D 7/00	特許第2692967号	熱搬送装置	
			F24D 7/00	特許第2692968号	熱搬送装置	
			F24D 7/00	特許第2692969号	熱搬送装置	
			F24F 11/02,102	特開平07-004723	熱搬送装置	
			F28D 15/02,101	特許第2548380号	熱交換装置	
			F24D 7/00	特許第2789894号	暖房機	
			F28D 15/02,101	特許第2568709号	熱搬送装置	
			F28D 7/00	特許第3019548号	熱交換器	

表 2.7.4-2 松下電器産業における保有特許の概要　　○：開放の用意がある特許

技術要素	課題	解決手段	特許分類(IPC)	特許 No.	概要または発明の名称
特殊HP	安定性信頼性	循環制御型	F25B 41/00	特許第2834302号	熱媒蒸発凝縮による無動力熱搬送暖房機の加熱器に設けられた温度検知手段と温度感応型のスイッチとを備えることにより、安全を維持し機器を保護する。
			F25B 41/00	特許第2841975号	熱交換器
			F24D 7/00	特許第2921264号	冷媒加熱器の制御装置
半導体の冷却	パワー系高性能	形状改善	H01L 23/427	特開平11-204707	放熱装置およびそれが取り付けられた電子携帯機器
	マイクロ系高性能	形状改善	G06F 1/20	特開平11-143585	放熱構造を有する情報処理装置
		他材と組合せ	H01L 23/427	特許第3178288号	2枚の平板で挟まれた空間に流路形成部材で構成された微細な冷媒流路を形成してなる発熱素子の冷却装置。
電子装置の冷却	雰囲気冷却	貫通HPによる	H05K 7/20	特開平11-298178	筐体の外壁面のフィンに孔を形成し、放熱板を装着したヒートパイプを孔に挿入する。筐体内の熱は放熱板に伝達され、筐体容積に対する許容熱容量が上げられる。
	基板自体冷却	平板HPで冷却	H01L 23/427	特許第3178288号	冷却モジュールおよびその製造方法
計算機の冷却	薄型・省電力	HP-ヒートシンク	G06F 1/26	特開2000-311034	携帯型電子機器
			G06F 1/20	特開2000-105635	ノート型パーソナルコンピュータ用冷却装置
			G06F 1/20	特開平11-143585	放熱構造を有する情報処理装置
	高性能冷却	ファンと組合せ	H05K 7/20	特開平08-274480	ヒートシンク装置およびそれに用いられる送風装置ならびにそれを用いた電子機器
		熱伝導シート	G06F 1/20	特許第2950320号	情報処理装置及び拡張装置
		ペルチェ組込み	H05K 7/20	特開2000-013064	付属装置及び電子機器装置
	可動部熱接合	HP-伝熱ヒンジ	G06F 1/20	特開2001-134345	ヒンジおよびそれを用いた電子機器
			G06F 1/20	特開平11-095872	電子機器の放熱機構
画像表示装置	製品品質向上	素子の冷却	G02F 1/1335,530	特開平10-148828	ライトバルブ装置及び投写型表示装置
	使い易さ改善	光源の冷却	G03B 21/16	特開2000-131764	光源装置およびこれを用いたプロジェクタ
			H01J 61/52	特開2001-222976	放電ランプおよびランプ装置
		素子の冷却	H05B 33/02	特開2000-215982	表示装置
		その他	H01J 61/52	特開2000-011957	蛍光ランプ
	環境・省エネ	素子の冷却	G03B 21/16	特開平11-202411	液晶プロジェクターの液晶パネル冷却装置
	信頼性向上	素子の冷却	H04N 5/225	特開2001-119615	撮像装置およびレンズマウント

2.7.5 技術開発拠点（松下電器産業）

大阪府：本社

2.7.6 技術開発者（松下電器産業）

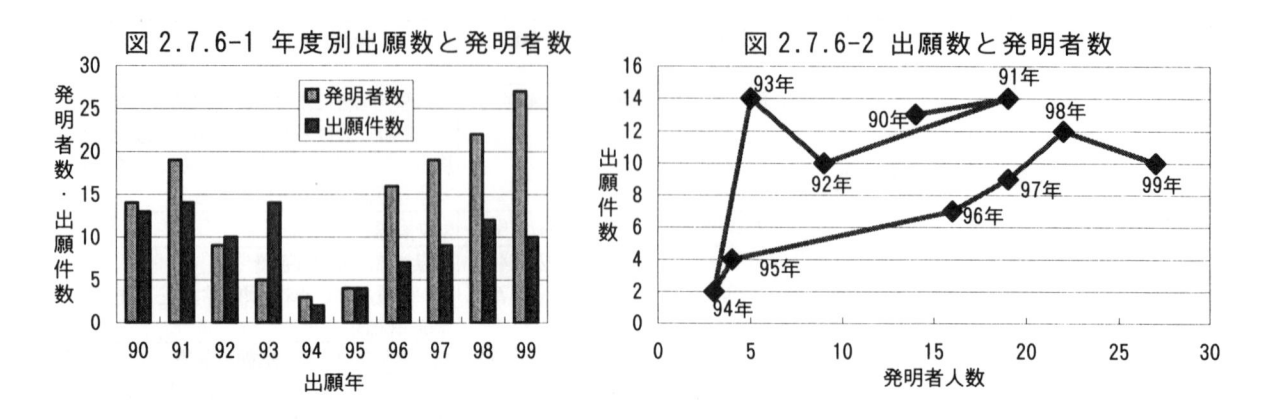

図 2.7.6-1 年度別出願数と発明者数

図 2.7.6-2 出願数と発明者数

　1990～93年頃は、出願件数はほぼ一定し、発明者数は減少傾向にあったが、それは94、95年に急減し、96年以後は再び発明者の数も出願件数も増加傾向となっている。

2.8 コニカ

2.8.1 企業の概要（コニカ）

1)	商号	コニカ株式会社
2)	設立年月日	1936年（昭和11年）12月22日
3)	資本金	37,519百万円(2001年9月30日現在)
4)	従業員	4,195名(2001年9月30日現在)
5)	事業内容	フィルム、レンズ付フィルム、135/APSカメラ、デジタルカメラ、デジタルフォトサービス、現像機器・周辺製品、フィルムスキャナー、インクジェットペーパー、複写機・ファクシミリ、カラーレーザープリンター、デジタルフォトプリンター、テキスタイルプリンター、印刷用製品、医療製品、オプト製品、MOドライブ、記憶メディア製品、その他製品
6)	技術・資本提携関係	（株主）住友信託、東京三菱銀行、三和銀行、朝日生命、千代田生命、その他
7)	事業所	本社／東京　支社／大阪　事業所／東京、小田原、神戸
8)	関連会社	コニカマーケティング、コニカメディカル、コニカビジネスマシン、コニカケミカル、コニカフォトイメージング、コニカマニュファクチャリングUSA、コニカビジネステクノロジース、その他多数
9)	業績推移	（連結売上）5,843億（1999.3）5,609億（2000.3）5,437億（2001.3）
10)	主要製品	一般用：カラーフィルム、カラーペーパー、写真機材、白黒フィルム、白黒印画紙、インクジェットペーパー、自動現像機、写真用薬品など　カメラ：コンパクトカメラ、デジタルスチルカメラなど　情報機器：複写機、フルカラー複写機、ファクシミリ、プリンタなど　医用機材：X線フィルム、自動現像機、レーザーイメージャ、イメージングカメラなど　印刷機材：印刷製版用フィルム、電算写植用ペーパー、カラー検査システム、トータル画像処理システム、自動現像機など　磁気製品：ビデオテープ、フロッピーディスク、光磁気ディスクなど　オプト：非球面プラスチックレンズ、レンズユニット、MOドライブなど
11)	主な取引先	コニカマーケティング、コニカビジネスマシン、コニカメディカル、その他
12)	技術移転窓口	（知的財産部）日野市さくら町1　TEL (042) 589-8392

2.8.2 技術移転事例（コニカ）

No	相手先	国　名	内　　容
—	—	—	—

今回の調査範囲・方法では該当する内容は見当たらなかった。

2.8.3 ヒートパイプ技術に関連する製品・技術（コニカ）

技術要素	製　　品	商品名	発売時期	出　典
—	—	—	—	—

今回の調査範囲・方法では該当するものは見当たらなかった。

2.8.4 技術開発課題対応保有特許の概要（コニカ）

図2.8.4-1にコニカのヒートパイプの技術要素別出願件数を示す。

同社の出願は、画像形成装置に集中しており、他の分野では画像表示装置関係に小数の出願があるだけである。

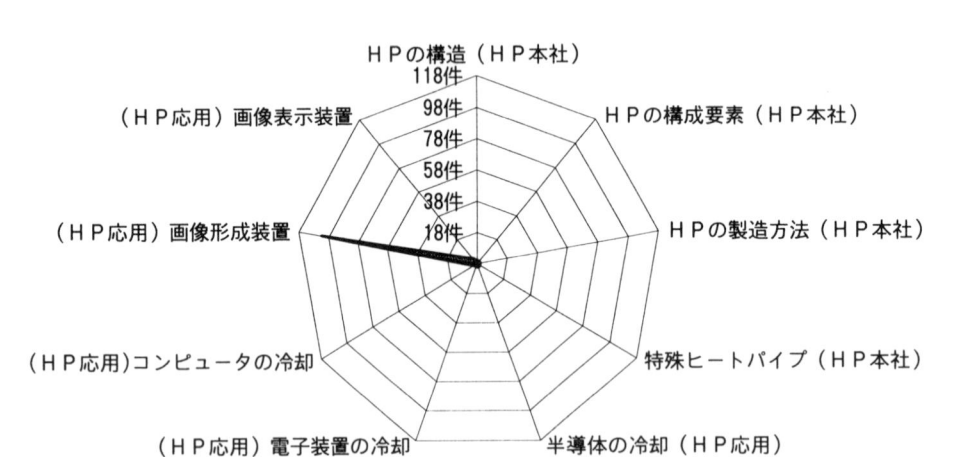

図2.8.4-1 コニカの技術要素別出願件数

○：開放の用意がある特許

表2.8.4-1 コニカにおける保有特許の概要

技術要素	課題	解決手段	特許分類(IPC)	特許No.	概要または発明の名称	
画像形成装置	信頼性の向上	ロールの均熱	G03G 15/20,102	特開2000-352891	定着装置	
			G03G 15/20,102	特開2000-356921	定着装置	
	環境・省エネ	ロールの均熱	G03G 15/20,103	特開平08-171301	埋設ヒートパイプの幅方向の位置をずらして均熱効果を改善し、省エネ・低コスト化を実現した定着装置。	
		排熱の利用	B41J 29/377	特開平11-235855	電気機器	
		その他	G03G 15/20,102	特開2000-321900	定着装置	
			G03G 15/16	特開平11-007202	画像形成装置	
			G03G 21/10	特開平11-007226	画像形成装置	
	使い易さ改善	ロールの均熱	G03G 15/20,101	特開2001-092281	定着装置及び画像形成装置	
			G03G 15/20,102	特開平11-338288	定着装置及び画像形成装置	
			G03G 15/20,101	特開2001-125405	定着装置	
		その他	G03G 15/20,102	特開2000-214710	定着装置	
			G03G 15/20,102	特開2000-214711	定着装置	
			G03G 15/20,102	特開2000-267480	定着装置	
			G03G 15/20,102	特開2000-267481	定着装置及び画像形成装置	
			G03G 15/20,102	特開2000-321906	定着装置	
			G03G 15/20,102	特開2000-321907	定着装置	
			G03G 15/20,109	特開2001-134131	定着装置及び画像形成装置	
			H05B 3/00,335	特開2001-135461	発熱ローラ部材及び定着装置	
			G03G 15/20,102	特開2001-222177	定着装置	
			G03G 15/20,102	特開2001-222178	定着装置	
			G03G 15/01,111	特開平08-076543	カラー画像形成装置	
			G03G 15/00,106	特開平09-258492	画像形成装置	
			G03G 21/00,384	特開平09-281857	画像形成装置	
			G03G 15/00,550	特開平09-304989	カラー画像形成装置	
			G03G 21/00,370	特開平09-311592	両面画像形成装置	
			G03G 15/00,550	特開平09-329930	カラー画像形成装置	
			G03G 21/10	特開平10-063158	画像形成装置	

表 2.8.4-2 コニカにおける保有特許の概要　　○：開放の用意がある特許

技術要素	課題	解決手段	特許分類（IPC）	特許 No.	概要または発明の名称	
画像形成装置	使い易さ改善	その他	G03G 15/01,114	特開平10-039575	ヒートパイプを用いて感光ドラム内の温度を制御するカラーコピー機において、中間転写体ブロックを設けてメンテナンスを容易にした。	
			G03G 21/00,500	特開平10-186969	画像形成装置及びその制御方法	
			G03G 15/08,503	特開平11-143219	カラー画像形成装置	
			G03G 15/01,111	特開平11-295958	カラー画像形成装置	
			G03G 15/01,112	特開平11-295959	カラー画像形成装置	
	信頼性の向上	その他	G03G 5/10	特開2000-039733	電子写真感光体用透光性基体及びその製造方法、それを用いた電子写真感光体、画像形成方法及び画像形成装置	
			G03G 21/10	特開2000-276024	クリーニング装置	
			G03G 15/20,103	特開2000-305394	定着装置	
			G03G 15/20,103	特開2001-125412	定着装置	
			G03G 15/20,103	特開2001-134125	定着装置	
			G03G 15/20,102	特開2001-142330	定着装置	
			G03G 5/147,502	特開2001-228641	画像形成装置	
			G03G 21/10	特開平10-003236	クリーニング装置	
		ロールの均熱	G03G 15/01,112	特開平08-190241	カラー画像形成装置	
			G03G 15/20,102	特開平10-326055	定着装置	
		ロールの均熱	G03G 15/01,111	特開平08-234524	カラー画像形成装置	
			G03G 15/20,109	特開平08-286555	定着装置	
			G03G 15/20,102	特開2001-100580	定着装置	
			G03G 21/00,540	特開平09-050214	ヒートパイプを用いて露光装置を冷却しオゾン排出ファンと組合わせて良好なカラー画像を得るカラーコピー機。	
		ベルトの冷却	G03G 15/00,303	特開平09-319165	感光ベルト駆動ロールの温度制御にヒートパイプを利用し、色ずれを防止。	
			G03G 15/01,111	特開平10-010826	カラー画像形成装置	
			G03G 21/10	特開平10-326068	画像形成装置	
		発熱部の冷却	G03G 15/16	特開平09-211999	カラー画像形成装置	
			G03G 15/16	特開平09-212006	カラー画像形成装置	
			G03G 15/16,103	特開平09-218598	カラー画像形成装置	
			G03G 15/16	特開平09-222804	画像形成装置	
	製品品質向上	その他	G03G 15/01,112	特開2000-029270	カラー画像形成装置	
			G03G 5/10	特開2000-035685	電子写真感光体用筒状透光性基体と電子写真感光体、それを用いた画像形成方法及び画像形成装置	
			G03G 5/10	特開2000-035686	電子写真感光体用透光性基体及びその製造方法、それを用いた電子写真感光体、画像形成方法及び画像形成装置	
			G03G 5/05,102	特開2000-039729	電子写真感光体用円筒状基体、電子写真感光体及びその製造方法とそれを用いた画像形成方法及び画像形成装置	
			G03G 5/05,102	特開2000-075512	電子写真感光体とその製造方法及びそれを用いた画像形成方法及び画像形成装置	
			G03G 15/01,112	特開2000-181177	カラー画像形成装置	
			G03G 5/10	特開2000-298366	電子写真感光体、画像形成方法及び画像形成装置	
			G03G 15/20,102	特開2000-305391	定着装置	
			G03G 15/20,102	特開2000-321904	定着装置	
			G03G 15/20,102	特開2000-321905	定着装置	
			G03G 15/01,111	特開2001-022150	カラー画像形成装置	
			G03G 15/20,102	特開2001-125410	定着装置	

表 2.8.4-3 コニカにおける保有特許の概要　　○：開放の用意がある特許

技術要素	課題	解決手段	特許分類(IPC)	特許No.	概要または発明の名称	
画像形成装置	製品品質向上	その他	G03G 15/20,101	特開2001-166617	定着装置	
			G03G 9/08	特開2001-222130	画像形成装置、及び画像形成方法	
			G03G 15/00,550	特開平08-006339	ヒートパイプを用いて感光ドラム内の温度を制御し結像距離の変動を防止する。	
			G03G 15/05	特開平08-082985	カラー画像形成装置	
			G03G 21/00,350	特開平09-179444	電子写真感光体、カラー画像形成方法及び画像形成装置	
			G03G 15/01,111	特開平09-258518	カラー画像形成装置	
			G03G 15/36	特開平09-258602	画像形成装置	
			G03G 15/043	特開平09-281778	画像形成装置	
			G03G 21/10	特開平09-281867	画像形成装置	
			G03G 15/00,303	特開平09-288389	画像形成装置	
			G03G 15/00,303	特開平09-319167	画像形成装置	
			G03G 21/00,350	特開平09-325647	カラー画像形成装置	
			G03G 15/05	特開平10-026867	カラー画像形成装置	
			G03G 21/00,345	特開平10-074021	カラー画像形成装置	
			G03G 5/043	特開平10-123727	電子写真感光体とそれを用いた画像形成方法及び装置	
			G03G 15/01,114	特開平10-123795	画像形成装置	
			G03G 5/10	特開平10-171140	電子写真感光体とそれを用いた画像形成方法及び装置	
			G03G 21/00,350	特開平10-307506	カラー画像形成装置	
			G03G 15/00,106	特開平11-002927	画像形成装置及び両面画像形成方法	
			G03G 15/01,114	特開平11-167244	カラー画像形成装置	
			G03G 15/00,530	特開平11-174758	画像形成装置	
			G03G 15/043	特開平11-174787	画像形成装置	
			G03G 15/20,104	特開平11-174887	画像形成装置	
			G03G 5/10	特開平11-272000	電子写真感光体用透光性基体及びその製造方法、それを用いた電子写真感光体、画像形成方法及び画像形成装置	
			G03G 5/10	特開平11-282189	電子写真感光体用透光性基体及びその製造方法、それを用いた電子写真感光体、画像形成方法及び画像形成装置	
			G03G 5/10	特開平11-288118	電子写真感光体用透光性基体及びその製造方法、それを用いた電子写真感光体、画像形成方法及び画像形成装置	
			G03G 5/10	特開平11-288119	電子写真感光体用透光性基体及びその製造方法、それを用いた電子写真感光体、画像形成方法及び画像形成装置	
(注)	製品品質向上	その他	B41J 2/44	特開平10-138563	画像形成装置	

（注）技術要素 2-5：画像表示装置

2.8.5 技術開発拠点（コニカ）
　東京都：東京事業所日野、東京事業所八王子

2.8.6 技術開発者（コニカ）

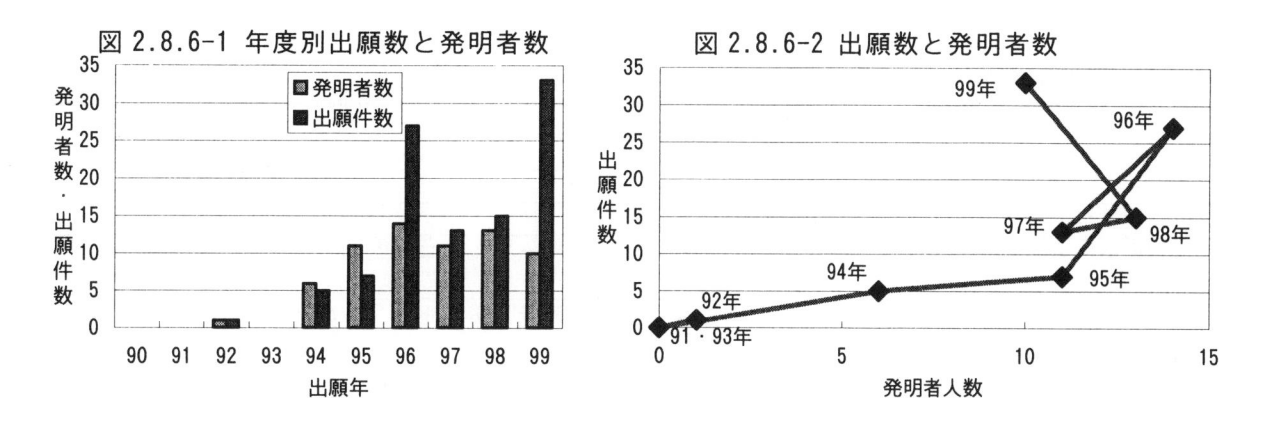

図 2.8.6-1 年度別出願数と発明者数

図 2.8.6-2 出願数と発明者数

1993年まではほとんど出願はなかったが、94年から出願が始まり96年と99年に出願件数が急増している。発明者数は95年以降大きな変動はない。

2.9 昭和電工

2.9.1 企業の概要（昭和電工）

1)	商号	昭和電工株式会社
2)	設立年月日	1939年(昭和14年)6月1日
3)	資本金	110,451百万円(2001年6月30日現在)
4)	従業員	5,743名(2001年6月30日現在)
5)	事業内容	石油化学、アルミニウム材料、化学品、アルミニウム加工品、無機材料、エレクトロニクス
6)	技術・資本提携関係	（株主）富国生命、安田火災、富士銀行、第一生命、その他
7)	事業所	本社／東京　事業所／大分、徳山、川崎、横浜、塩尻、大町、会津、堺、彦根、千葉、小山、那須、秩父　研究所／総合研究所・その他6
8)	関連会社	昭和電工プラスチックプロダクツ、昭和電工建材 海外／Showa Denko America、SHOTIC America、その他
9)	業績推移	（連結売上）6,627億 (1999.12) 7,469億 (2000.12) 7,450億 (2001.12)
10)	主要製品	石油化学（アリルエステル樹脂）　化学品（スペシャルティケミカルズ等）　無機材料（ファインカーボン関連製品等）　アルミニウム材料（ショウティック等）　エレクトロニクス（スーパージャフィット等）
11)	主な取引先	昭光通商、丸紅、三井物産、三菱商事
12)	技術移転窓口	―

2.9.2 技術移転事例（昭和電工）

No	相手先	国名	内容
―	―	―	―

今回の調査範囲・方法では該当する内容は見当たらなかった。

2.9.3 ヒートパイプ技術に関連する製品・技術（昭和電工）

技術要素	製品	商品名	発売時期	出典
半導体の冷却	電気機器用熱交換機 *1)	ロールボンドヒートパイプヒートシンク	―	同社カタログ
コンピュータの冷却	Integrated Plate Heat Pipe	IPHP	―	昭和アルミニウム(旧)カタログ
半導体の冷却	アンプ用ヒートシンク	ヒートループ	―	（同上）

*1) 冷蔵庫エバポレータで普及させたロールボンド技術によるプレート型ヒートパイプを主に製造販売している。携帯型パソコンなどに使われている。剛性が高く、冷却回路はプリント法によるのでヒートソースに合わせて回路設計が行える。ウィックは挿入せず、断面形状の隅部の毛管現象により環流。

　ロールボンド以外に精密押出・アルミ多穴管タイプのヒートパイプも販売している。

2.9.4 技術開発課題対応保有特許の概要（昭和電工）

図2.9.4-1に昭和電工のヒートパイプの技術要素別出願件数を示す。

同社はヒートパイプ本体と、応用の両分野に出願している。本体関係では、ヒートパイプ本体の構造、ヒートパイプの製造方法、ヒートパイプの構成要素の順に出願数が多く、応用関係では、半導体の冷却、コンピュータの冷却、電子装置の冷却の順に出願件数が多い。

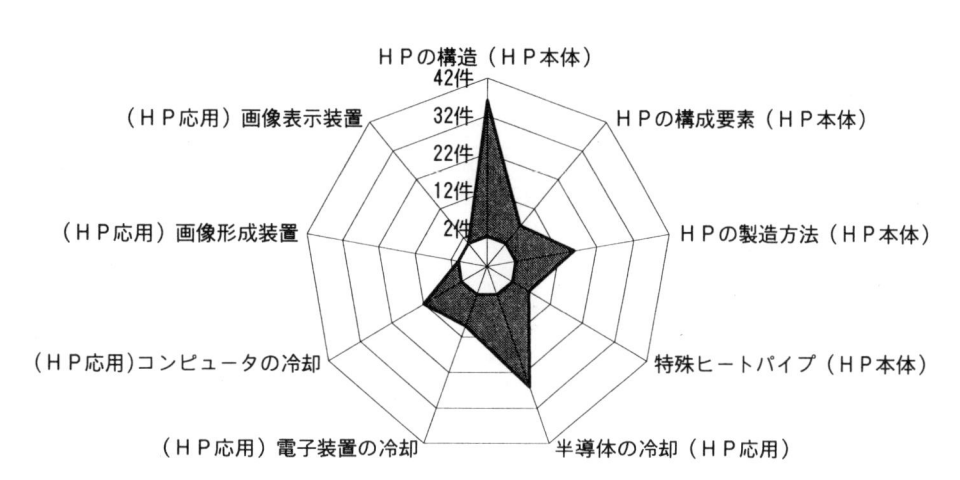

図2.9.4-1 昭和電工の技術要素別出願件数

表2.9.4-1 昭和電工における保有特許の概要　　○：開放の用意がある特許

技術要素	課題	解決手段	特許分類(IPC)	特許No.	概要または発明の名称	
HPの構造	伝熱性能向上	液流路構造	F28D 15/02,101	特許第2900046号	水平設置ヒートパイプのコンテナの蒸発部内を上下に仕切る仕切り壁を設け、コンテナの凝縮部内下部に上端が仕切り壁より上まで伸びる放熱フィンを設けた。	
			F28D 15/02,101	特許第2900044号	ヒートパイプ	
			F28D 15/02,101	特許第2909602号	ヒートパイプ	
		平板構造化	F28D 15/02,101	特開平08-061872	放熱器	
			F28D 15/02,101	特開平08-136168	ヒートパイプ式放熱器	
			F28D 15/02	特開平09-119786	放熱器	
			F28D 15/02	特開平09-133482	放熱器	
			F28D 15/02,101	特開平11-037678	ヒートパイプ式放熱器	
	機能向上改良	液流路構造	F28D 15/02,101	特開平09-004994	換気兼熱交換装置	
			F28D 15/02,101	特許第2743021号	ヒートパイプ	
			F28D 15/02,101	特許第2743022号	ヒートパイプ	
		ループ構造化	F25B 41/00	特許第3012945号	熱交換器	
		平板構造化	F28D 15/02,101	特許第3034337号	平板状ヒートパイプ	
			H05K 7/20	特許第3093442号	複数の発熱体を取り付け、他端に放熱フィンを有するロールボンドヒートパイプ式平板ヒートシンクにおいて、複数の発熱体に対応してヒートパイプを複数の独立の作動液流路構造に分割して発熱体間の温度干渉をなくした。	
			H05K 7/20	特許第3143811号	ヒートパイプ式ヒートシンク	
			F25D 23/06,303	特開平06-221750	断熱パネル	
			F28D 15/02,101	特許第2899728号	水平置き用平板状ヒートパイプ	
			F28D 15/02	特開平09-303980	ヒートパイプ式熱交換器	
			F28D 15/02,103	特開2000-018854	ヒートパイプ	

表 2.9.4-2 昭和電工における保有特許の概要　　　　○：開放の用意がある特許

技術要素	課題	解決手段	特許分類(IPC)	特許No.	概要または発明の名称	
HPの構造	小型化軽量化	ループ構造化	F25D 9/00	特開平09-318219	筐体クーラー用熱交換器	
		平板構造化	F28D 15/02,101	特許第3041447号	ロールボンド法で2枚のアルミ板を圧着し膨出部をヒートパイプ化した平板ヒートシンクにおいて発熱体搭載部の周辺に同心状の環状の作動液流路と放射状連通流路を設ける。	
			F28D 15/02	特開平08-178560	放熱器	
			F28D 15/02	特開平10-185465	プレート型ヒートパイプ	
			F28D 15/02,101	特開2000-039273	板状熱交換器	
			F28D 15/02,101	特開2000-171182	板状熱交換器およびその製造方法	
	生産性コスト	液流路構造	F28D 15/02,106	特許第2787236号	ヒートパイプの製造法	
		ループ構造化	F24F 5/00	特許第3054747号	熱交換器	
			F28D 15/02,101	特開2001-033179	チューブ型熱交換器およびその製造方法	
		平板構造化	F28D 15/02	実案第2512596号	ヒートパイプ式熱交換器	
			F28F 3/14	特許第3030727号	3枚合せ金属板よりなる熱交換器の製造法	
			F28D 15/02	特開平09-119787	放熱器	
			F28D 15/02	特開平09-119788	放熱器	
			B23K 20/12	特開平11-047961	プレート型ヒートパイプの製造方法	
HPの構成要素	容器(コンテナ)	断面構造改善	F28D 15/02,101	特開平08-136168	ヒートパイプの密閉容器をロールボンドパネルから構成し、ロールボンドパネルに逆L字形の作動流体が流れる流路域を独立して形成する。そして各流路域の上方部分を凝縮部として、この部分に放熱フィンをろう付けする。そして各流路域の下方部分を蒸発部として、この部分に複数個の発熱体の取付部を設ける。	
		内部仕切HP	F28D 15/02,101	特許第2743022号	ヒートパイプ	
		ヒートチューブ	F28D 15/02,101	特開2001-033179	チューブ型熱交換器およびその製造方法	
		長手構造改善	F28D 15/02,106	特公平07-039912	ヒートパイプの製造方法	
			H05K 7/20	特許第3093442号	ヒートパイプ式ヒートシンク	
	容器(端末)	断面構造改善	F28D 15/02,106	特開2000-039274	ロールボンドヒートパイプの封止処理方法	
		長手構造改善	F28D 15/02,104	特公平07-031026	ヒート・パイプ	
	ウィック	複合材料改善	F28D 15/02,103	特開2000-018854	ヒートパイプ	
		断面構造改善	F28D 15/02,101	特許第2743021号	ヒートパイプ	
HPの製造方法	伝熱性能向上	その他改善	F28D 15/02	特開平10-274488	ヒートパイプ式熱交換器	
	機能向上改良	製造工程	F28D 15/02,101	特許第2899728号	全体を3枚の金属板合せ板で形成し、上下両側金属板と中間金属板との間に外方に膨出させる管状膨出部を形成する。中間金属板に両管状膨出部の左右両端部を連通させる連通孔を形成し、下の管状膨出部に作動液を封入する。	
	小型化軽量化	製造工程	F28D 15/02,101	特開2000-171182	板状熱交換器およびその製造方法	
			F28D 15/02	特開平10-185465	プレート型ヒートパイプ	
	生産性コスト	作動液封入法	F28D 15/02,106	特開2000-018859	ヒートパイプの製造方法	
			F28D 15/02,106	特開2000-274973	カプラ	
		封じ切り法	F28D 15/02,106	特開2000-039274	ロールボンドヒートパイプの封止処理方法	
	生産性コスト	製造工程	F28D 15/02,106	特許第2787236号	ヒートパイプの製造法	
		その他改善	F28D 15/02,101	特開2001-033179	チューブ型熱交換器およびその製造方法	
			F28D 15/02,106	特公平07-039912	ヒートパイプの製造方法	
	信頼性安定性	作動液封入法	F28D 15/02,106	特開2000-018856	ヒートパイプの検査装置および検査方法	
			F28D 15/02,106	特開2000-018857	ヒートパイプ性能評価装置	

表 2.9.4-3 昭和電工における保有特許の概要　　○：開放の用意がある特許

技術要素	課題	解決手段	特許分類（IPC）	特許No.	概要または発明の名称
HPの製造方法	信頼性安定性	作動液封入法	F28D 15/02,106	特開2000-018858	ヒートパイプ内の非凝縮性ガス残留・非残留検査方法
		その他改善	F28D 15/02,106	特開2001-099577	作動流体封入容器の気密性検査装置用較正ガスの調製方法
	細管HP製法	作動液封入法	F28D 15/02,106	特開2000-018860	平板状ヒートパイプの製造方法
		封じ切り法	F28D 15/02,106	特開2000-074582	平板ヒートパイプコンテナの作動液封入部に作動液注入口を通して作動液を注入した後、コンテナの作動液注入口を圧潰し、この圧潰部の金属平板状部を摩擦攪拌接合法により接合封止する。
特殊HP	伝熱性向上	異型その他	F28D 15/02,101	特許第2909602号	ヒートパイプ
	安定性信頼性	異型その他	F28D 15/02,101	特許第2899728号	全体を3枚の金属板で形成した平板ヒートパイプで、両側板と中間板の間に管状膨出部を形成し、中間金属板に両膨出部の両端に連通孔を形成して作動液を封入する。ウィックレスで逆勾配加熱も可能。
半導体の冷却	パワー系高性能	形状改善	H05K 7/20	特許第3143811号	ヒートパイプ式ヒートシンク
			H01L 23/427	実公平08-010205	ヒートパイプ
			F28D 15/02	特開平08-178560	放熱器
			H01L 23/427	特開平09-186278	放熱器
			H05K 7/20	特開平11-274782	電気自動車（EV）用の半導体冷却器にて、板状ループヒートパイプの加熱部と放熱部との間に放熱フィンを介在させた。
			F28D 15/02,101	特開平08-136168	ヒートパイプ式放熱器
		内部構造改善	F28D 15/02	実公平08-007255	ヒートパイプ式放熱器
			F28D 15/02,101	特許第2743021号	ヒートパイプ
			F28D 15/02,101	特許第2743022号	ヒートパイプ
			F28D 15/02,101	特許第2900044号	ヒートパイプ
			F28D 15/02,101	特許第2900046号	ヒートパイプ
			H01L 23/427	特許第2742823号	ヒートパイプ
		他材と組合せ	H01L 23/427	特許第3185043号	ヒートパイプ利用放熱器
	パワー系生産性	形状改善	H01L 23/427	特開平08-186210	放熱器
	マイクロ系小型化	形状改善	F28D 15/02,101	特許第3041447号	2枚の金属板からなるロールボンド板の中空部に冷媒を封入してなるヒートパイプにて、授熱部が同心環状部とこの環状部を連通させる複数の直線部を構成するノートパソコン等の電子機器放熱器。
		他材と組合せ	F28D 15/02,101	特開2000-039273	板状熱交換器
	マイクロ系高性能	形状改善	H01L 23/36	特開平10-144831	ヒートパイプ式ヒートシンク
			G06F 1/20	特開2000-132280	パソコン素子の熱をディスプレイ装置に移動して、そこで平板状のヒートパイプによって効率よく熱放散させる。
			H05K 7/20	特開平10-126080	電子機器用放熱装置
電子装置の冷却	発熱部品直冷	HP以外の構造	H05K 7/20	特開2000-022367	ノートパソコンの筐体内にCPUの受熱部と端部に放熱フィンを設けた平板ヒートパイプを設置し、筐体の放熱口付近にフィン部を臨ませて冷却効率を上げる。
			H05K 7/20	特開2000-022368	電子機器用放熱装置
			H05K 7/20	特開2000-022369	電子機器用放熱装置
			H05K 7/20	特開2000-022374	電子機器用放熱装置
	基板全体冷却	平板HPで冷却	F28D 15/02,101	特開平08-136168	ヒートパイプ式放熱器
			H05K 7/20	特開2000-252673	パソコン用キーボード
			F28D 15/02	特開平10-185465	プレート型ヒートパイプ

表 2.9.4-4 昭和電工における保有特許の概要　　○：開放の用意がある特許

技術要素	課題	解決手段	特許分類（IPC）	特許 No.	概要または発明の名称
電子装置の冷却	基板全体冷却	平板HPで冷却	F28D 15/02,101	特許第3041447号	2枚のアルミニウム板からロールボンド法で所要パターンの非圧着部を膨出させて形成した平板状ヒートパイプにMPUなどの発熱部品を取り付け、放熱させる。
		HP以外の構造	H05K 7/20	特開平11-145665	電子機器用放熱器
計算機の冷却	薄型・省電力	HP-ヒートシンク	F28D 15/02,101	特許第3041447号	所要パターンの非圧着部を有するアルミニウム合せ板で形成する。非圧着部において2枚のアルミニウム板のうち少なくともいずれか一方を外方に膨出させて中空膨出部を形成するとともにその内部への作動液の封入によりヒートパイプ部を設ける。
		ロールボンドHP	H05K 7/20	特開平11-145665	電子機器用放熱器
			H05K 7/20	特開2000-022369	電子機器用放熱装置
			H05K 7/20	特開2000-323880	電子機器用放熱装置
			H05K 7/20	特開2000-022374	電子機器用放熱装置
			H05K 7/20	特開2000-022368	電子機器用放熱装置
			H05K 7/20	特開2000-252673	パソコン用キーボード
			H05K 7/20	特開2000-022367	電子機器用放熱装置
			H05K 7/20	特開平10-126080	電子機器用放熱装置
	可動部隙間接合	HP-伝熱ヒンジ	G06F 1/20	特開2000-132280	携帯型電子機器用放熱装置

2.9.5 技術開発拠点（昭和電工）
　大阪府：堺事業所

2.9.6 技術開発者（昭和電工）

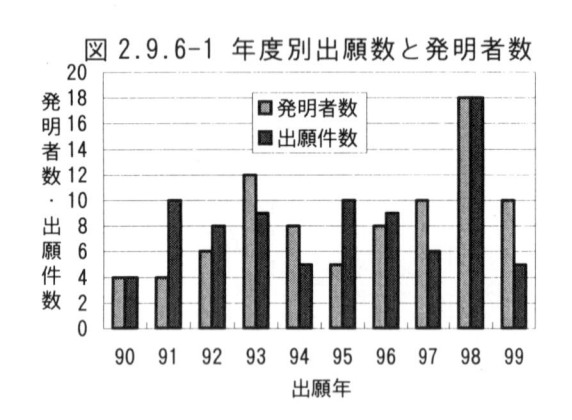

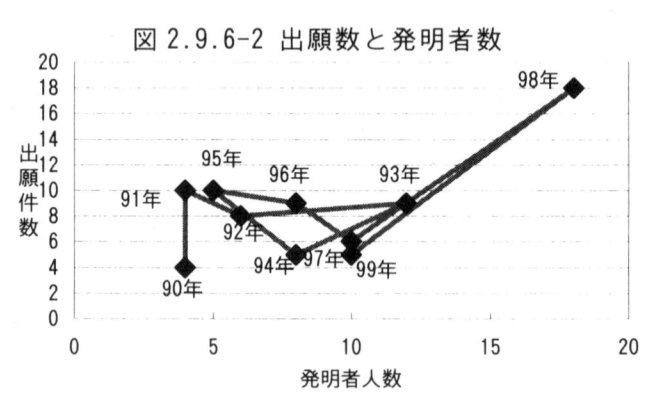

図 2.9.6-1 年度別出願数と発明者数

図 2.9.6-2 出願数と発明者数

　発明者数、出願件数とも1997年まではほぼ一定の水準数であったが、両者とも98年にピークがある。

2.10 富士通

2.10.1 企業の概要（富士通）

1)	商号	富士通株式会社
2)	設立年月日	1935年（昭和10年）6月20日
3)	資本金	314,921百万円(2001年9月30日現在)
4)	従業員	41,396名(2001年9月30日現在)
5)	事業内容	情報処理機器、ソフトウェアサービス、通信機器、電子デバイス
6)	技術・資本提携関係	（株主）富士電機、朝日生命、第一勧銀、その他
7)	事業所	本社／東京　事業所／北海道 1・東北 1・北関東 2・南関東 16・東海 2・近畿 1・九州 3　工場／岩手・その他14　支社・支店／北海道・その他65　海外事業所／コロンビア、ニューヨーク、ワシントン、ハワイ、北京、西安、広州、上海、ニューデリーなど15
8)	関連会社	国内／富士通電装、富士通機電、富士電気化学、富士通ビジネスシステム、富士通サポートアンドサービス、新光電気工業、高見沢電気製作所、富士デバイス、富士通ゼネラル、富士通システムコンストラクション、富士通VLSI、富士通システムソリューション、富士通オフィス機器、その他多数
9)	業績推移	（連結売上）52,429億（1999.3）52,551億（2000.3）54,844億（2001.3）
10)	主要製品	個人向け／パソコン、パソコン周辺機器、携帯電話　法人向け　パソコン、サーバ、ストレージ、ソフトウェア、ネットワーク製品、周辺機器、特定市場向け製品、OEM製品、電子デバイス
11)	主な取引先	NTT、ドコモ、他
12)	技術移転窓口	―

2.10.2 技術移転事例（富士通）

No	相手先	国名	内容
1	住友軽金属	日本	ノートブックPC用世界最小・最軽量の冷却モジュール。富士通が開発、住友軽金属工業が製造・販売

2.10.3 ヒートパイプ技術に関連する製品・技術（富士通）

技術要素	製品	商品名	発売時期	出典
コンピュータの冷却　*1	ファン付き超薄型放熱機構とヒートパイプを一体化した冷却モジュール	Heapex-f	平成10年3月	インターネット

インターネット：http://pr.fujitsu.com/jp/news/1998/Mar/18.html

*1) ノートブックパソコン用世界最小・最軽量の冷却モジュールを発売
富士通が開発、住友軽金属工業が製造・販売
～ファン付き超薄型放熱機構とヒートパイプを一体化した冷却モジュールを提供～

2.10.4 技術開発課題対応保有特許の概要（富士通）

図 2.10.4-1 に富士通のヒートパイプの技術要素別出願件数を示す。

同社の出願は、ほとんどが半導体の冷却と電子装置の冷却分野に集中しており、コンピュータの冷却分野にも出願している。画像表示装置、画像形成装置などの応用分野にも出願が見られる。

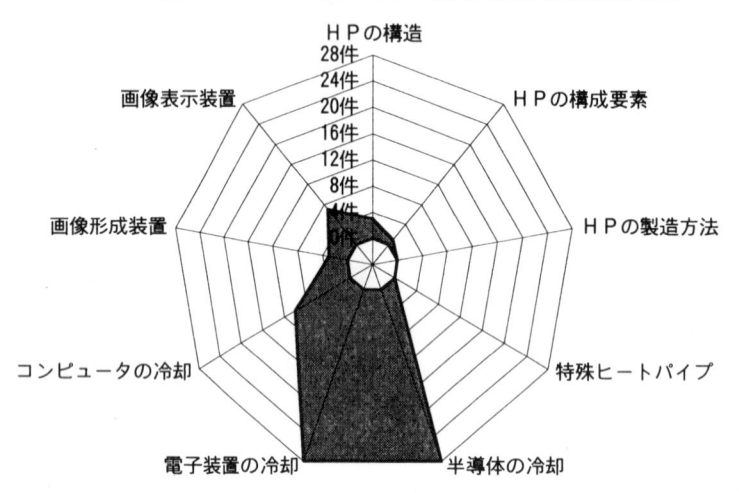

図 2.10.4-1 富士通の技術要素別出願件数

○：開放の用意がある特許

表 2.10.4-1 富士通における保有特許の概要

技術要素	課題	解決手段	特許分類(IPC)	特許No.	概要または発明の名称	
HPの構造	伝熱性能向上	複合・接続化	F28D 15/02,101	特開平08-261672	熱伝導装置	
	生産性コスト	平板構造化	F28D 15/02,103	特開平10-253274	シート型ヒートパイプとその製造方法	
	信頼性安定性	ループ構造化	H05K 7/20	特許第2801998号	電子機器の冷却装置	
半導体の冷却	マイクロ系高性能	形状改善	G06F 1/20	特開2001-166851	ノートブックパソコンの高発熱素子に接する受熱板とパソコン筐体内部の側部に沿って伸びた放熱板とからなる電子機器冷却装置。	
			H01L 23/427	特開平08-255858	電子パッケージの冷却システム	
			H01L 23/467	特開平11-045967	ヒートシンクおよびそれを搭載した情報処理装置	
			H05K 7/20	特開2000-049479	電子装置	
			H05K 7/20	特開2001-119181	電子部品の冷却装置及び電子機器	
			H05K 7/20	特開平07-086780	発熱素子搭載基板の冷却構造	
			G06F 1/20	特開2000-137548	熱拡散プレートを有する薄型電磁妨害シ	
		配置改善	H05K 7/20	特開平10-294582	ヒートシンクとそれを使用する情報処理装置	
	マイクロ系生産性	形状改善	H01L 23/36	特開2000-012747	熱伝導構造	
	ペルチェ他	形状改善	H01L 23/427	特開平11-121667	ヒートパイプ式冷却装置	
	マイクロ系高性能	他材と組合せ	H01L 23/467	特許第2938704号	集積回路パッケージ	
電子装置の冷却	雰囲気冷却	貫通HPによる	F28D 15/02	実開平03-005079	通信機器収容筐体における放熱用ヒートパイプの取付け構造	
	発熱部品直冷	貫通HPによる	H05K 7/20	特開平10-256767	密閉筐体の天井面に、湾曲部を上にU字曲げした平板ヒートパイプを貫通させ、ヒートパイプにプリント基板を解除可能に圧接し、発熱部品の発熱を外部に直接放熱する。	
		HPの構造	G06F 1/20	特開2001-166851	ノートブック型コンピュータ	
		HPの構造配置	H05K 7/20	特開平07-086780	発熱素子搭載基板の冷却構造	
			H05K 7/20	特開平11-112168	屋外設置用電子装置およびプリント基板用シエルフ	

表 2.10.4-2 富士通における保有特許の概要　　○：開放の用意がある特許

技術要素	課題	解決手段	特許分類（IPC）	特許 No.	概要または発明の名称	
電子装置の冷却	発熱部品直冷	HP以外の構造	H05K 7/20	特開2000-232284	電子機器筐体及びそれに用いる熱伝導パス部材	
			H05K 7/20	特開2001-119181	電子部品の冷却装置及び電子機器	
	基板自体冷却	HP以外の構造	G06K 19/077	特開平09-198483	ICカード及びICカード冷却トレイ	
			G06F 1/20	特開平10-198462	ICカードスロットを有する電子装置	
	基板群冷却	HP以外の構造	H05K 7/18	特許第2671712号	発熱部品とその発生熱を受熱するヒートパイプとを具えた回路基板ユニットで、ヒートパイプの前端を基板ユニットの着脱可能前面板に伝熱圧接させる手段を具えた。	
計算機の冷却	薄型・省電力	HP-ヒートシンク	H01L 23/467	特許第2938704号	フィンの立設方向に対して並行に風を供給するフィンに囲まれる空間を有するパッケージにて、該送風の回転軸は該パッケージにおける該発熱源の内蔵位置に対して該回転軸と垂直な方向に偏心している。パッケージ本体と上記発熱源の間には中空部が設けられ、該中空部には液体が充填され、またはヒートパイプが埋設されていることを特徴とする集積回路パッケージ。	
			G06F 1/20	特開2001-067150	情報処理装置の放熱機構	
	高性能冷却	ファンと組合せ	H05K 7/20	特開2000-228594	CPUの発熱は放熱板やフィンから放熱される。ACアダプタのプラグが差し込まれていれば、高い動作周波数でCPUは動作する。このとき、送風ファンからフィンに向けて風を送り、高い冷却能力を実現する。発熱量に追随して冷却能力を変化させることができる携帯型電子機器の冷却制御方法。	
			H05K 7/20	特開2000-049479	電子装置	
			G06F 1/20	特開平10-116137	ノートブック型コンピュータの放熱構造	
			G06F 1/20	特開平10-198462	ICカードスロットを有する電子装置	
		HP-ヒートシンク	G06F 1/20	特開2000-137548	熱拡散プレートを有する薄型電磁妨害シールド	
	可動部隙間接合	HP-伝熱ヒンジ	F28D 15/02,101	特開平08-261672	熱伝導装置	
			G06F 1/20	特開2000-311033	熱伝導装置及びこれを備えた電子機器	
	筐体への放熱	ファン組込	G06K 19/077	特開平09-198483	ICカード及びICカード冷却トレイ	
2-5	使い易さ改善	素子の冷却	G09F 9/00,346	特開2000-172191	平面表示装置	

（注）技術要素 2-5：画像表示装置

2.10.5 技術開発拠点（富士通）

神奈川県：川崎工場

2.10.6 技術開発者（富士通）

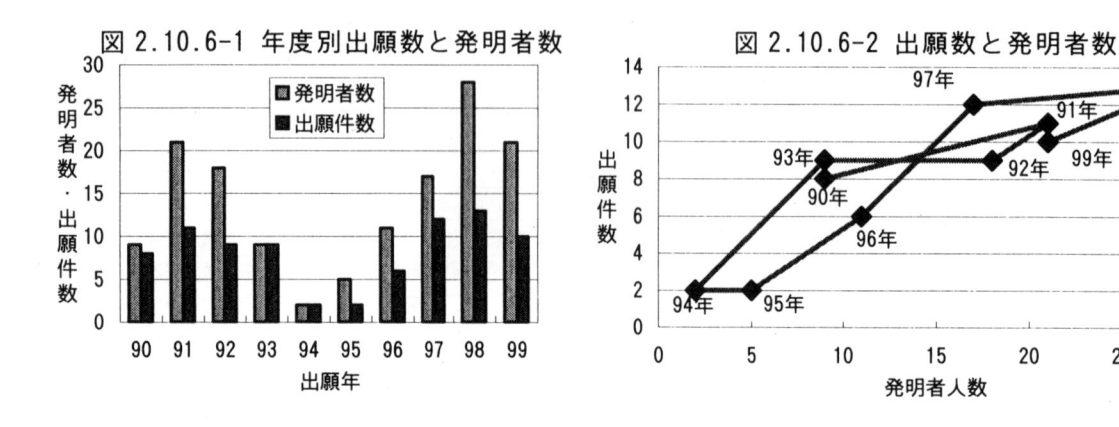

図 2.10.6-1 年度別出願数と発明者数

図 2.10.6-2 出願数と発明者数

　1991年に発明者の数も出願件数も山があり、以後低水準になったが、96年から発明者の数も出願件数も増加傾向にある。

2.11 日本電気

2.11.1 企業の概要

1)	商号	日本電気株式会社
2)	設立年月日	1899年（明治32年）7月17日
3)	資本金	244,720百万円（2001年9月30現在）
4)	従業員	34,878名（2001年9月30現在）
5)	事業内容	コンピュータ、通信機器、電子デバイス、ソフトウェアなどの製造販売を含むインターネット・ソリューション事業
6)	技術・資本提携関係	（株主）ステート・ストリート・バンク＆トラスト、住友生命、チェース・マンハッタン、日本生命、その他
7)	事業所	本社／東京　事業場／三田・玉川・府中・その他3　研究所／中央研究所・その他4　支社・支店／北海道支社・その他69
8)	関連会社	NECシステム建設、日本航空電子工業、NECソフト、NEC情報システム、NECドキュメンテクス、NECビジネスシステムズ、NECロジスティック、トーキン、東北日本電気、山形日本電気、米沢日本電気、宮城日本電気、福島日本電気、茨城日本電気、埼玉日本電気など247社（平成13年4月2日現在）うち国内（含むNEC）140社　海外107社
9)	業績推移	（連結売上）47,594億（1999.3）49,914億（2000.3）54,097億（2001.3）
10)	主要製品	パーソナル　パソコン、プリンタ、家庭用・SOHO向けインターネット接続機器、その他の周辺機器　ビジネス　ハード（スーパーコンピュータ、サーバ、ネットワーク等）、ソフト（データベース等）　ネットワークシステム（ブロードバンド等）電子デバイス（メモリ等）
11)	主な取引先	NTT、KDD、他
12)	技術移転窓口	－

2.11.2 技術移転事例（日本電気）

No	相手先	国　名	内　　容
－	－	－	－

今回の調査範囲・方法では該当する内容は見当たらなかった。

2.11.3 ヒートパイプ技術に関連する製品・技術（日本電気）

技術要素	製　　品	商品名	発売時期	出　典
－	－	－	－	－

今回の調査範囲・方法では該当するものは見当たらなかった。

2.11.4 技術開発課題対応保有特許の概要（日本電気）

図 2.11.4-1 に日本電気のヒートパイプの技術要素別出願件数を示す。

同社はヒートパイプ本体の構造と半導体の冷却と電子装置の冷却の 3 分野に出願が多く、これ以外にコンピュータの冷却と画像形成装置、画像表示装置の分野にも小数出願がみられる。

図 2.11.4-1 日本電気の技術要素別出願件数

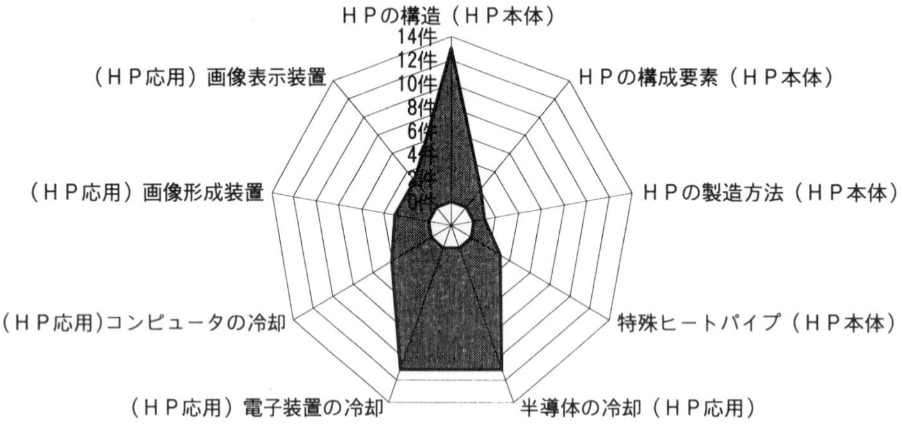

表 2.11.4-1 日本電気における保有特許の概要　　○：開放の用意がある特許

技術要素	課題	解決手段	特許分類(IPC)	特許 No.	概要または発明の名称	
HPの構造	伝熱性能向上	蒸発部構造	F28D 15/02,101	特許第3036811号	ヒートパイプの管を平滑管にして内面にウィックを密着させ、管の隅に設けられた液注入管から毛細管作用で作動液をウィックと管内面の密着部に供給する。管の有効伝熱面積が大きく大きな伝熱効率が得られる。	
	機能性向上	ループ構造	F28D 15/02,101	特許第3042620号	吸熱部と放熱部を複数の流路で連結しているトップヒートモードのヒートパイプ装置において、放熱部に近い位置で幾つかの流路に設けたヒータによって、内部動作液を還流させるようにした。	
			F28D 15/02,101	特許第3008866号	キャピラリポンプループ用蒸発器及びその熱交換方法	
			F28D 15/02,101	特許第2904199号	キャピラリポンプループ用蒸発器及びその熱交換方法	
		複合・接続化	F28D 15/02	特開平11-173773	ジョイント付きヒートパイプ	
	特殊用途	平板構造	F28D 15/02,101	特許第2914294号	ヒートパイプ放熱装置	
		複合・接続化	B64G 1/50	特許第2518140号	人工衛星搭載機器の放熱装置	
1-3 (注)	信頼性安定性	封じ切り法	F28D 15/02	特公平08-014468	アンモニアヒートパイプのリーク検査方法	
特殊HP	制御性向上	循環型制御型	F28D 15/06	特許第2897390号	可変コンダクタンスヒートパイプ	
	安定性信頼性	循環型制御型	F28D 15/02,101	特許第3008866号	内面にウィックを有するヒートパイプの蒸発部に細管ループ構造の作動液還流管を接続し、細管の毛細管ポンプ作用で作動液を供給し大きな伝熱性能を得る。	

（注）1-3：HPの製造方法

表 2.11.4-2 日本電気における保有特許の概要　　　○：開放の用意がある特許

技術要素	課題	解決手段	特許分類 (IPC)	特許 No.	概要または発明の名称
半導体の冷却	マイクロ系高性能	形状改善	H01L 25/065	特許第2806357号	スタックモジュール
			H01L 23/36	特許第2865097号	マルチチップモジュールの冷却構造
			H01L 23/40	特開2001-077255	ヒートシンクの実装構造
		配置改善	H05K 7/20	特開2001-168568	非接触式放熱構造および非接触放熱方法
			H01L 23/427	特許第2669378号	半導体モジュールの冷却構造
		作動形態改善	H01L 23/427	特許第2953367号	冷却装置の蒸発部及びこれとパイプを介して接続した凝縮部の凝縮部側に蒸気圧で作動するタービンを具備し、このタービンによって動作する外部に取り付けられたファンと放熱フィンとを備えたLSI冷却装置。
	マイクロ系小型化	形状改善	H01L 23/427	特許第3196748号	ヒートシンク
		他材と組合せ	F28D 15/02,101	特許第2914294号	ヒートパイプを使用した放熱器にて、発熱素子を中心としてパネルに放射線状に埋設されたヒートパイプとこれらを熱的に連結させる金具を装着した人工衛星搭載放熱器。
電子装置の冷却	発熱部品直冷	HPの構造	H05K 7/20	特開2001-230578	携帯型通信端末の放熱構造
	基板群冷却	HPの構造配置	H05K 7/20	特許第2874684号	発熱体とそれに熱接続したヒートパイプを搭載した基板を装着するバックボードに、ヒートパイプの先端を挿入保持する熱伝導接栓座と別のヒートパイプを介した放熱板を設ける。
		HP以外の構造	H05K 7/20	特許第2877126号	電子機器の放熱構造
	基板全体冷却	平板HPで冷却	F28D 15/02,101	特許第2914294号	ヒートパイプ放熱装置
計算機の冷却	可動部熱伝達	HP-伝熱ヒンジ	G06F 1/20	特開2000-148304	ノートパソコンの冷却方式
			G06F 1/20	特開2000-259287	携帯型情報処理装置
	薄型・省電力	HP-ヒートシンク	G06F 3/02,310	特許第2877100号	キーボード入力装置
	強制冷却	ファンと組合せ	G06F 1/20	特許第3037323号	コンピュータの冷却装置
計算機の冷却	HPの固定	ファンと組合せ	G06F 1/20	特許第2953423号	携帯型情報処理装置において、その機能の一部を切り出して着脱可能なパック形式とし、そのパックひとつとして冷却部材を実装した冷却パック設ける。そして、本体に冷却パックが実装されているかいないかを本体側で検出する機能を設け、装置の処理速度を最大にする機能を設ける。
画像表示装置	信頼性向上	その他	G09B 21/00	特許第2914348号	熱源からの熱を確実に移送するためにヒートパイプを使用した形状記憶合金を用いた点字表示装置。
	使い易さ改善	素子の冷却	G09F 9/00,304	特開2001-083888	発熱部品・放熱パネル・筐体間をヒートパイプで連結し効率的に外部へ放熱するプラズマディスプレー。

2.11.5 技術開発拠点（日本電気）

東京都：本社

2.11.6 技術開発者（日本電気）

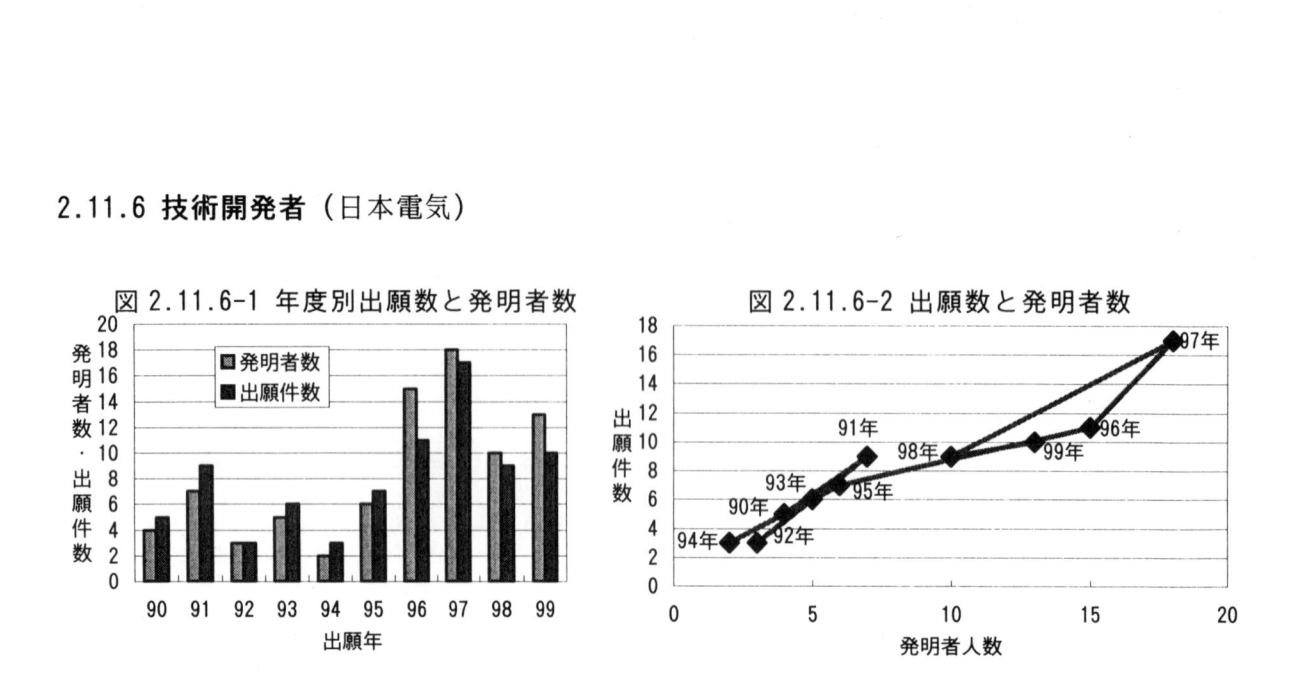

図 2.11.6-1 年度別出願数と発明者数

図 2.11.6-2 出願数と発明者数

1990年代前年に比べ、90年代後半は発明者数、出願件数とも増加している。

2.12 アクトロニクス

2.12.1 企業の概要（アクトロニクス）

1)	商号	アクトロニクス株式会社
2)	設立年月日	1976年（昭和51年）5月
3)	資本金	74百万円
4)	従業員	93名
5)	事業内容	－
6)	技術・資本提携関係	－
7)	事業所	－
8)	関連会社	－
9)	業績推移	－
10)	主要製品	（自社組立加工品）・FC、SC、ST、FDDI、SMA各パッチコード、トスリンク及び特殊加工品、センサー用ファイバーユニット
		（取扱商品）・APF、PCFファイバ、光伝送機器、測定器、機構部品
11)	主な取引先	－
12)	技術移転窓口	－

2.12.2 技術移転事例（アクトロニクス）

No	相手先	国名	内容
1	ティーエスヒートロニクス	日本	99年2月、ティーエスヒートロニクス社に全ヒートパイプ事業を譲渡し、それに伴い同社の所有するヒートパイプに関する全特許実施権がティーエスヒートロニクス社に設定された。

2.12.3 ヒートパイプ技術に関連する製品・技術（アクトロニクス）（注）

技術要素	製品	商品名	発売時期	出典
－	－	－	－	－

（注）同社の技術移転先のティーエスヒートロニクス社からは多くのカタログ等が出ている。

2.12.4 技術開発課題対応保有特許の概要（アクトロニクス）

図 2.12.4-1 にアクトロニクスのヒートパイプの技術要素別出願件数を示す。
同社は特殊 HP の出願件数が最も多く、これ以外にヒートパイプの製造方法、ヒートパイプの構成要素、半導体の冷却などの分野にも出願が見られる。

図 2.12.4-1 アクトロニクスの技術要素別出願件数

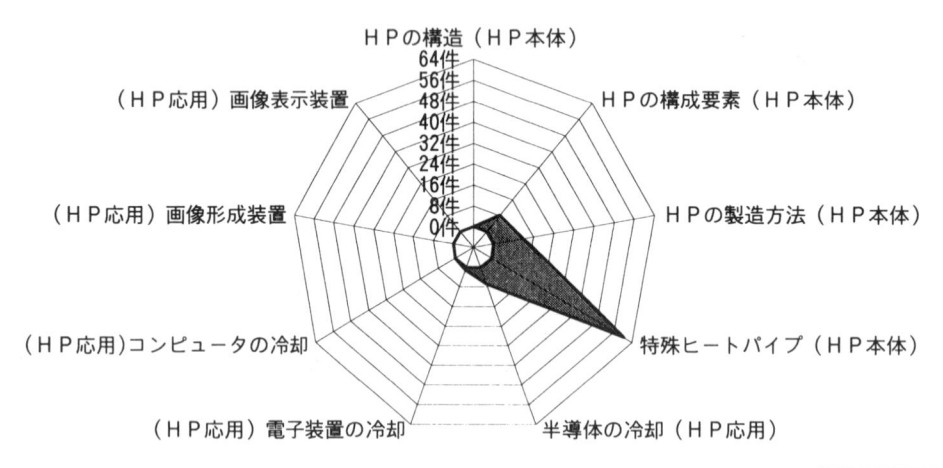

表 2.12.4-1 アクトロニクスにおける保有特許の概要　　○：開放の用意がある特許

技術要素	課題	解決手段	特許分類(IPC)	特許No.	概要または発明の名称	
HPの構成要素	容器(コンテナ)	断面構造改善	F28D 15/02,101	特開平10-339592	耐圧構造薄形プレートヒートパイプとその製造方法	
			F28D 15/02,106	特開2000-039275	積層プレートヒートパイプの製造方法	
			F28D 15/02,101	特許第3203444号	非ループ型蛇行細管ヒートパイプ	
		長手構造改善	F28D 15/02,102	特開2000-154984	帯状薄形ヒートパイプを波はけ加工して形成した複数個の標準型モジュールを、標準型受熱板と接合して得られる、複合モジュラーヒートシンク。	
			F28D 15/02	特開平10-038483	複合型プレートヒートパイプ	
	ウィック	複合構造を改善	F28D 15/02,101	特開平11-063864	プレートヒートパイプ	
			F28D 15/02,101	特開平10-220975	複合型プレートヒートパイプ	
HPの製造方法	伝熱性能向上	製造工程	F28D 15/02	特開平10-038483	エンボス加工で片面に突起を形成した蛇行細管トンネルヒートパイプ2枚を細管群が交叉するように接合して網目状交叉細管プレートヒートパイプを形成する。	
	平板HP製法	製造工程	F28D 15/02,101	特開平09-072680	蛇行細管ヒートパイプ用の多孔扁平管の各貫通細孔群の断面形状を二等辺三角形とし隣接細孔は底辺と頂点が交互に倒立して隣接する構造とした多孔扁平管の構造とその製造方法。	
	細管HP製法	製造工程	F28D 15/02,106	特開2000-039275	積層プレートヒートパイプの製造方法	
			F28D 15/02,106	特開平09-033181	細径トンネルプレートヒートパイプの製造方法	
			F28D 15/02,106	特開平09-049692	細径トンネルプレートヒートパイプの製造方法	
			F28D 15/02,101	特開平08-219665	リボン状プレートヒートパイプ	

表 2.12.4-2 アクトロニクスにおける保有特許の概要　　○：開放の用意がある特許

技術要素	課題	解決手段	特許分類(IPC)	特許 No.	概要または発明の名称	
HPの製造方法	細管HP製法	製造工程	F28D 15/02,106	特開2001-227885	押出成型多孔扁平管の外表面から細孔を穿孔して隔壁を部分切除して貫通細孔群を連通せしめ、所定本数の並列細孔が往復蛇行するよう構成し、穿孔の口元と扁平管の両端を溶封して作動液を封入した細径トンネルプレートヒートパイプ。	
			F28D 15/02,106	特開平10-068595	蛇行細管ヒートパイプ形状のエンボス突起が形成された薄肉金属プレートをプレス成形し、これを基盤プレートと接合一体化せしめ、平板の片面に蛇行細管ヒートパイプが突起状に形成されたプレートヒートパイプを製作する。	
特殊HP	伝熱性向上	細径ループ型	F28D 15/02,102	特開平09-303983	ステレオ型ヒートパイプ放熱器	
			F28D 15/02,101	特開平11-063864	プレートヒートパイプ	
			H01L 23/427	特開平07-030024	大容量剣山形ヒートシンク	
			F28D 15/02,101	特開平10-238973	薄形複合プレートヒートパイプ	
		細径循環制御	F28D 15/02	特開平06-307782	平形発熱体用放熱器	
	機能性向上	細径ループ型	F28D 15/02,101	特開平08-086578	柔軟性薄形プレートヒートパイプ	
			F28D 15/02,101	特開平09-329396	複合型プレートヒートパイプ	
			F28D 15/02	特開平11-201668	平板状熱伝導体の熱接続構造	
			H01F 27/10	特許第3119995号	静止誘導機器巻線の冷却構造	
			F28D 15/02	特開平10-038483	複合型プレートヒートパイプ	
		蓄熱型回転型	F28D 15/02	特開2000-111280	急速加熱冷却装置	
	生産性小型化	細径ループ型	F28D 15/02,101	特開平10-281671	薄形長方形平板状ヒートパイプモジュールの接続構造体	
			F28D 15/02,106	特開2000-039275	積層プレートヒートパイプの製造方法	
			F28D 15/02,102	特開2000-154984	モジュラー化複合ヒートシンク	
			F28D 15/02,106	特開2001-227885	細径トンネルプレートヒートパイプ	
			F28D 15/02,101	特開平08-219665	リボン状プレートヒートパイプ	
			F28D 15/02,101	特開平09-014875	多孔扁平管の両端面を溶接封止しながらその細孔群の夫々を両端部に近接した部分で相互に連結し、作動液を封入して細径蛇行ヒートパイプ熱交換器にする。	
			F28D 15/02,106	特開平09-033181	細径トンネルプレートヒートパイプの製造方法	
			F28D 15/02,106	特開平09-049692	細径トンネルプレートヒートパイプの製造方法	
			F28D 15/02	特開平09-061074	クローズド温度制御システム	
			F28D 15/02,101	特開平09-072680	多孔扁平管の構造とその製造方法	
			F28D 15/02,106	特開平10-068595	蛇行細管ヒートパイプの製造方法	
			F28D 15/02	特開平10-306990	三次元実装型放熱モジュール	
			F28D 15/02,101	特開平10-339592	耐圧構造薄形プレートヒートパイプとその製造方法	
			F28D 15/02,101	特開平11-083357	ヒートパイプの接続構造	
			F28D 15/02,101	特許第2544701号	2枚の金属薄板の一方の接着面に蛇行長尺細溝を形成し、積層により境界面に蛇行細径トンネルを形成せしめ、作動液を封入して蛇行細径ヒートパイプとする。	
		循環型制御型	F28D 15/02,101	特許第2847343号	クローズドシステム温度制御装置	
	安定性信頼性	細径循環制御	F28D 15/02,101	特許第3203444号	非ループ型蛇行細管ヒートパイプ	
			F28D 15/02	特公平06-097147	ループ型細管ヒートパイプ	
		異型その他	H01F 41/12	特許第2994908号	静止誘導機器の巻線の樹脂モールド方法	

表 2.12.4-3 アクトロニクスにおける保有特許の概要　　○：開放の用意がある特許

技術要素	課題	解決手段	特許分類(IPC)	特許 No.	概要または発明の名称	
半導体の冷却	パワー系高性能	作動形態改善	H01L 23/427	特開平07-030024	大容量素子の冷却可能な細孔ヒートパイプからなるピンフィンを用いた剣山ヒートシンク。	
	マイクロ系高性能	形状改善	F28D 15/02	特開平10-306990	蛇行リボン状プレートフィンを用いた立体実装式の半導体冷却器	
			F28D 15/02,102	特開2000-154984	モジュラー化複合ヒートシンク	
	マイクロ系小型化	形状改善	F28D 15/02,101	特開平10-238973	薄形複合プレートヒートパイプ	
電子装置の冷却	雰囲気冷却	HP熱交換器	F28D 15/02	特開平07-083582	蛇行細管ヒートパイプを仕切り板を貫通して面の両側に往復蛇行せしめて両面にピンフィン群を形成して機器筐体用冷却装置とする。	

2.12.5 技術開発拠点（アクトロニクス）
東京都：本社

2.12.6 技術開発者（アクトロニクス）

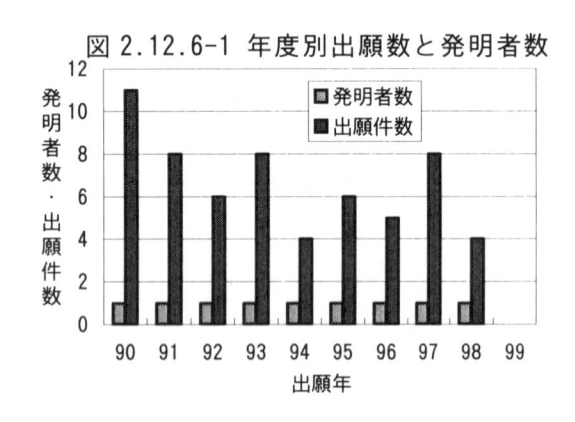

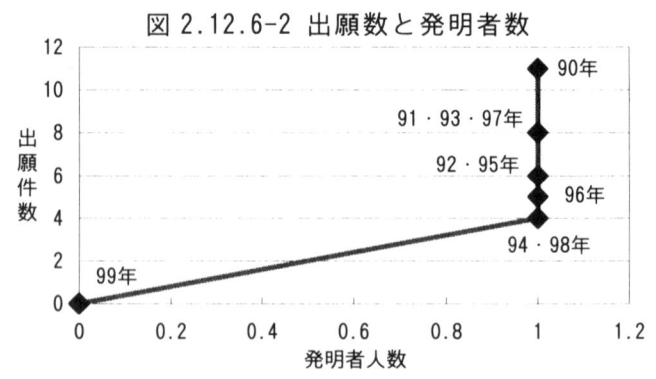

図2.12.6-1 年度別出願数と発明者数

図2.12.6-2 出願数と発明者数

　同社の特許はすべて共同出願者である赤地久輝氏一人が発明者で、1999年以後は、同社事業の継承会社であるティーエスヒートロニクス社から出願が行われている。
　出願件数はおおよそ減少傾向にある。

2.13 日立電線

2.13.1 企業の概要（日立電線）

1)	商号	日立電線株式会社
2)	設立年月日	1956年（昭和31年）4月10日
3)	資本金	25,948百万円（2001年9月30日現在）
4)	従業員	6,261名（2001年9月30日現在）
5)	事業内容	電線・ケーブル、情報・エレクトロニクス、伸銅品、ゴム製品、機器、工事
6)	技術・資本提携関係	－
7)	事業所	本社／東京　支社・支店／関西支社・その他8　営業所・事務所・センター／長野・その他9　研究所／総合技術研究所・その他1　工場／電線工場・その他6
8)	関連会社	製造会社／東日京三電線・日立アロイ・その他13　商事・サービス会社／日立電線販売・日立電線商事・その他15
9)	業績推移	（連結売上）3,822億（1999.3）3,591億（2000.3）4,103億（2001.3）
10)	主要製品	情報通信分野（光コンポーネント等）　情報システム分野（イーサネット機器等）　エレクトロニクス分野（化合物半導体等）　電力・産業分野（架空送電線等）　材料分野（銅製品等）
11)	主な取引先	電力各社、NTT、JR各社　（仕入先）日鉱金属、同和鉱業、昭和電工
12)	技術移転窓口	－

2.13.2 技術移転事例（日立電線）

No	相手先	国　名	内　　容
－	－	－	－

今回の調査範囲・方法では該当する内容は見当たらなかった。

2.13.3 ヒートパイプ技術に関連する製品・技術（日立電線）

技術要素	製　　品	商品名	発売時期	出　典
全般	ヒートパイプ全般	無酸素銅ヒートパイプ	－	日立電線カタログ（'99-12）
半導体の冷却	高真空機器用排熱装置（ヒートパイプ使用）	－	－	（同　上）
	鉄道ポイント融雪システム	－	－	（同　上）
	夜間電力利用空調蓄熱装置	－	－	（同　上）
	送電設備保護用融雪装置	－	－	（同　上）
	パワー素子冷却用空冷ヒートシンク	－	－	（同　上）
特殊HP	可変コンダクタンス型ヒートパイプ	－	1998年	（同　上）
電子装置の冷却	小径ヒートパイプ	日立マイクロヒートパイプ	－	インターネット

インターネット：http://www2.hitachi-cable.co.jp/copper/heat-pipe/index.htm

2.13.4 技術開発課題対応保有特許の概要（日立電線）

図2.13.4-1に日立電線のヒートパイプの技術要素別出願件数を示す。

同社の出願は、ヒートパイプの製造方法とヒートパイプの構造と半導体の冷却の3分野の数がほとんど同数である。これに次いでヒートパイプの構成要素と電子装置の冷却の分野にも出願が見られる。

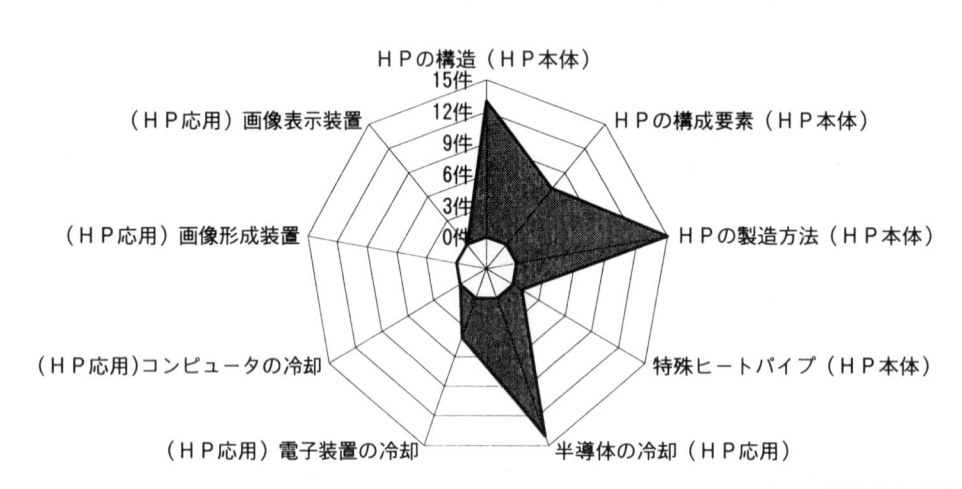

図2.13.4-1 日立電線の技術要素別出願件数

表2.13.4-1 日立電線における保有特許の概要　　○：開放の用意がある特許

技術要素	課題	解決手段	特許分類（IPC）	特許No.	概要または発明の名称	
HPの構造	伝熱性能向上	蒸発部構造	F28D 15/02,102	特開平09-042870	ヒートパイプ式ヒートシンク	
	機能向上改良	平板構造化	F28D 15/02,101	特開2000-249481	プレート型ヒートパイプ	
			F28D 15/02	特開2000-258078	プレート型ヒートパイプ	
	生産性コスト	流路等構造	F28D 15/02,101	特開2000-111281	金属平板に浅溝部と深溝部からなる異形断面溝を形成し、その溝形成面とガ-用金属平板を接合し、作動液を封入して作動液流路とした平板ヒ-トハ゜イフ゜。	
		平板構造化	F28D 15/02,101	特開2001-208488	フラット型ヒートパイプ	
			F28D 15/02,103	特開2001-208489	フラットヒートパイプおよびその製造方法	
HPの構成要素	容器（コンテナ）	断面構造改善	F28D 15/02,101	特開2001-208488	フラット型ヒートパイプ	
		偏平HP	F28D 15/02,106	特開2001-208490	フラットヒートパイプおよびその製造方法	
		長手構造改善	B21C 1/22	特開平10-314829	内面溝付管とこの内面溝付管の外周に設けられた外面溝付管とで構成され、以て、内面溝付管と外面溝付管の肉厚の総和で高温高圧に耐える肉厚を確保し、内外の溝付により高性能とした。	
		締付け部品装備	F28D 15/02,101	特開2000-249481	プレート型ヒートパイプ	
		位置決め切欠き	F28D 15/02	特開2000-258078	プレート型ヒートパイプ	
	ウィック	断面構造改善	F28D 15/02,103	特開2001-208489	フラットヒートパイプおよびその製造方法	
HPの製造方法	伝熱性能向上	製造工程	F28D 15/02,106	特許第2674291号	ヒ-トハ゜イフ゜を伝熱部材の孔に挿入をした後、作動液を加熱して蒸気圧でヒ-トハ゜イフ゜容器を塑性変形させ、挿入孔の内壁に密着させる。	
			F28D 15/02,102	特開平09-042870	ヒートパイプ式ヒートシンク	
	小型化軽量化	製造工程	F28D 15/02,106	特開平05-106978	ヒートパイプ式熱交換器の製造方法	

表 2.13.4-2 日立電線における保有特許の概要　　○：開放の用意がある特許

技術要素	課題	解決手段	特許分類(IPC)	特許No.	概要または発明の名称	
HPの製造方法	信頼性安定性	作動液封入法	F28D 15/02,106	特開2000-249482	ヒートパイプへの作動液封入方法	
	平板HP製法	製造工程	F28D 15/02,101	特開2000-111281	平面状ヒートパイプ及びその製造方法	
			F28D 15/02,106	特開2000-292081	扁平ヒートパイプ及びその製造方法並びにヒートパイプ式冷却装置	
			F28D 15/02,103	特開2001-208489	フラットヒートパイプおよびその製造方法	
			F28D 15/02,106	特開2001-208490	フラットヒートパイプおよびその製造方法	
	細管HP製法	製造工程	F28D 15/02,106	特開平10-111089	細径ヒートパイプの製造方法	
半導体の冷却	パワー系高性能	形状改善	H01L 23/427	特開平10-223814	半導体冷却用ヒートパイプ式ヒートシンク	
		配置改善	H01L 23/36	特開2001-044340	空冷ヒートシンク及びその製造方法	
	パワー系小型化	形状改善	H01L 23/427	特開平08-306836	ヒートパイプ式ヒートシンク	
		他材と組合せ	H05K 7/20	特開平10-224068	ヒートパイプ式ヒートシンク	
	パワー系高機能	形状改善	H01L 23/427	特許第3198771号	水を冷媒に用いて、0℃以下の低温での作動を容易にした半導体用ヒートパイプ冷却器。	
	マイクロ系小型化	他材と組合せ	H01L 23/12	特許第2872531号	半導体モジュール基板、及びそれを用いた半導体装置	

2.13.5 技術開発拠点（日立電線）

茨城県：土浦工場

東京都：本社

2.13.6 技術開発者（日立電線）

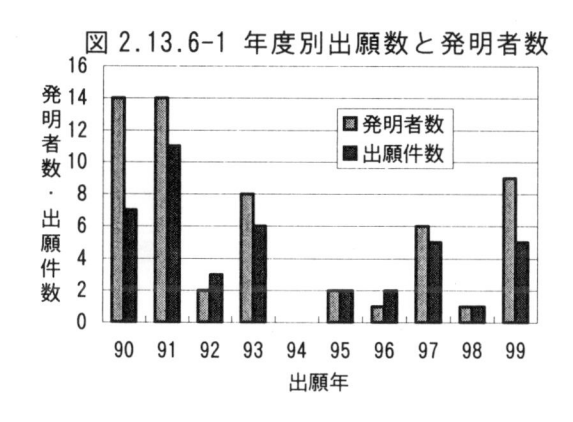

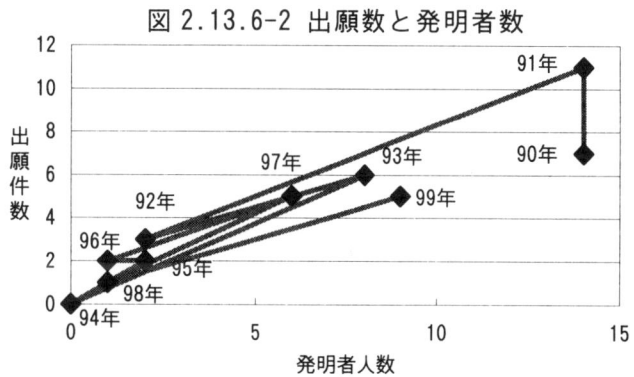

図 2.13.6-1 年度別出願数と発明者数

図 2.13.6-2 出願数と発明者数

発明者数も出願件数も1991、92年前後にピークが見られ、97年から再び増加傾向が見られる。

2.14 ダイヤモンド電機

2.14.1 企業の概要（ダイヤモンド電機）

1)	商号	ダイヤモンド電機株式会社
2)	設立年月日	1940年（昭和15年）6月17日
3)	資本金	2,190百万円（2001年9月現在）
4)	従業員	768名（2001年9月現在）
5)	事業内容	カーエレクトロニクス、ホームエレクトロニクス、冷却デバイス
6)	技術・資本提携関係	―
7)	事業所	本社／大阪　営業所・センター／横浜営業所・その他3　工場／鳥取工場・布勢工場・その他3
8)	関連会社	―
9)	業績推移	（連結売上）216億（1999.3）242億（2000.3）247億（2001.3）
10)	主要製品	カーエレクトロニクス（イグニッションコイル4P・トランスミッション用ミッションスイッチ各種 等）　ホームエレクトロニクス（空気清浄機用高圧ユニット、エアコン用リモコン等）　冷却デバイス（ヒートパイプ等）
11)	主な取引先	―
12)	技術移転窓口	―

2.14.2 技術移転事例（ダイヤモンド電機）

No	相手先	国名	内容
1	古河電気工業	日本	ダイヤモンド電機マイクロヒートパイプ部門売却に伴い、保有する関連特許を古河に譲渡した。

2.14.3 ヒートパイプ技術に関連する製品・技術（ダイヤモンド電機）

技術要素	製品	商品名	発売時期	出典
半導体の冷却	管状ヒートパイプ 扁平状ヒートパイプ	マイクロヒートパイプ	―	インターネット

インターネット：http://www.diaelec.co.jp/content/j/gaiyou.htm

2.14.4 技術開発課題対応保有特許の概要（ダイヤモンド電機）

図2.14.4-1にダイヤモンド電機のヒートパイプの技術要素別出願件数を示す。

同社の出願は、半導体の冷却、コンピュータの冷却、電子装置の冷却の分野の出願が多く、これらに次いで、ヒートパイプの製造方法、ヒートパイプの構成要素、ヒートパイプの構造の分野にも出願が見られる。

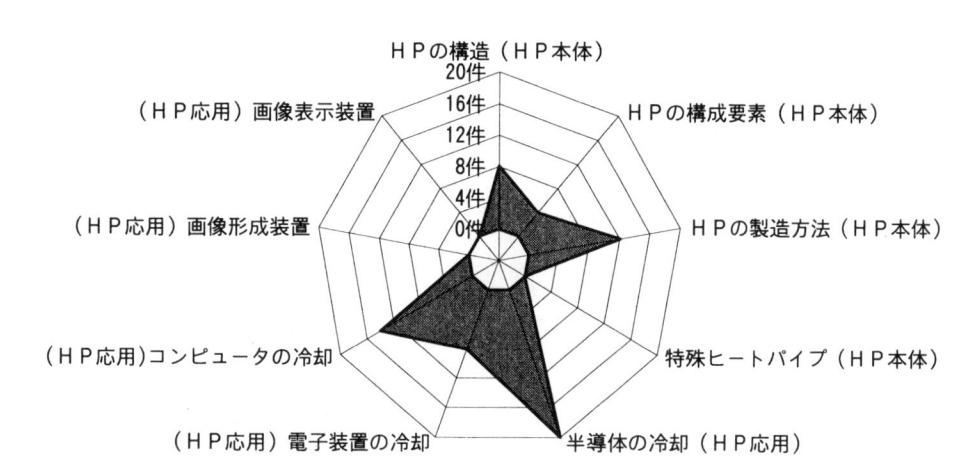

図2.14.4-1 ダイヤモンド電機の技術要素別出願件数

表2.14.4-1 ダイヤモンド電機における保有特許の概要　　○：開放の用意がある特許

技術要素	課題	解決手段	特許分類(IPC)	特許No.	概要または発明の名称	
HPの構造	機能向上改良	複合・接続化	F28D 15/02,101	特開2001-221585	ヒートパイプとその加工方法	
		平板構造化	F28D 15/02,102	特許第3045491号	ヒートパイプとこの加工方法	
	小型化軽量化	液流路構造	F28D 15/02,101	特開2000-074578	パイプを圧潰して扁平化したヒートパイプを作成する際、パイプの中心に軸材または棒状ウィックを配置し、軸材の両側に作動液の還流が十分に維持される空間を残した扁平ヒートパイプ。	
			F28D 15/02,101	特開2000-074579	扁平ヒートパイプとその製造方法	
			F28D 15/02,101	特開2000-074580	扁平ヒートパイプとその製造方法	
		平板構造化	F28D 15/02,103	特開2000-074581	扁平ヒートパイプとその製造方法	
			F28D 15/02,101	特許第3035772号	ヒートパイプとこの加工方法	
			F28D 15/02,102	特許第3035773号	ヒートパイプとこの加工方法	
HPの構成要素	容器(コンテナ)	材料改善	H05K 7/20	特開2000-353892	光透過ヒートパイプ	
		断面構造改善	F28D 15/02,102	特許第3045491号	扁平状コンテナの幅方向の両側面方向に空間をもたせるように、棒や板あるいはメッシュを固定設置したヒートパイプとし、作動液量をコンテナ空間内容積の25%以上封入し、軸方向は勿論、幅方向においても作動液体が自由に移動できるように構成した。	
			F28D 15/02,101	特許第3035772号	ヒートパイプとこの加工方法	
			F28D 15/02,102	特許第3035773号	ヒートパイプとこの加工方法	
		冷間曲げ	F28D 15/02,106	特開2000-039276	扁平状ヒートパイプの加工方法	
			F28D 15/02,101	特開2001-221585	ヒートパイプとその加工方法	
HPの製造方法	小型化軽量化	製造工程	F28D 15/02,106	特開平09-061075	ヒートパイプ	
			F28D 15/02,106	特許第2981505号	ヒートパイプの加工方法	
		その他改善	F28D 15/02,106	特開2000-039276	扁平状ヒートパイプの加工方法	
			F28D 15/02,102	特許第3035773号	ヒートパイプとこの加工方法	
	機能向上改良	製造工程	F28D 15/02,101	特開2001-221585	ヒートパイプとその加工方法	

表 2.14.4-2 ダイヤモンド電機における保有特許の概要

○：開放の用意がある特許

技術要素	課題	解決手段	特許分類(IPC)	特許 No.	概要または発明の名称	
HPの製造方法	機能向上改良	製造工程	F28D 15/02,102	特許第3045491号	扁平コンテナの中心に棒や板あるいはメッシュを固定設置し、コンテナ内部の幅方向の両側面方向に空間を持たせた扁平ヒートパイプ。	
	生産性コスト	封じ切り法	F28D 15/02,106	特開平11-063866	ヒートパイプと製造方法	
	平板HP製法	製造工程	F28D 15/02,101	特開2000-074578	扁平ヒートパイプとその製造方法	
			F28D 15/02,101	特開2000-074579	扁平ヒートパイプとその製造方法	
			F28D 15/02,101	特開2000-074580	扁平ヒートパイプとその製造方法	
			F28D 15/02,103	特開2000-074581	コンテナの素管に、中央部分に湾曲部を設けたシート状ウィックを挿入し、全体をヒートパイプ化してから扁平加工で扁平ヒートパイプを作成する。	
			F28D 15/02,101	特許第3035772号	ヒートパイプとこの加工方法	
半導体の冷却	パワー系生産性	形状改善	H01L 23/427	特開平08-102512	ヒートパイプとこの固定具	
		他材と組合せ	H01L 23/427	特開平09-260558	ヒートシンク	
	マイクロ系高性能	形状改善	H01L 23/36	特許第2981586号	ヒートシンク	
			H01L 23/36	特開平07-169888	ヒートシンク	
		配置改善	H01L 23/427	実案第2581391号	携帯用電子機器の放熱装置	
			H05K 7/20	特許第2995176号	冷却システム	
半導体の冷却	マイクロ系高性能	他材と組合せ	H01L 23/427	特公平07-112032	ヒートパイプ機能を備えた放熱体	
		形状改善	H01L 23/36	特開平07-038023	ヒートシンク	
			H05K 7/20	特開2000-165078	可搬式電子機器の冷却システム	
	マイクロ系小型化	配置改善	H05K 7/20	特開平10-290090	放熱装置	
		他材と組合せ	H01L 23/427	特開平09-167820	ヒートシンク	
		形状改善	H01L 23/427	特開2000-101006	冷却モジュール	
			H01L 23/427	特開2000-124372	冷却モジュール	
電子装置の冷却	発熱部品直冷	HPの構造	H05K 7/20	特開2000-165078	可搬式電子機器の冷却システム	
		HPの構造配置	H01L 23/427	特開平08-102512	ヒートパイプとこの固定具	
			H05K 7/20	特開平10-335860	ヒートシンク	
		HP以外の構造	H05K 7/20	特開平08-204373	放熱装置	
			H05K 7/20	特許第3010181号	受熱ブロックの一部にヒートパイプ挿入溝を設け、この溝にヒートパイプを配置した後にプレス加工でヒートパイプを固定できる電子機器の放熱装置。	
		その他の方法	H05K 7/20	特開平11-017372	携帯式電子機器筐体の取手に放熱構造を持たせて、ヒートパイプで筐体内電子部品の熱を取手の放熱構造部に運ぶ。	
	基板全体冷却	平板HPで冷却	H05K 7/20	特開2000-031680	プレート状ヒートパイプとこの製造方法	
	筐体全体冷却	HP以外の構造	H05K 7/20	特開平11-340669	廃熱装置	
計算機の冷却	薄型・省電力	HP-ヒートシンク	G06F 3/02,310	特開平11-053087	ヒートスプレッダー	
			H05K 7/20	特開平10-290090	放熱装置	
			H05K 7/20	特開平10-079585	放熱装置	
		HP-ヒートシンク	H05K 7/20	特開平10-335860	コレクタとフィンとの間にヒートパイプが挟み込まれ、コレクタにはカード状モジュール上の発熱体となる電子部品が当接していることを特徴とするカード状モジュールのヒートシンク。	
	高性能冷却	ファンと組合せ	G06F 1/20	特開平10-111735	冷却装置	
			H05K 7/20	特開平11-340669	廃熱装置	
	HPの固定	ろう付接合	H01L 23/36	特開平07-038023	ヒートシンク	
		折曲フィン接合	H01L 23/36	特許第2981586号	ヒートシンク	
			H01L 23/36	特開平07-169888	ヒートシンク	
		溝へのプレス	H05K 7/20	特開2001-135966	ヒートパイプとプレートの接合方法	
		フレキシブル接合	H05K 7/20	特開平11-087959	放熱装置	

表 2.14.4-3 ダイヤモンド電機における保有特許の概要　　○：開放の用意がある特許

技術要素	課題	解決手段	特許分類(IPC)	特許No.	概要または発明の名称	
2-3 (注)	HPの固定	平板挟込	H05K 7/20	特開平11-274779	ヒートシンク	
	可動筐隙接合	HP-伝熱ヒンジ	H05K 7/20	特開平08-204373	放熱装置	

（注）技術要素 2-3：計算機の冷却

2.14.5 技術開発拠点（ダイヤモンド電機）
大阪府：本社

2.14.6 技術開発者（ダイヤモンド電機）

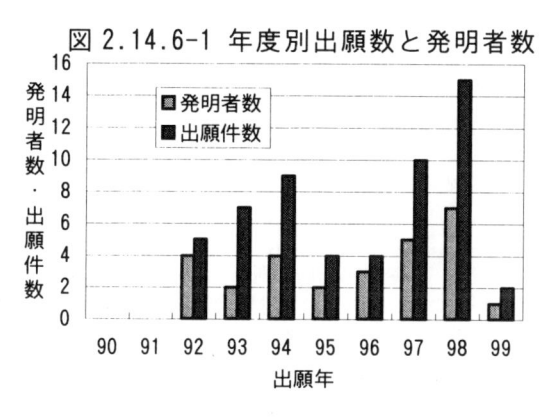

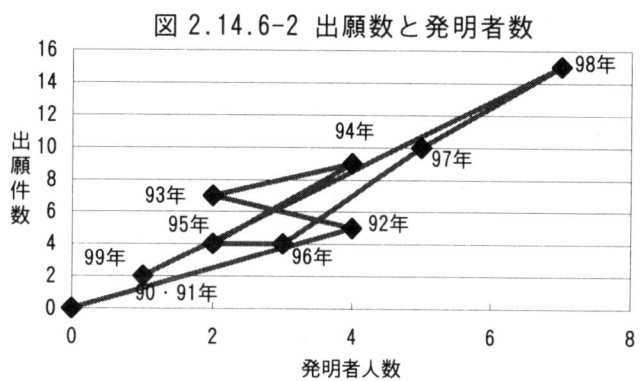

図 2.14.6-1 年度別出願数と発明者数

図 2.14.6-2 出願数と発明者数

同社は 1992 年から出願が始まり、95 年〜96 年は出願件数が低下したが、97 年から発明者数、出願件数とも急増している。

同社は古河電気工業に事業を売却したため、特許出願は 99 年までで終了した。

2.15 三菱電線工業

2.15.1 企業の概要（三菱電線工業）

1)	商号	三菱電線工業株式会社
2)	設立年月日	1917年（大正6年）6月28日
3)	資本金	17,278百万円（2001年9月30日現在）
4)	従業員	1,783名（2001年9月30日現在）
5)	事業内容	光・ネットワーク事業、パワー・エレクトロニクス事業、産業機械・航空機用シール部品事業、自動車部品事業、リチウムイオン電池事業、冷熱システム事業、不動産事業
6)	技術・資本提携関係	（株主）三菱マテリアル、東京三菱銀行、三菱信託
7)	事業所	本社／東京　支社・支店／関西支社・九州支店・その他5　営業所／四国営業所・神戸営業所　その他2　センター・製作所／岡崎開発センター・尼崎製作所・その他9　海外事業所／◇HONG KONG LIAISON OFFICE◇SHANGHAI LIAISON OFFICE
8)	関連会社	国内／花伊電線・菱星機電・菱星電設・その他22　海外／◇MITSUBISHI CABLE AMERICA.◇DAINICHI-NIPPON CABLES(SINGAPORE)PTE.◇その他6
9)	業績推移	（連結売上）1,314億（1999.3）1,173億（2000.3）1,227億（2001.3）
10)	主要製品	光・ネットワーク事業　通信ケーブル、光ファイバケーブル、WDM製品、高周波ケーブル、ネットワーク機器、光応用製品の製造販売　パワー・エレクトロニクス事業　電力ケーブル、ゴム・プラスチック線、巻線、裸線、アルミ線、電材機器、付属品、ケーブル診断システム、防災システム、アトミックシステムの製造販売、電線・ケーブルの布設・接続工事の設計、施工　産業機械用・航空機用シール部品事業　Oリング等シール部品および樹脂製品の製造・販売　自動車部品事業　自動車用ガスケット、自動車用ハーネス及び電装部品の製造販売　リチウムイオン電池事業　リチウムイオン二次電池の製造・販売　冷熱システム事業　ロードヒーティング、蓄熱式床暖房システムの製造、販売、工事　不動産事業　ショッピングセンター「ルフロン」の経営
11)	主な取引先	NTT、電力各社、自動車メーカー、三菱電機
12)	技術移転窓口	－

2.15.2 技術移転事例（三菱電線工業）

No	相手先	国　名	内　容
－	－	－	－

今回の調査範囲・方法では該当する内容は見当たらなかった。

2.15.3 ヒートパイプ技術に関連する製品・技術（三菱電線工業）

技術要素	製品	商品名	発売時期	出典
－	－	－	－	－

今回の調査範囲・方法では該当するものは見当たらなかった。

2.15.4 技術開発課題対応保有特許の概要（三菱電線工業）

図2.15.4-1に三菱電線工業のヒートパイプの技術要素別出願件数を示す。

同社は、特殊ヒートパイプ、半導体の冷却、ヒートパイプの製造方法、ヒートパイプの構造の順に出願件数が多く、これ以外に、電子装置の冷却とヒートパイプの構成要素の分野にも数件ずつ出願が見られる

図2.15.4-1 三菱電線工業の技術要素別出願件数

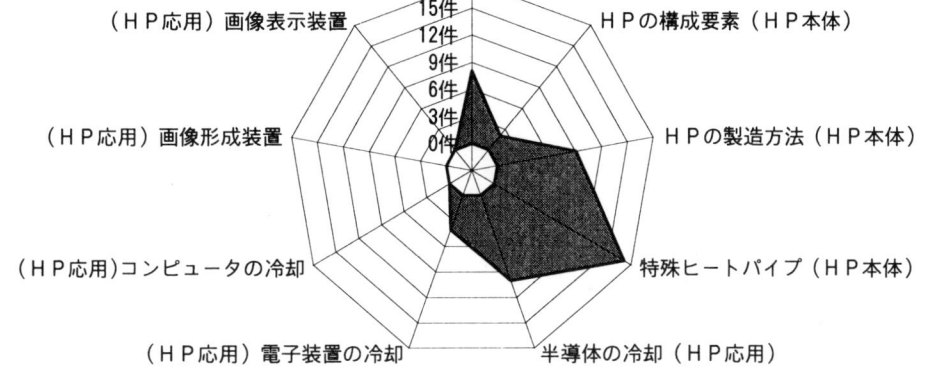

表2.15.4-1 三菱電線工業における保有特許の概要　　○：開放の用意がある特許

技術要素	課題	解決手段	特許分類(IPC)	特許No.	概要または発明の名称
HPの構造	伝熱性能向上	ループ構造化	F28D 15/02	特開平08-014776	ヒートパイプ式熱交換器
			F28D 15/02	特開平08-014777	熱交換子
			F28D 15/02	特開平08-014778	熱交換器
	機能向上改良	ループ構造化	F28D 15/02	特許第3032425号	ループ型ヒートパイプ式熱交換器の凝縮液の蒸発部への還流管入口をU字状に弯曲して作動エキトラップ部を形成し、熱交換器の起動特性を改善した。
			F28D 15/02,101	特開平10-227587	分割型ヒートパイプ
HPの構成要素	生産性コスト	作動液封入法	F28D 15/02,106	特開平09-042871	ヒートパイプの作動液注入方法
		封じ切り法	F28D 15/02,106	特公平06-050235	ヒートパイプの封止方法
		製造工程	F28D 15/02,106	特許第2616853号	作動液の脱気処理槽と脱気処理された作動液をヒートパイプに供給する分岐ヘッダーと連通する輸送管とこれらの保温手段と脱気不良の作動液を所定個所に移送する手段を有すヒートパイプ製造装置。
			B21C 37/22	特許第3164272号	ヒートパイプの製造方法およびその製造に用いる加工具
			F28D 15/02,106	特開平08-152283	分割型ヒートパイプの製造方法
特殊HP	伝熱性向上	循環型制御型	F28D 15/02	特開平08-014776	ヒートパイプ式熱交換器
			F28D 15/02	特開平08-014777	熱交換子
			F28D 15/02	特開平08-014778	熱交換器
	機能性向上	循環型制御型	F28D 15/02	特開平08-014775	ヒートパイプ式熱交換器
			F28D 15/02	特開平07-318268	ヒートパイプ式熱交換器
			F28D 15/02	特開平09-113157	ヒートパイプ式熱交換器
	制御性向上	循環型制御型	F28D 15/02	特許第3032425号	蒸発部と凝縮部と蒸気管と還流管からなるヒートパイプ式熱交換器で、還流管の蒸発部近傍にU字状に弯曲した作動液トラップ部を設ける。

表 2.15.4-2 三菱電線工業における保有特許の概要　　○：開放の用意がある特許

技術要素	課題	解決手段	特許分類（IPC）	特許 No.	概要または発明の名称	
HP特殊 2-1（注）	安定性信頼性	循環型制御型	F28D 15/02	特開平08-061871	ヒートパイプ式熱交換器	
	用途適合性	循環型制御型	F28D 15/02	特許第3049445号	分割型蛇行状ヒートパイプ式熱交換装置、その製造法およびその用途	
	パワー系高性能	形状改善	H01L 23/36	特開平07-045759	ヒートパイプ式冷却器	
		配置改善	H01L 23/427	特開平09-167819	ヒートパイプ冷却器	

（注）技術要素 2-1：半導体の冷却

2.15.5 技術開発拠点（三菱電線工業）

兵庫県：伊丹製作所

2.15.6 技術開発者（三菱電線工業）

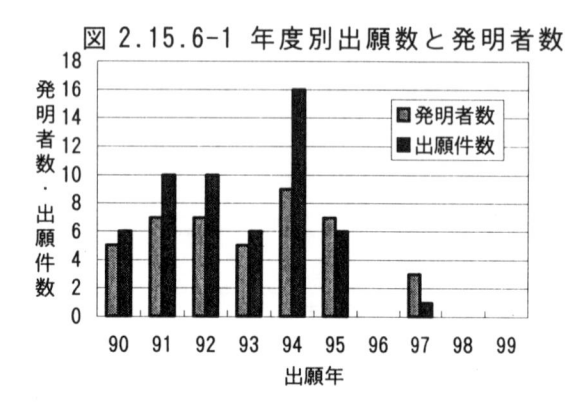

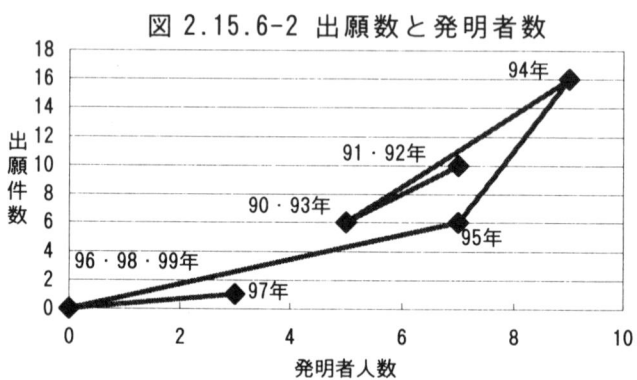

図 2.15.6-1 年度別出願数と発明者数　　　図 2.15.6-2 出願数と発明者数

1995年までは活発な出願が行われていたが、96年からはほとんど出願は停止している。

2.16 デンソー

2.16.1 企業の概要（デンソー）

1)	商号	株式会社デンソー
2)	設立年月日	1949年（昭和24年）12月16日
3)	資本金	173,098百万円（2001年9月30日現在）
4)	従業員	38,800名（2001年9月30日現在）
5)	事業内容	自動車用システム製品(オートエアコン、電子制御燃料噴射装置＜EFI＞、サスペンションコントロールなど)およびモバイル・マルチメディア関連製品(ナビゲーションシステム等)、FA機器、環境機器等の製造・販売
6)	技術・資本提携関係	（株主）トヨタ、豊田自動織機、ロバート・ボッシュ、さくら銀行、その他
7)	事業所	本社／愛知県　製作所／安城製作所・その他8　工場／池田工場・広島工場　研究所／デンソー基礎研究所
8)	関連会社	国内／アスモ・京三電機・その他70
9)	業績推移	（連結売上）17,588億（1999.3）18,834億（2000.3）20,149億（2001.3）
10)	主要製品	自動車関係製品（エンジン関係製品等）　モバイルマルチメディア（携帯・自動車電話等）　環境機器（アルカリイオン整水器等）　電子応用機器（バーコードハンドスキャナ等）　FA機器（デンソーロボットシリーズ）　ディスプレイ（グラスビジョン等）
11)	主な取引先	いすゞ自動車、オムロン、川崎重工、クボタ、現代自動車、シャープ、スズキ、セコム、ダイハツ工業、豊田自動織機、トヨタ自動車、日産自動車、日本IBM、日本移動通信、日野自動車工業、富士重工業、本田技研工業、マツダ、三菱自動車工業、ダイムラークライスラー、GM、BMW、フィアット、フォード、フォルクスワーゲン、プジョー、ボルボ、ルノー
12)	技術移転窓口	－

2.16.2 技術移転事例（デンソー）

No	相手先	国　名	内　容
－	－	－	－

今回の調査範囲・方法では該当する内容は見当たらなかった。

2.16.3 ヒートパイプ技術に関連する製品・技術（デンソー）

技術要素	製　品	商品名	発売時期	出　典
半導体の冷却	パワーモジュール用冷却器	－	－	同社カタログ

2.16.4 技術開発課題対応保有特許の概要(デンソー)

図2.16.4-1にデンソーのヒートパイプの技術要素別出願件数を示す。

同社は、電子装置の冷却、半導体の冷却、ヒートパイプの構造の3分野への出願が多く、それら以外にヒートパイプの構成要素とコンピュータの冷却にもそれぞれ数件の出願が見られる。

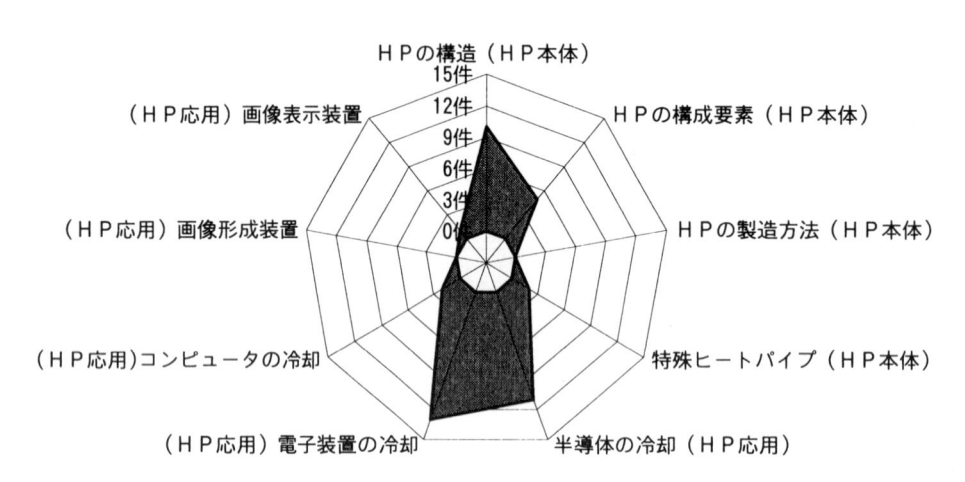

図2.16.4-1 デンソーの技術要素別出願件数

表2.16.4-1 デンソーにおける保有特許の概要　　○:開放の用意がある特許

技術要素	課題	解決手段	特許分類(IPC)	特許No.	概要または発明の名称	
HPの構造	伝熱性能向上	ループ構造化	F28D 15/02,101	特開2000-105087	冷却装置	
		複合・接続化	F28D 15/02,101	特開平11-173778	沸騰冷却装置	
	機能向上改良	ループ構造化	F28D 15/02,101	特開2000-121264	沸騰冷却装置	
			F28D 15/02	特開平09-264679	筐体内温度調整装置	
			F28D 15/02,101	特開平11-325766	沸騰冷却装置	
			F28D 15/02,101	特開平11-325767	沸騰冷却装置	
		平板構造化	H01L 23/427	特開2000-236055	沸騰冷却装置	
	小型化軽量化	ループ構造化	F28D 15/02	特開平09-264677	電子機器筐体冷却用の沸騰冷却式熱交換器において筐体内の受熱熱交換器のフィンピッチを細かく、筐体外の空冷用熱交換器のフィンピッチを粗く設定して、沸騰冷却器の放熱性能を向上し小型化を図る。	
			F28D 15/02	特開平09-264678	熱交換装置、およびその熱交換装置を備えた沸騰冷却装置	
		その他	B60H 1/00,102	特開2001-121941	熱交換器の車両搭載構造	
	信頼性安定性	蒸発部の構造	H01L 23/427	特開2001-068611	沸騰冷却器	
HPの構成要素	容器(コンテナ)	長手構造改善	F28D 15/02,102	特開平11-083358	沸騰冷却装置は、冷媒槽、放熱器、この2つを連結する連結部からなり、冷媒槽で発生した蒸気を放熱器の流入側車通部へ導く流入室と、放熱器で凝縮した凝縮液を冷媒槽の凝縮液通路へ導く流出室とに、仕切られている。この仕切部材を流入側車通部へ傾斜して設けることで、流入室の通過時に生じる圧力損失を抑えることができ、バーンアウトが生じにくくなる。	
		沸騰冷却	H01L 23/427	特開平11-087583	沸騰冷却装置	

表 2.16.4-2 デンソーにおける保有特許の概要　　○：開放の用意がある特許

技術要素	課題	解決手段	特許分類(IPC)	特許 No.	概要または発明の名称	
1-2 (注)	容器（コンテナ）	沸騰冷却	F28D 15/02,102	特開平11-083359	沸騰冷却装置	
			H01L 23/427	特開平10-209355	沸騰冷却装置	
			F28F 13/02	特開平10-047889	沸騰冷却装置	
特殊HP	安定性信頼性	異型その他	H01L 23/427	特開2001-068611	沸騰冷却器	
	用途適合性	循環型制御型	F28D 15/02	特開平11-083354	筐体内の循環温風を冷却する熱媒体蒸発器と室外の凝縮器を2本の熱媒体連結管で連結した機構の冷却装置で筐体内に設置した通信機を内蔵するケーシングからの温排風を冷却する。	
半導体の冷却	パワー系高性能	形状改善	H01L 23/427	特開2000-269393	半導体冷却用の沸騰冷却装置にて、液溜（加熱）室に沸騰を促進させる波状フィンが挿入され、過熱時でのバーンアウトが発生し難くした。	
		内部構造改善	H01L 23/427	特開2001-068611	沸騰冷却器	
		作動形態改善	F28D 15/02,101	特開2000-121264	沸騰冷却装置	
			F25D 9/00	特開2000-205721	沸騰冷却装置	
			H01L 23/427	特開2000-236055	沸騰冷却装置	
			H01L 23/427	特開2001-077258	沸騰冷却器	
			H01L 23/427	特開2001-077259	沸騰冷却器	
	マイクロ系高性能	形状改善	H01L 23/427	特開平11-087583	沸騰冷却装置	
		作動形態改善	H01L 23/427	特開2000-183259	沸騰冷却装置	
			H01L 23/427	特開平10-209355	沸騰冷却装置	
電子装置の冷却	雰囲気冷却	HP熱交換器	H05K 7/20	特開平09-321478	沸騰冷却装置	
			F28F 27/00,511	特許第2950236号	冷却装置	
		その他の方法	F28D 15/02	特開平10-227586	沸騰冷却器および筐体冷却装置	
			H05K 7/20	特開平10-247793	筐体冷却装置	
			H05K 7/20	特開平10-261887	冷却装置及びこの冷却装置を備えた筐体冷却装置	
			H05K 7/20	特開平10-261888	冷却装置及びこの冷却装置を備えた筐体冷却装置	
			F28D 15/02	特開平11-132679	筐体冷却装置	
			F28F 27/00,511	特許第3082669号	筐体冷却用沸騰冷却式熱交換器で、筐体内温度を検知して高温側と低温側のファンを独自に可変制御できるように構成した。	
	筐体全体冷却	その他の方法	H05K 7/20	特開平09-326582	沸騰冷却装置及びそれを用いた筐体冷却装置	
			F28D 15/02	特開平10-002686	沸騰冷却装置	
			F28D 15/02	特開平10-002687	沸騰冷却装置	
			F28D 15/02	特開平10-002688	沸騰冷却装置	
2-3 (注)	薄型・省電力	HP-ヒートシンク	H01L 23/427	特開2001-068611	沸騰冷却器	
		沸騰冷却HP	H01L 23/427	特開2000-183259	沸騰冷却装置	

（注）技術要素 1-2：HP の構成要素　　2-3：計算機の冷却

2.16.5 技術開発拠点（デンソー）

愛知県：本社

2.16.6 技術開発者（デンソー）

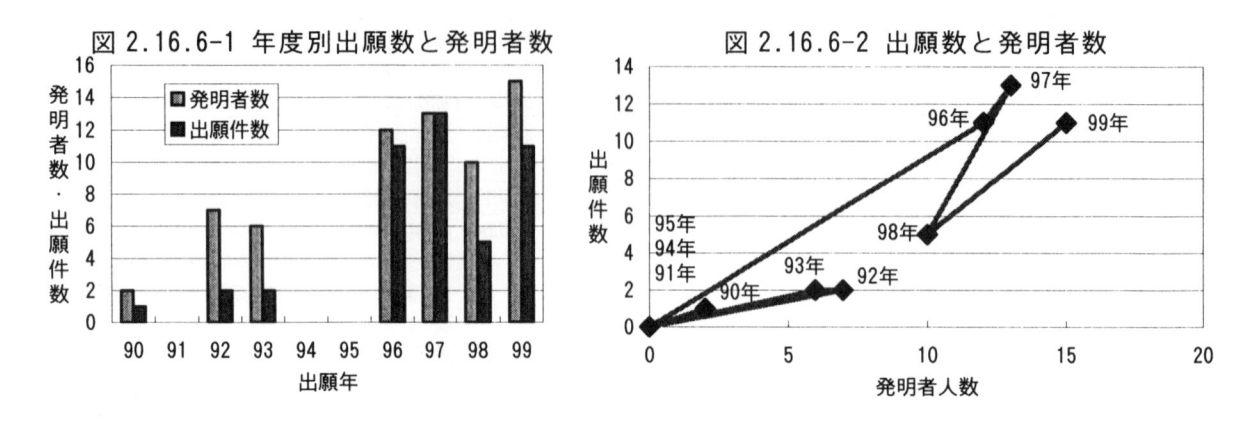

図 2.16.6-1 年度別出願数と発明者数

図 2.16.6-2 出願数と発明者数

1995 年まではほとんど出願件数はなかったが 96 年から発明者数、出願件数とも急増している。

2.17 ソニー

2.17.1 企業の概要（ソニー）

1)	商号	ソニー株式会社
2)	設立年月日	1946年(昭和21年)5月7日
3)	資本金	476,028百万円（2001年3月31日）
4)	従業員	18,845名（2001月3月31日）
5)	事業内容	オーディオ・オーディオビデオ製品、テレビ、情報・通信、電子デバイス
6)	技術・資本提携関係	（株主）モクスレイ＆CO、ステート・ストリート・バンク＆トラスト、チェース・マンハッタン、さくら銀行
7)	事業所	本社／東京　テクノロジーセンター／大崎東、大崎西、芝浦、品川、厚木、厚木第2、湘南、仙台　研究所／3　事務所／高輪
8)	関連会社	ソニーコーポレーション・オブ・アメリカ、ソニー・エレクトロニクス・インク、ソニー・ミュージックエンターテインメントインク
9)	業績推移	（連結売上）67,946億（1999.3）66,866億（2000.3）73,148億（2001.3）
10)	主要製品	オーディオ　ミニディスク(MD)システム、CDプレーヤー、ヘッドホンステレオ、パーソナルコンポーネントステレオ、ハイファイコンポーネント、ラジオカセットテープレコーダー、テープレコーダー、ICレコーダー、ラジオ、ヘッドホン、カーオーディオ、業務用オーディオ機器、オーディオテープ、録音用MD　ビデオ　ミリ／デジタルエイト方式ビデオ、DV方式ビデオ、VHS方式ビデオ、DVDビデオプレーヤー、デジタルスチルカメラ、放送用・業務用ビデオ機器、ビデオテープ　テレビ　カラーテレビ、プロジェクションテレビ、フラットパネルディスプレイ、パーソナルLCDモニター、カーテレビ、業務用モニター／プロジェクター　情報・通信　コンピューター用ディスプレイ、パーソナルコンピューター、コンピューター周辺機器、データメディア、IC記録メディア、衛星放送受信システム、家庭用電話機、カーナビゲーションシステム、ビデオプリンター　電子デバイス・その他　半導体、液晶ディスプレイ(LCD)、電子部品、ブラウン管、光学ピックアップ、電池、FAシステム、日本におけるインターネット関連事業
11)	主な取引先	－
12)	技術移転窓口	－

2.17.2 技術移転事例（ソニー）

No	相手先	国　名	内　容
－	－	－	－

今回の調査範囲・方法では該当する内容は見当たらなかった。

2.17.3 ヒートパイプ技術に関連する製品・技術（ソニー）

技術要素	製　品	商品名	発売時期	出　典
コンピュータの冷却	ノートパソコン	バイオノート505シリーズ	1999年7月	インターネット

インターネット：http://www.vaio.sony.co.jp/Enjoy/lnside/R505/r01.html

2.17.4 技術開発課題対応保有特許の概要(ソニー)

図 2.17.4-1 にソニーのヒートパイプの技術要素別出願件数を示す。

同社は、画像表示装置への出願が最も多く、これに次いで、コンピュータの冷却、半導体の冷却、電子装置の冷却の各分野への出願が多い。

図 2.17.4-1 ソニーの技術要素別出願件数

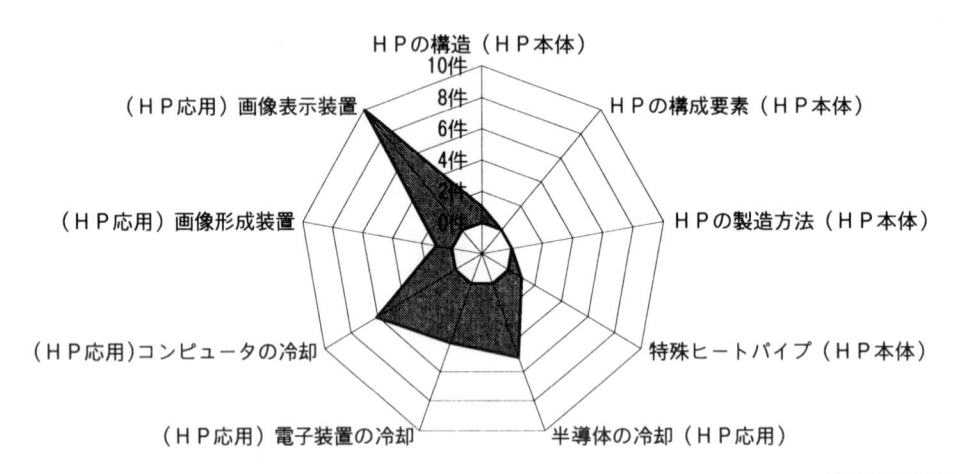

表 2.17.4-1 ソニーにおける保有特許の概要　　○：開放の用意がある特許

技術要素	課題	解決手段	特許分類(IPC)	特許No.	概要または発明の名称
1-4(注)	用途適合性	細径ループ型	G06F 17/11	特開平10-222492	プレート型ループ状細管ヒートパイプの解析方法
半導体の冷却	マイクロ系小型化	形状改善	H01L 23/427	特開2001-177030	電子素子からの発生熱を放散させる放熱装置で、ヒートシンクと送風部と段差がついた接面を有し、ヒートシンクに伝熱するヒートパイプから成る。
	マイクロ系高機能	形状改善	G06F 1/20	特開平11-102235	電子機器
	マイクロ系生産性	配置改善	H04N 5/225	実案第2520600号	ビデオカメラ
電子装置の冷却	発熱部品直冷	HPの構造	H05K 7/20	特開2001-111280	MPUなど放熱を要する部品からヒートプレーナで熱を吸収して、筐体外部に露出したコネクタなどに伝熱する。
	筐体全体冷却	その他の方法	H05K 7/20	特開2000-269675	放熱装置およびセット・トップ・ボックス
	基板自体冷却	基板をHP化	H05K 7/20	特開2000-138485	ヒートパイプ内蔵プリント配線基板
		HP以外の構造	H05K 7/20	特開平11-026970	筐体に着脱可能なカード基板上の発熱部品にヒートパイプを固着した受熱ブロックを密着クランプし、ヒートパイプの他端を放熱ブロックに回転可能に接続して放熱する。
2-3(注)	薄型・省電力	熱伝導シート組合せ	H05K 7/20	特開2001-111280	電子機器
	可動隙間伝達	HP-伝熱ヒンジ	G06F 1/20	特開平11-102235	電子機器
画像表示装置	製品品質向上	光源の冷却	G09F 9/35,320	特開平11-202800	表示装置の照明装置
			F21V 8/00,601	特開2001-210130	表示装置のバックライト用蛍光灯の発熱をヒートパイプで均熱化し、安定した光源を得る面光源装置。
	使い易さ改善	素子の冷却	G09F 9/00,351	特開2000-066617	平面形表示装置
			G02F 1/13,505	特開平11-119182	投射型液晶表示装置
			G03B 21/16	特開2001-042435	プロジェクタ装置

(注)技術要素 1-4：特殊HP　　2-3：計算機の冷却

表 2.17.4-2 ソニーにおける保有特許の概要　　○：開放の用意がある特許

技術要素	課題	解決手段	特許分類（IPC）	特許No.	概要または発明の名称	
画像表示装置	使い易さ改善	素子の冷却	H04N 9/12	特開2000-333190	カラー平面表示装置およびカラー平面表示装置におけるドライバ回路の放熱装置	
		光源の冷却	G03B 21/00	特開平11-271880	プロジェクタ装置	
		筐体の冷却	G03B 21/16	特開平10-254062	プロジェクタ装置	
	環境・省エネ	光源の冷却	F21V 29/00	特開平10-302540	ランプの冷却機構を備えた装置及びランプの冷却方法	

2.17.5 技術開発拠点（ソニー）

東京都：本社

愛知県：ソニー一宮

2.17.6 技術開発者（ソニー）

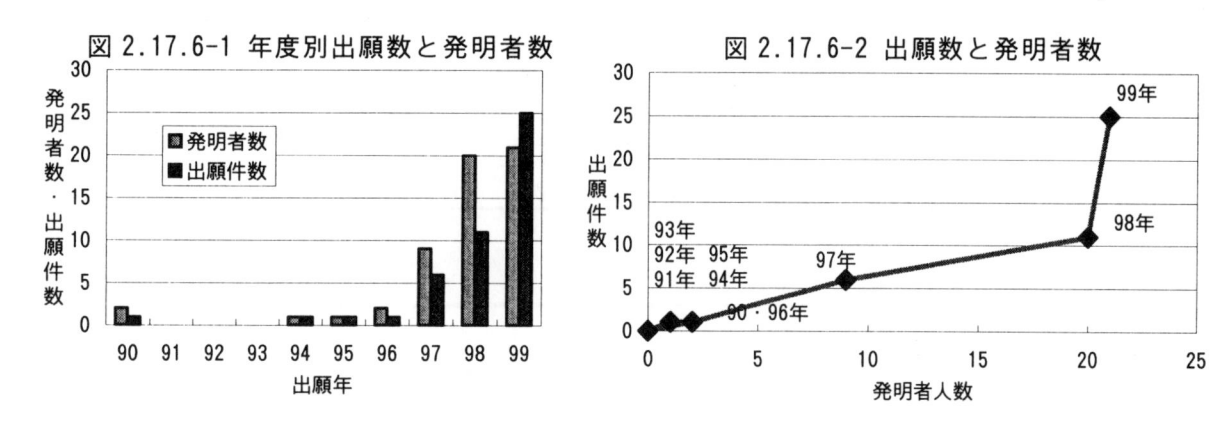

図2.17.6-1 年度別出願数と発明者数

図2.17.6-2 出願数と発明者数

1996年まではほとんど出願はなかったが97年から出願件数も開発者の数も急増している。

2.18 富士電機

2.18.1 企業の概要（富士電機）

1)	商号	富士電機株式会社
2)	設立年月日	1923年（大正12年）8月29日
3)	資本金	47,586百万円（2001年9月30日現在）
4)	従業員	9,309名（2001年9月30日現在）
5)	事業内容	情報システム事業、水環境保全事業、新エネルギー事業、省マネジメント事業、廃棄処理事業、ゼロエミッション事業
6)	技術・資本提携関係	（株主）富士通、朝日生命、バンク・オブ・ニューヨーク・フォーゴールドマン・サックス、第一勧銀
7)	事業所	本社／東京　支社・支店／北海道支社・東北支社・その他19　営業所／道北営業所・水戸営業所・その他32　工場／吹上工場・その他9　その他／苫小牧駐在員事務所・その他2　海外／ドイツ駐在員事務所・その他4
8)	関連会社	国内／旭計器・安曇富士・富士電機冷機・富士電気工事・富士物流・富士電機エンジ・富士電機イーアイシー・富士電機総設　その他多数 海外／米国富士電機・ユー・エス・富士電機　その他多数
9)	業績推移	（連結売上）8,520億（1999.3）8,518億（2000.3）8,910億（2001.3）
10)	主要製品	自動販売機、冷凍・冷蔵ショーケース、スキーゲートシステム、コンバインドサイクル発電設備、空港用制御システム、下水汚泥処理システム、無停電電源装置、新幹線・IGBT内臓インバータ
11)	主な取引先	東京電力、中部電力、関西電力　　（仕入先）古河電工、信越化学
12)	技術移転窓口	（法務・知的財産権部）東京都品川区大崎1-11-2 ゲートシティ大崎イーストタワー　TEL (03) 5435-7241

2.18.2 技術移転事例（富士電機）

No	相手先	国　　名	内　　容
－	－	－	－

今回の調査範囲・方法では該当する内容は見当たらなかった。

2.18.3 ヒートパイプ技術に関連する製品・技術（富士電機）

技術要素	製　　品	商品名	発売時期	出　典
－	－	－	－	－

今回の調査範囲・方法では該当するものは見当たらなかった。

2.18.4 技術開発課題対応保有特許の概要（富士電機）

図2.18.4-1に富士電機のヒートパイプの技術要素別出願件数を示す。

同社の出願は、ほとんどが半導体の冷却の分野となっており、これ以外に、電子装置の冷却、ヒートパイプの構造、ヒートパイプの構成要素、ヒートパイプの製造方法、コンピュータの冷却の分野に、小数出願が見られる。

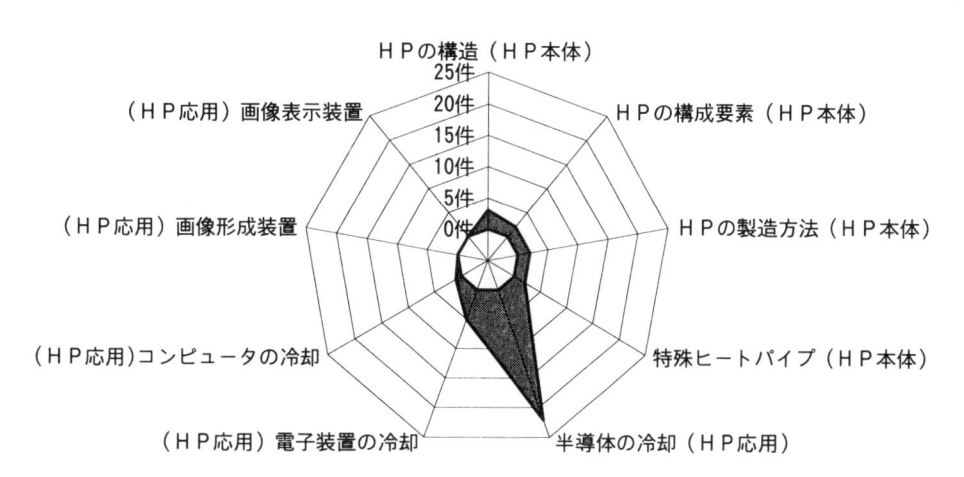

図 2.18.4-1 富士電機の技術要素別出願件数

表 2.18.4-1 富士電機における保有特許の概要　　○：開放の用意がある特許

技術要素	課題	解決手段	特許分類(IPC)	特許No.	概要または発明の名称	
HPの構造	伝熱性能向上	複合・接続	F28D 15/02	特開平09-113159	電子冷却式冷却ユニット	
		ループ構造	H01L 23/427	特開平11-026664	沸騰式冷却装置	
	信頼・安定性	液流路構造	F28D 15/02,101	特開平08-303969	発熱体の放熱構造	
	容器(コンテナ)	長手構造改善	F28D 15/02	特開平09-113159	電子冷却式冷却ユニット	
HPの製造方法	信頼性安定性	その他改善	B01D 19/00	特許第2737378号	密封コンテナに導入した作動液を加熱沸騰させ、容器内の上部空間域で水冷ジャケットで冷却して凝縮させて容器の上部空間に溜まる非凝縮ガスを容器外に排出する。	○
	伝熱性向上	その他改善	F28D 15/02	特開平09-113159	電子冷却式冷却ユニット	
(注)	制御性向上	異型その他	F28D 15/02	特開平09-113159	電子冷却式冷却ユニット	
半導体の冷却	パワー系高性能	形状改善	F28D 15/02,101	特開平08-303969	発熱体の放熱構造	
			H01L 23/427	特開平09-283677	電力用半導体装置の冷却装置	
			H01L 23/473	特開平08-097338	電力用半導体機器の冷却装置	
		配置改善	H01L 23/427	特開平03-148160	半導体変換装置の冷却構造	
			H01L 23/48	特許第2993286号	半導体装置	
			H01L 23/427	特許第3123335号	空冷式のヒートシンク	○
			H01L 23/467	特開平09-307038	電力変換装置の冷却装置	
		作動形態改善	H01L 23/427	特開平11-026664	沸騰式冷却装置	
	パワー系高機能	形状改善	H01L 23/36	特開平10-056112	冷却体	
		作動形態改善	F25D 9/00	特開平05-099550	沸騰冷却式電器	
	パワー系生産性	配置改善	H02M 7/04	特開平09-093936	整流装置	
			H05K 5/02	特開平09-252187	電気装置の筐体構造	
			H02M 7/48	特開平08-214561	車両搭載用電力変換装置	
	マイクロ系高性能	他材と組合せ	H01L 23/38	特開平05-243438	熱電デバイスとヒートパイプを活用して半導体素子を効率良く冷却する。	○

（注）技術要素1-4：特殊HP

表 2.18.4-2 富士電機における保有特許の概要　　○：開放の用意がある特許

技術要素	課題	解決手段	特許分類（IPC）	特許 No.	概要または発明の名称	
2-1（注）	ペルチェ	配置改善	H01L 23/38	特開2001-015657	電力変換装置	
		形状改善	F25B 21/02	特開平11-108489	熱電冷却装置の取付構造	○
電子装置の冷却	発熱部品直冷	HP以外の構造	H01L 23/467	特開平09-307038	半導体とヒートパイプモジュールと冷却風ガイドの筐体内設置角度を最適冷却が得られるように外部から可変にする。	
		HPの構造	H05K 5/02	特開平09-252187	電気装置の筐体構造	
	基板自体冷却	その他の方法	H05K 7/20	特開平11-145664	配電盤に内蔵する筐体内の発熱部品搭載メタルコアプリント基板をヒートシンクと電子冷却素子で冷却し、冷却素子の発熱をヒートパイプで配電盤外に放熱する。	
（注）	薄型・省電力	HP-ヒートシンク	G06K 17/00	特開2000-003413	ICカード冷却方法	

（注）技術要素 2-1：半導体の冷却　　技術要素 2-3：計算機の冷却

2.18.5 技術開発拠点（富士電機）
神奈川県：本社

2.18.6 技術開発者（富士電機）

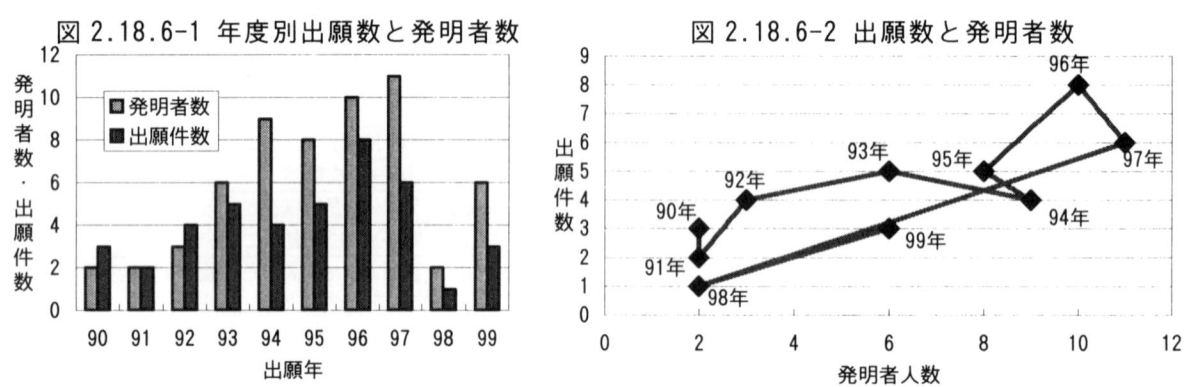

図 2.18.6-1 年度別出願数と発明者数

図 2.18.6-2 出願数と発明者数

発明者、出願件数とも 1996 年まで増加傾向で、その後は減少している。

2.19 キヤノン

2.19.1 企業の概要（キヤノン）

1)	商号	キヤノン株式会社
2)	設立年月日	1937年（昭和12年）8月10日
3)	資本金	165,144百万円（2001年6月30日現在）
4)	従業員	19,697名（2001年6月30日現在）
5)	事業内容	事務機・複写機、コンピュータ周辺機器、情報・通信機器、カメラ、光学特殊機器、半導体製造装置等
6)	技術・資本提携関係	（株主）第一生命、ステート・ストリート・バンク＆トラスト、富士銀行、住友信託、その他
7)	事業所	本社／東京　本社部門事業所／中央研究所・富士裾野リサーチパーク・エコロジー研究所・平塚事業所・小杉事業所・取手事業所・阿見事業所・上野工場・玉川事業所・目黒事業所・福島工場・宇都宮工場・宇都宮光学機器事業所　海外事務所／北京駐在員事務所(中国)
8)	関連会社	国内／キヤノン電子・コピア・キヤノンアプテックス・キヤノン販売・キヤノン化成・キヤノンコンポーネンツ　その他 海外／◇Criterion Software　◇佳能電産香港有限公司・その他多数
9)	業績推移	（連結売上）26,222億（1999.12）27,813億（2000.12）28,900億（2001.12）
10)	主要製品	事務機　複写機 オフィス複写機、パーソナル複写機、カラー複写機、デジタルフルカラー複写機　コンピュータ周辺機器 レーザビームプリンタ、バブルジェットプリンタ、スキャナ等　情報・通信機器 ファクシミリ、コンピュータ（スーパーコンピュータ＆ハイエンドサーバ 等）、ワードプロセッサ等　カメラ 一眼レフカメラ、コンパクトカメラ、デジタルカメラ、ビデオカメラ、交換レンズ等　半導体製造装置、放送局用テレビレンズ、眼科機器、X線機器、医療画像記録機器、太陽電池セル等　光機（半導体機器 等）　サプライ（再生紙 等）
11)	主な取引先	キヤノン販売　（仕入先）キヤノン電子
12)	技術移転窓口	―

2.19.2 技術移転事例（キヤノン）

No	相手先	国　名	内　容
―	―	―	―

今回の調査範囲・方法では該当する内容は見当たらなかった。

2.19.3 ヒートパイプ技術に関連する製品・技術（キヤノン）

技術要素	製品	商品名	発売時期	出典
画像形成装置の均熱	デジタル複写機　*1)	Image Runner iR105など	―	インターネット

インターネット：http://www.canon-sales.co.jp/imagerunner/index-j.html

*1) 上記製品は、現像器の水冷式冷却装置（ヒートパイプ）や、定着部のエアフロー改善による直接冷却などにより、効果的な昇温制御を実現。また、紙搬送部では、ボールベアリングを使用した電磁クラッチや、摩擦係数の低いギア素材の採用など、パーツ単位でも高耐久性を追求している。

2.19.4 技術開発課題対応保有特許の概要（キヤノン）

図2.19.4-1にキヤノンのヒートパイプの技術要素別出願件数を示す。

同社の出願は、ほとんどが画像形成装置と画像表示装置の2分野に集中しており、他にコンピュータの冷却、電子装置の冷却、半導体の冷却の分野に小数出願が見られる。

図2.19.4-1 キヤノンの技術要素別出願件数

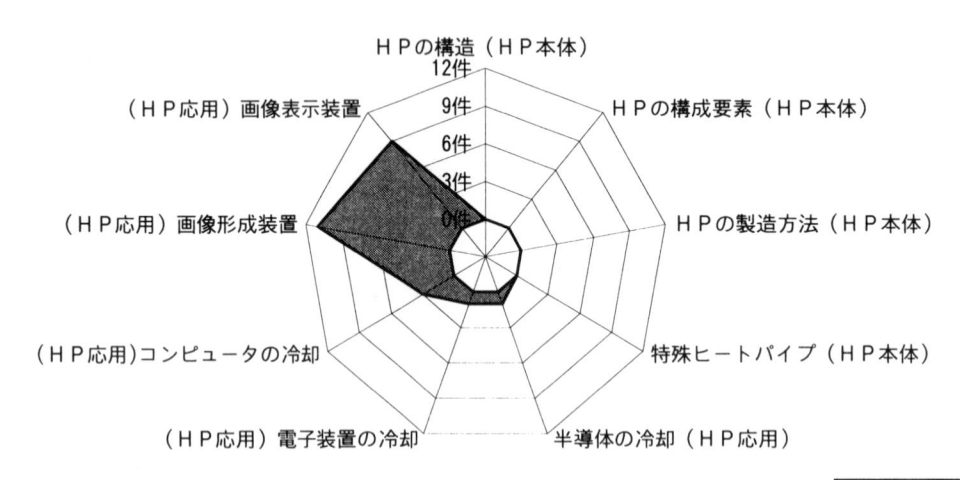

表2.19.4-1 キヤノンにおける保有特許の概要　　○：開放の用意がある特許

技術要素	課題	解決手段	特許分類（IPC）	特許No.	概要または発明の名称
電子装置の冷却（注）	マイクロ系高性能	配置改善	H01L 27/14	特開平11-345956	撮像装置
	発熱部品直冷	HP以外の構造	H05K 7/20	特開平09-027690	狭い筐体内の基板上発熱素子に密着したヒートシンクと熱伝導部材とヒートパイプと、伝熱性弾性シートと広い放熱面積の別のヒートシンクを併用して放熱を行う。
計算機の冷却	薄型・省電力	HP-ヒートシンク	H05K 7/20	特開平09-027690	基板放熱方法及び該方法を用いた情報処理装置
		HP-伝熱ヒンジ	H05K 7/20	特開平09-214162	電子機器
	可動間隙伝達	HP-伝熱ヒンジ	H05K 7/20	特開平09-293985	電子機器
画像形成装置	製品品質向上	ロールの均熱	B65H 5/06	特開2000-025976	画像形成装置
			G03G 15/20,102	特開平10-097150	定着ロールにヒートパイプを接触従動回転させ均熱する定着装置。
		ベルトの冷却	G03G 15/16	特開平08-044220	中間転写フィルムの駆動ロールにヒートパイプを埋設放熱することで品質維持する画像形成装置。
	使い易さ改善	排熱の利用	G03G 21/20	特開平11-065402	画像形成装置
		ロールの均熱	G03G 15/20,102	特開2000-029341	定着装置及び画像形成装置
	信頼性の向上	ロールの均熱	G03G 15/20,101	特開2001-147606	誘導加熱装置を内包する定着ロールに加圧・従動するヒートパイプを設けて均熱効果を改善した画像形成装置。
画像表示装置	製品品質向上	素子の冷却	H01J 31/12	特開平09-199066	画像形成装置
			B41J 2/44	特開平10-016293	画像形成装置
		その他	B41F 3/20	特開平11-320813	印刷方法およびそれを用いた印刷装置ならびにそれを用いた画像表示装置製造方法
	使い易さ改善	素子の冷却	H01L 27/14	特開平11-345956	撮像装置
		排熱の利用	G09F 9/30	特開2000-181380	フラットパネルディスプレイの製造装置
		その他	H04N 5/225	特開平08-102881	ビデオカメラ

（注）技術要素2-1：半導体の冷却

表2.19.4-2 キヤノンにおける保有特許の概要　　○:開放の用意がある特許

技術要素	課題	解決手段	特許分類(IPC)	特許No.	概要または発明の名称	
画像表示装置	環境・省エネ	排熱の利用	G02F 1/13,101	特開2000-258747	ディスプレイパネル製造装置の加熱用熱源にヒートパイプを用いた加熱処理装置。	
			G09F 9/00,338	特開2000-259089	加熱処理装置及びフラットパネルディスプレイの製造装置	

2.19.5 技術開発拠点(キヤノン)
東京都:本社

2.19.6 技術開発者(キヤノン)

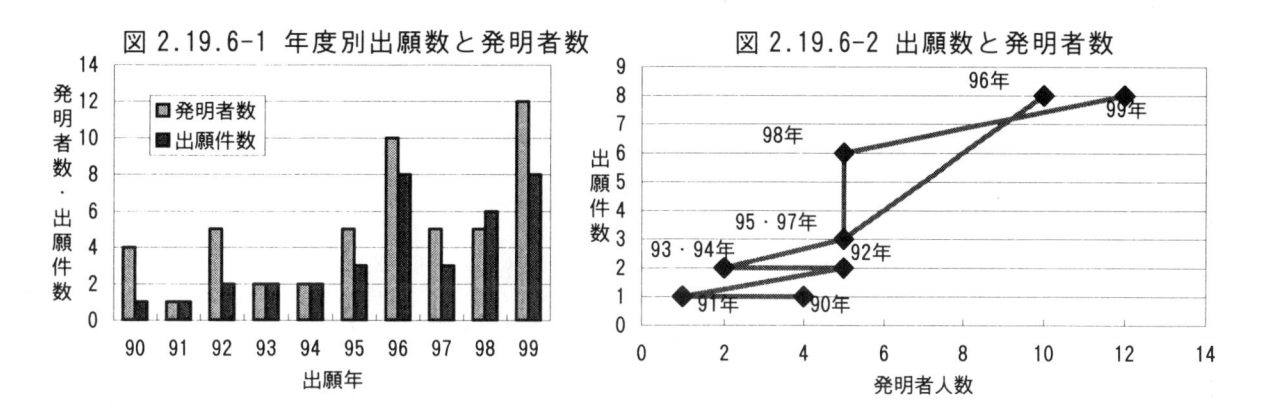

図2.19.6-1 年度別出願数と発明者数

図2.19.6-2 出願数と発明者数

1995年までは発明者数、出願件数とも低水準だったが、96年からは増加傾向にある。

2.20 ピーエフユー

2.20.1 企業の概要(ピーエフユー)

1)	商号	株式会社ピーエフユー
2)	設立年月日	1962年(昭和37年)5月
3)	資本金	4,980百万円(2001年4月末現在)
4)	従業員	2,940名(2001年4月末現在)
5)	事業内容	サーバ、ディスクアレイ、ネットワーク機器および周辺・応用機器のハードウェア、ソフトウェアの研究開発、製造、販売、ならびにこれらに関する保守、サービス、ソリューションの提供。
6)	技術・資本提携関係	(株主)富士通、内田洋行、松下電器産業、松下通信機、松下電送システム
7)	事業所	本社/石川県・東京　営業所/北海道・東北・北陸・東海・関西・神戸・九州・熊本
8)	関連会社	国内/PFU北海道・PFU東北・PFU東都エンジニアリング・PFU近畿エンジニアリング・PFUクオリティサービス・PFUアクティブラボ・PFUテクノコンサル・PFUエコラボラトリ・PFUテクノワイズ・PFUライフエージェンシー・PFUライフビジネス 海外/◇Cell Computing◇PFU America◇PFU上海計算機 ◇PFU TECHNOLOGY SINGAPORE◇PT PFU TECHNOLOGY INDONESIA
9)	業績推移	1,917億円(2000年度決算)
10)	主要製品	ソフトウェア　インターネット・イントラネット、ネットワークセキュリティ、SFA(セールスフォースオートメーション)、ネットワーク、マルチメディア＆CO-ROMタイトル国宝仏像シリーズ、画像表示システム、CASEツール、OCR・ファイリング、Solaris関連、ビジネス/BusinessSuiteシリーズ、業種/業務、Web用オーサリングツール　ハードウェア　サーバ/WS、カードプロセッサ、情報サービスステーション、イメージスキャナ、周辺機器
11)	主な取引先	—
12)	技術移転窓口	(人事総務部　知財グループ)石川県河北郡宇ノ気町宇野気ヌ98-2　TEL076-283-9431

2.20.2 技術移転事例(ピーエフユー)

No	相手先	国　名	内　容
—	—	—	—

今回の調査範囲・方法では該当する内容は見当たらなかった。

2.20.3 ヒートパイプ技術に関連する製品・技術(ピーエフユー)

技術要素	製　品	商品名	発売時期	出　典
—	—	—	—	—

今回の調査範囲・方法では該当するものは見当たらなかった。

2.20.4 技術開発課題対応保有特許の概要（ピーエフユー）

図2.20.4-1にピーエフユーのヒートパイプの技術要素別出願件数を示す。

同社の出願分野は、コンピュータの冷却が最も多く、以下半導体の冷却と電子装置の冷却の出願が見られるが、それ以外の分野には出願が見られない。

図2.20.4-1 ピーエフユーの技術　要素別出願件数

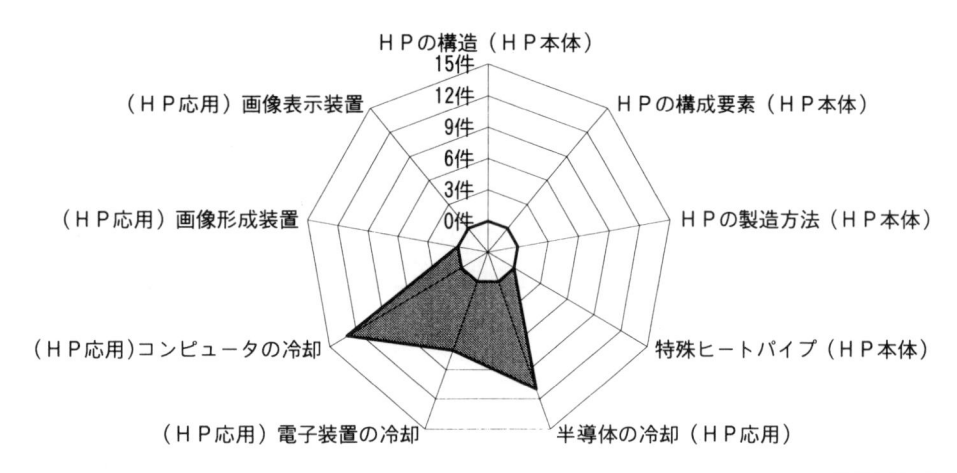

表2.20.4-1 ピーエフユーにおける保有特許の概要

○：開放の用意がある特許

技術要素	課題	解決手段	特許分類（IPC）	特許No.	概要または発明の名称
半導体の冷却	マイクロ系高性能	形状改善	H01L 23/467	特許第2796038号	発熱素子の冷却構造
		組み合わせ	H01L 23/467	特許第2806745号	ファン一体型発熱素子冷却装置
			H01L 23/467	特許第3172138号	発熱素子の冷却構造
	マイクロ系小型化	形状改善	H05K 7/20	特開2001-148591	小型電子装置
			H01L 23/467	特開平11-145355	薄型電子装置の放熱装置
			H01L 23/467	特許第3102858号	ファン一体型発熱素子冷却装置
			H01L 23/467	特許第3102859号	ファン一体型発熱素子冷却装置
			H01L 23/467	特許第3102860号	ファン一体型発熱素子冷却装置
	マイクロ系高機能	配置改善	H01L 23/36	特許第2942468号	情報処理装置
電子装置の冷却	発熱部品直冷	HP以外の構造	H05K 7/20	特開2001-144479	発熱素子の冷却構造
			H05K 7/20	特開2001-148591	金属筐体の底面と実装基板の空間に冷却風を強制導入して空冷エリアとし、発熱素子の熱を伝えるヒートパイプの先端で空冷エリアの内壁の一部を構成する。
			H05K 7/20	特開平09-326576	冷却装置
			H05K 7/20	特開平11-087967	複数の半導体素子を搭載した電子回路基板における基板実装型熱交換構造において、熱交換部と受熱拡散部とが存在し、それらは分離して構成され、ヒートパイプと基板グランド層とを通して熱交換部と受熱拡散部との熱的接続を行う。
		HPの構造配置	H01L 23/36	特許第2942468号	情報処理装置
	基板全体冷却	HP以外の構造	H05K 7/20	特開平11-354951	携帯型電子機器の放熱機構
	筐体全体冷却	その他の方法	H05K 7/20	特開平10-290088	電子機器用筐体およびその製造方法
計算機の冷却	薄型・省電力	HP-ヒートシンク	G06K 17/00	特許第3157099号	PCカードの冷却構造
			H01L 23/467	特許第2938704号	集積回路パッケージ
			G06F 1/20	特開平11-065714	PCカードの冷却構造
			G06F 1/20	特開平10-171556	ACアダプタを利用した携帯型電子機器の冷却構造

表 2.20.4-2 ピーエフユーにおける保有特許の概要　　○：開放の用意がある特許

技術要素	課題	解決手段	特許分類（IPC）	特許No.	概要または発明の名称
計算機の冷却	高性能冷却	ファンと組合せ	H05K 7/20	特開2001-144479	発熱素子の冷却構造
	可動部熱接合	HP-伝熱ヒンジ	H01L 23/36	特許第2942468号	ヒンジ部材は熱伝導の良好な材料により形成され、ディスプレイの背面には放熱部が設けられる、本体部の発熱素子上に搭載される受熱部材と放熱部とを熱伝導性の良好な伝熱体にてヒンジ部材に連結して構成する。
			H05K 7/20	特開2000-031679	携帯型電子機器の冷却構造
		偏平曲げHP	H05K 7/20	特開平09-326577	発熱部の冷却構造
		着脱自在	H05K 7/20	特許第3142114号	発熱素子の冷却構造
			G06F 1/20	特許第3034198号	携帯型情報処理装置におけるディスプレイ部と装置本体間の伝熱構造
	筐体への放熱	筐体へ放熱	H01L 23/467	特開平11-145355	薄型電子装置の放熱装置
		筐体埋込	H05K 7/20	特開平10-290088	電子機器用筐体およびその製造方法

2.20.5 技術開発拠点（ピーエフユー）

　神奈川県：大和工場

　石川県：本社

2.20.6 技術開発者（ピーエフユー）

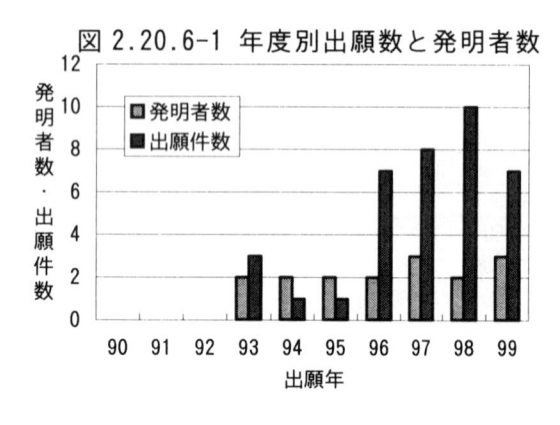

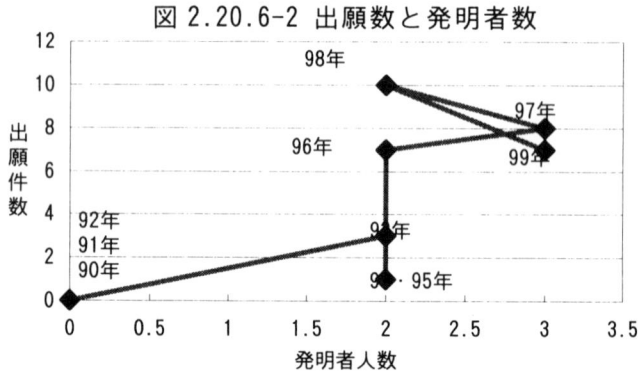

図 2.20.6-1 年度別出願数と発明者数

図 2.20.6-2 出願数と発明者数

　1993年から出願が始まり、96年以後出願件数はかなり増加している。但し、発明者数の変動は少ない。

3．主要企業の技術開発拠点

3.1 ヒートパイプ本体
3.2 ヒートパイプの応用

| 特許流通 |
| 支援チャート |

3．主要企業の技術開発拠点

3.1 ヒートパイプ本体

図 3.1-1 にヒートパイプ本体の技術開発拠点を示す。

ヒートパイプ本体は、技術課題にかかわらず、関連する開発機関が重なるため、まとめて表示してある。

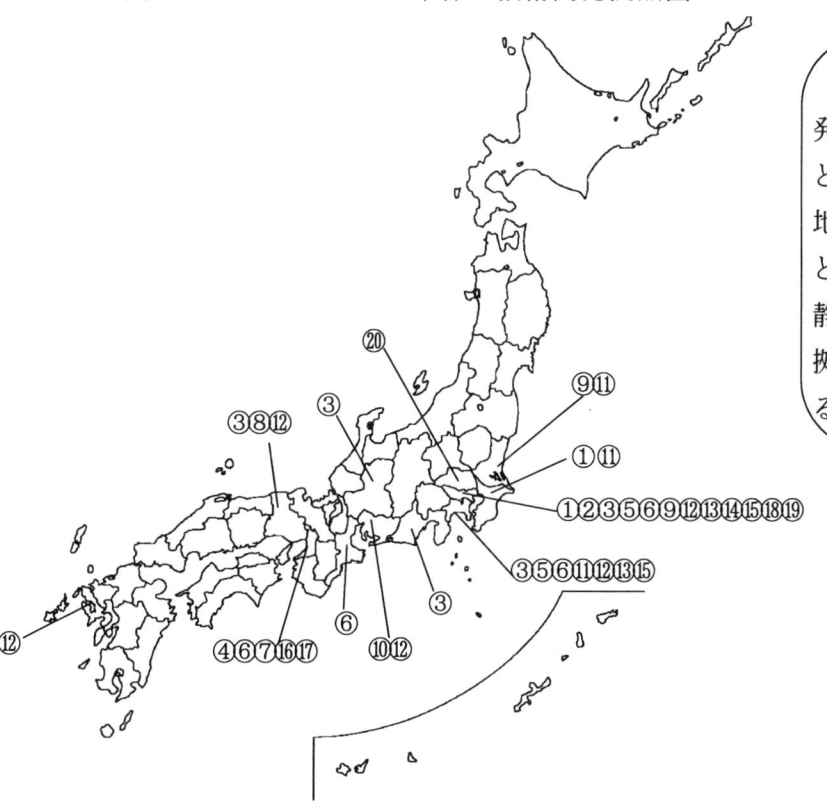

図 3.1-1 ヒートパイプ本体の技術開発拠点図

ヒートパイプ本体の技術開発拠点は、京浜地区に 19 拠点、と千葉、茨城などの関東周辺地区に 5 拠点、大阪、兵庫など関西地区に 8 拠点、愛知、静岡、岐阜など中部地区に 5 拠点、九州に 1 拠点などである。

表 3.1-1 ヒートパイプ本体における技術開発拠点一覧表

No.	企業名	特許件数	事業所名	住所	発明者数
①	フジクラ	197	本社	東京都	41
			佐倉工場	千葉県	2
②	古河電気工業	175	本社	東京都	70
③	三菱電機	96	本社	東京都	33
			鎌倉製作所	神奈川県	14
			生活システム研究所	神奈川県	1
			中津川製作所	岐阜県	1
			神戸製作所	兵庫県	8
			静岡製作所	静岡県	3
			中央研究所	兵庫県	3
④	昭和電工	72	堺事業所	大阪府	42
⑤	アクトロニクス	62	本社	東京都	1
				神奈川県	1
⑥	東芝	53	本社事務所	東京都	3
			三重工場	三重県	11
			京浜事業所	神奈川県	3
			研究開発センター	神奈川県	9
			大阪工場	大阪府	2
			青梅工場	東京都	2
			府中工場	東京都	7
⑦	松下電器産業	57	本社	大阪府	21
⑧	三菱電線工業	33	伊丹製作所	兵庫県	13
⑨	日立電線	31	本社	東京都	1
			土浦工場	茨城県	15
⑩	デンソー	23	本社	愛知県	26
⑪	日立製作所	22	水戸工場	茨城県	3
			機械研究所	茨城県	18
			産業機械システム事業部	茨城県	1
			情報通信事業部	神奈川県	3
			オフィスシステム事業部	神奈川県	1
			汎用コンピュータ事業部	神奈川県	1
			電子デバイス事業部	千葉県	2

No.	企業名	特許件数	事業所名	住所	発明者数
⑫	三菱重工業	22	本社	東京都	2
			名古屋誘導推進システム製作所	愛知県	2
			神戸造船所	兵庫県	3
			横浜研究所	神奈川県	1
			長崎研究所	長崎県	1
			高砂研究所	兵庫県	5
⑬	東京電力	20	本社	東京都	8
			エネルギー・環境研究所	神奈川県	1
			開発研究所	東京都	3
⑭	日本電気	20	本社	東京都	13
⑮	石川島播磨	18	本社	東京都	1
			技術研究所・横浜第一工場	神奈川県	6
			瑞穂工場	東京都	5
			本社別館	東京都	4
			田無工場	東京都	2
⑯	ダイヤモンド電機	18	本社	大阪府	8
⑰	三洋電機	14	本社	大阪府	20
⑱	日本電信電話	13	本社	東京都	5
⑲	カルソニック	12	本社	東京都	12
⑳	三菱金属	11	中央研究所	埼玉県	10
			北本製作所	埼玉県	2

1990 年から 2001 年 7 月に公開の特許・実案

3.2 ヒートパイプの応用

3.2.1 半導体の冷却

図 3.2.1-1 に半導体の冷却における技術開発拠点を示す。

図 3.2.1-1 半導体の冷却における技術開発拠点図

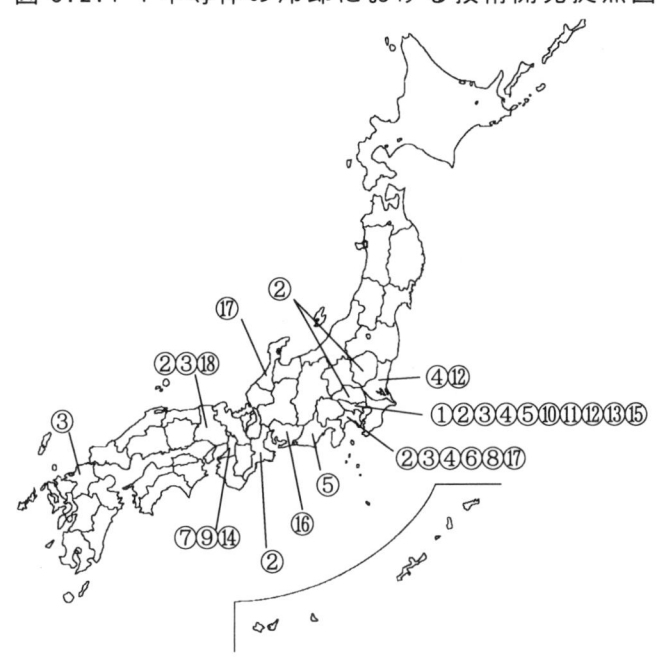

半導体の冷却の技術開発拠点は、京浜地区と茨城、埼玉など関東地区に 20 拠点、大阪、兵庫など関西地区に 6 拠点、愛知、三重、静岡など中部地区に 3 拠点、北陸と九州に各 1 拠点などである。

表 3.2.1-1 半導体の冷却における技術開発拠点一覧表

No.	企業名	特許件数	事業所名	住所	発明者数
①	古河電気工業	92	本社	東京都	51
②	東芝	84	深谷工場	埼玉県	1
			三重工場	三重県	4
			京浜事業所	神奈川県	3
			総合研究所	神奈川県	14
			青梅工場	東京都	4
			府中工場	東京都	24
			那須工場	栃木県	1
			姫路半導体工場	兵庫県	1
③	三菱電機	39	本社	東京都	20
			鎌倉製作所	神奈川県	5
			神戸製作所	兵庫県	10
			福岡製作所	福岡県	1
			伊丹製作所	兵庫県	2
④	日立製作所	38	中央研究所	東京都	3
			水戸工場・水戸事業所	茨城県	12
			自動車機器事業部	茨城県	1
			機械研究所	茨城県	21
			日立研究所	茨城県	5
			エネルギ研究所	茨城県	2
			情報通信事業部	神奈川県	3
			オフィスシステム事業部	神奈川県	6
			ＰＣ事業部	神奈川県	1

No.	企業名	特許件数	事業所名	住所	発明者数
④	日立製作所		汎用コンピュータ事業部	神奈川県	1
			デバイス開発センタ	東京都	3
⑤	フジクラ	35	本社	東京都	15
			沼津工場	静岡県	1
⑥	富士通	27	川崎工場	神奈川県	29
⑦	昭和電工	25	堺事業所	大阪府	20
⑧	富士電機	22	本社	神奈川県	21
⑨	ダイヤモンド電機	20	本社	大阪府	5
⑩	東芝トランスポートエンジニアリング	14	本社	東京都	8
⑪	日本電信電話	14	本社	東京都	16
⑫	日立電線	14	本社	東京都	1
			土浦工場	茨城県	8
⑬	カルソニック	13	本社	東京都	7
⑭	松下電器産業	12	本社	大阪府	17
⑮	日本電気	11	本社	東京都	15
⑯	デンソー	11	本社	愛知県	13
⑰	ピーエフユー	11	本社	石川県	2
			大和工場	神奈川県	2
⑱	三菱電線工業	10	伊丹製作所	兵庫県	7

1990 年から 2001 年 7 月に公開の特許・実案

3.2.2 電子装置の冷却

図 3.2.2-1 に電子装置の冷却における技術開発拠点を示す。

図 3.2.2-1 電子装置の冷却における技術開発拠点図

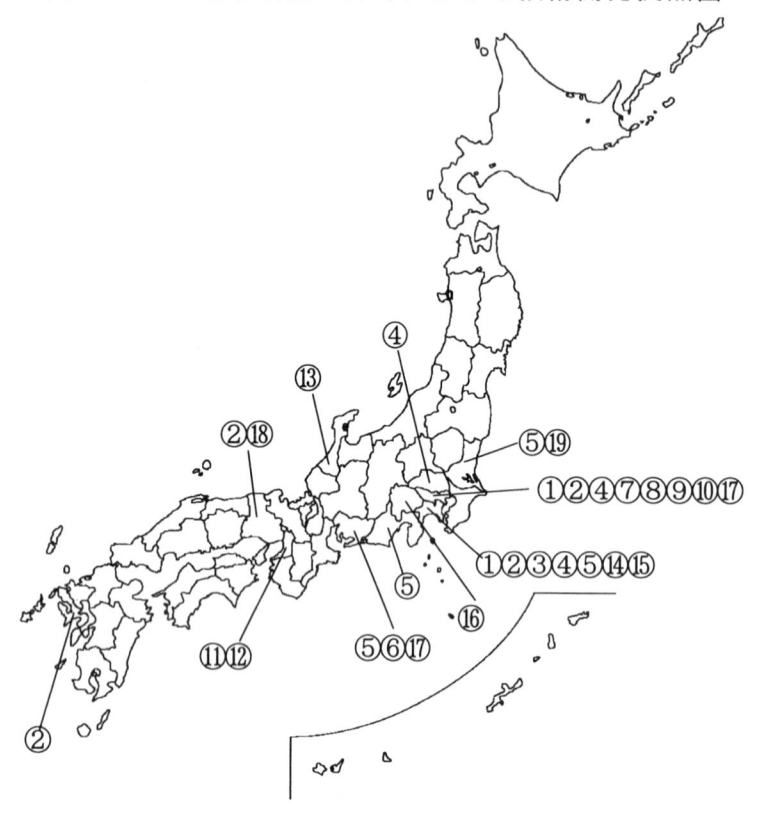

> 電子装置の冷却の開発拠点は、京浜地区と茨城、埼玉など関東地区に 19 拠点、愛知、静岡など中部地区に 4 拠点、大阪、兵庫など関西地区に 4 拠点、北陸と九州に各 1 拠点などである。

表 3.2.2-1 電子装置の冷却における技術開発拠点一覧表

No.	企業名	特許件数	事業所名	住所	発明者数
①	古河電気工業	57	本社	東京都	39
			横浜研究所	神奈川県	3
②	三菱電機	34	本社	東京都	4
			鎌倉製作所	神奈川県	2
			神戸製作所	兵庫県	2
			長崎製作所	長崎県	2
			制御製作所	兵庫県	1
			伊丹製作所	兵庫県	2
③	富士通	27	川崎工場	神奈川県	33
④	東芝	21	深谷工場	埼玉県	1
			小向工場	神奈川県	3
			総合研究所	神奈川県	8
			青梅工場	東京都	6
			府中工場	東京都	9
⑤	日立製作所	19	情報機器事業部	愛知県	2
			水戸工場	茨城県	6
			機械研究所	茨城県	12
			日立研究所	茨城県	5
			情報通信事業部	神奈川県	4
			PC事業部	神奈川県	2
			オフィスシステム事業部	神奈川県	7

No.	企業名	特許件数	事業所名	住所	発明者数
⑤	日立製作所		空調システム事業部	静岡県	1
⑥	デンソー	13	本社	愛知県	13
⑦	日本電信電話	12	本社	東京都	7
⑧	日本電気	11	本社	東京都	8
⑨	沖電気工業	10	本社	東京都	11
⑩	フジクラ	9	本社	東京都	12
⑪	昭和電工	9	堺事業所	大阪府	11
⑫	ダイヤモンド電機	8	本社	大阪府	3
⑬	ピーエフユー	7	本社	石川県	3
⑭	アドバンテスト	6	横浜事業所	神奈川県	2
⑮	富士電機	5	本社	神奈川県	4
⑯	ファナック	4	本社	山梨県	3
⑰	ソニー	4	本社	東京都	5
			ソニー一宮	愛知県	1
⑱	三菱電線	4	伊丹製作所	兵庫県	5
⑲	日立電線	4	土浦工場	茨城県	2

1990 年から 2001 年 7 月に公開の特許・実案

3.2.3 コンピュータの冷却

図 3.2.3-1 にコンピュータの冷却における技術開発拠点を示す。

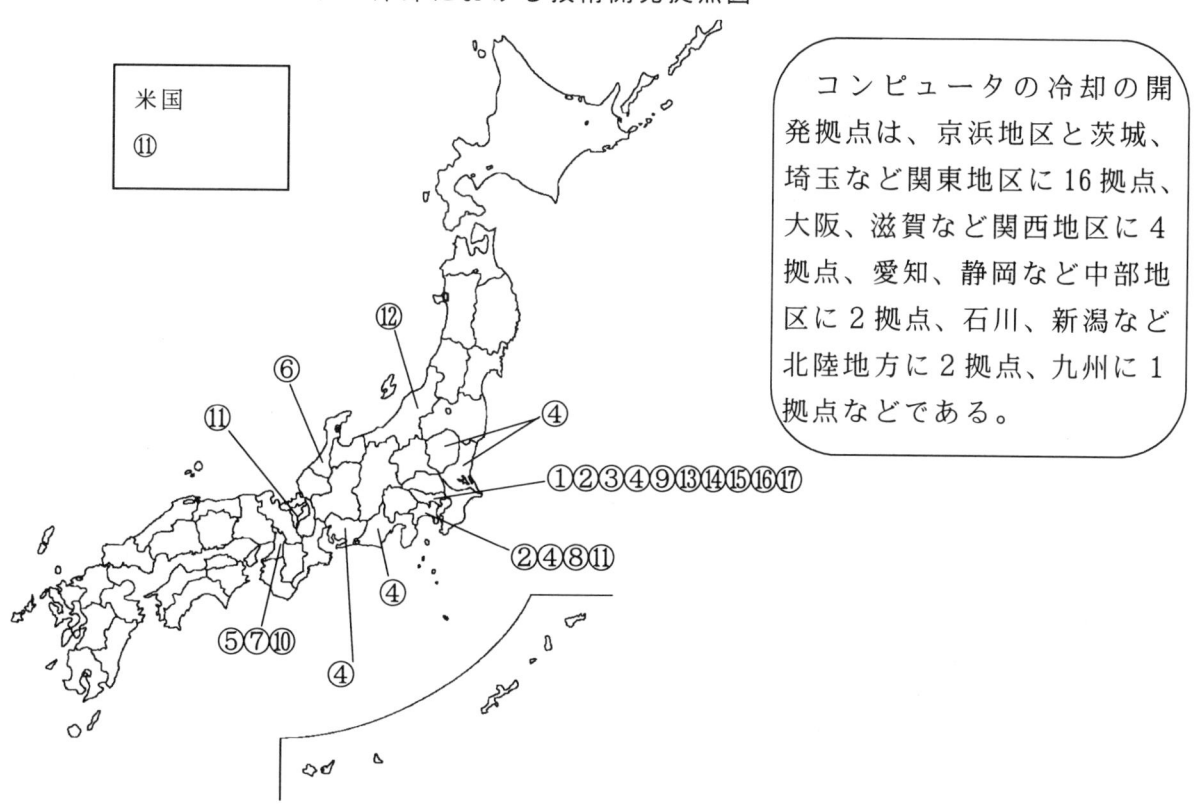

図 3.2.3-1 コンピュータの冷却における技術開発拠点図

コンピュータの冷却の開発拠点は、京浜地区と茨城、埼玉など関東地区に16拠点、大阪、滋賀など関西地区に4拠点、愛知、静岡など中部地区に2拠点、石川、新潟など北陸地方に2拠点、九州に1拠点などである。

表 3.2.3-1 コンピュータの冷却における技術開発拠点一覧表

No.	企業名	特許件数	事業所名	住所	発明者数
①	古河電気工業	25	本社	東京都	25
②	東芝	24	総合研究所	神奈川県	5
			研究開発センター	神奈川県	3
			青梅工場	東京都	13
③	フジクラ	22	本社	東京都	11
④	日立製作所	17	情報機器事業部	愛知県	2
			機械研究所	茨城県	12
			日立研究所	茨城県	5
			PC事業部	神奈川県	4
			汎用コンピュータ事業部	神奈川県	1
			オフィスシステム事業部	神奈川県	8
			空調システム事業部	静岡県	1
			中央研究所	東京都	3
			冷熱事業部栃木本部	栃木県	3
⑤	ダイヤモンド電機	14	本社	大阪府	2

No.	企業名	特許件数	事業所名	住所	発明者数
⑥	ピーエフユー	13	本社	石川県	3
⑦	昭和電工	12	堺事業所	大阪府	13
⑧	富士通	10	川崎工場	神奈川県	19
⑨	三菱電機	9	本社	東京都	9
⑩	松下電器産業	8	本社	大阪府	16
⑪	米国IBM	6	本社	米国	3
			日本IBM野洲事業所	滋賀県	6
			日本IBM大和事業所	神奈川県	2
⑫	東芝ホームテクノ	5		新潟県	1
⑬	ソニー	5	本社	東京都	4
⑭	日本電気	4	本社	東京都	2
⑮	アルプス電気	3	本社	東京都	4
⑯	キヤノン	3	本社	東京都	3
⑰	日本電信電話	3	本社	東京都	6

1990年から2001年7月に公開の特許・実案

3.2.4 コピー機・画像形成装置へのヒートパイプ応用

図 3.2.4-1 にコピー機・画像形成装置へのヒートパイプの応用における技術開発拠点を示す。

図 3.2.4-1 コピー機・画像形成装置へのヒートパイプの応用における技術開発拠点図

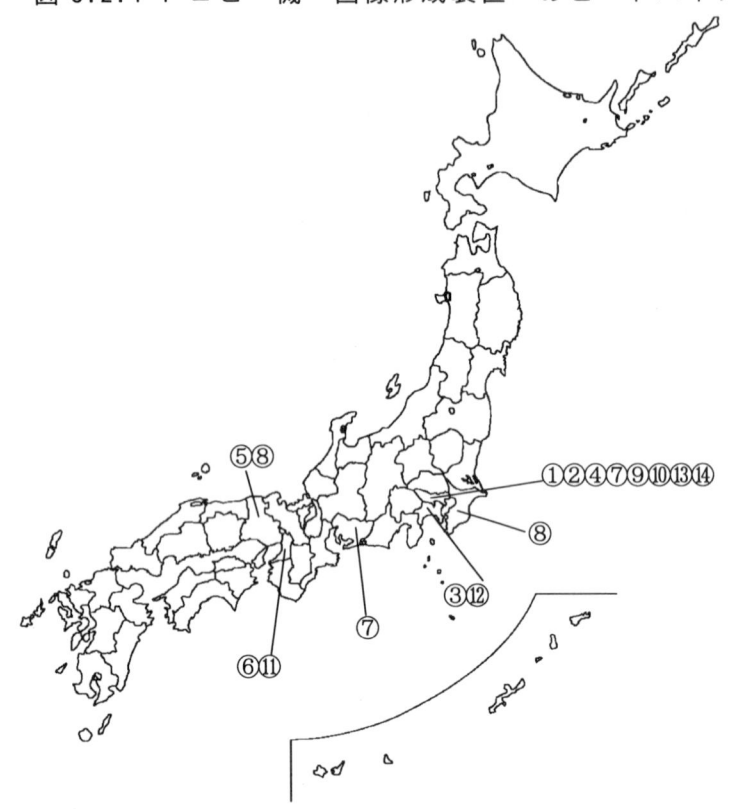

> コピー機・画像形成装置の均熱・冷却の開発拠点は、京浜地区と埼玉、千葉など関東地区に 11 拠点、大阪、兵庫など関西地区に 4 拠点、中部地区に 1 拠点などである。

表 3.2.4-1 コピー機・画像形成装置へのヒートパイプ応用における技術開発拠点一覧表

No.	企業名	特許件数	事業所名	住所	発明者数
①	リコー	91	本社	東京都	63
②	コニカ	17	東京事業所日野	東京都(日野市)	2
			東京事業所八王子	東京都(八王子市)	13
③	富士ゼロックス	16	海老名事業所	神奈川県	8
			足柄	神奈川県	8
④	キヤノン	11	本社	東京都	19
⑤	三菱電機	8	神戸製作所	兵庫県	1
⑥	ミノルタカメラ	6	本社	大阪府	6

No.	企業名	特許件数	事業所名	住所	発明者数
⑦	住友軽金属	6	本社	東京都	3
			伸銅所	愛知県	1
⑧	新日本製鉄	5	技術開発本部	千葉県	4
			広畑製鐵	兵庫県	7
⑨	古河電気工業	5	本社	東京都	10
⑩	日東工業	5		東京都	2
⑪	シャープ	3	本社	大阪府	3
⑫	東芝	3	柳町工場	神奈川県	2
⑬	フジクラ	3	本社	東京都	9
⑭	日本電気	3	本社	東京都	1

1990 年から 2001 年 7 月に公開の特許・実案

3.2.5 画像表示装置の冷却

図 3.2.5-1 に画像表示装置の冷却における技術開発拠点を示す。

図 3.2.5-1 画像表示装置の冷却における技術開発拠点図

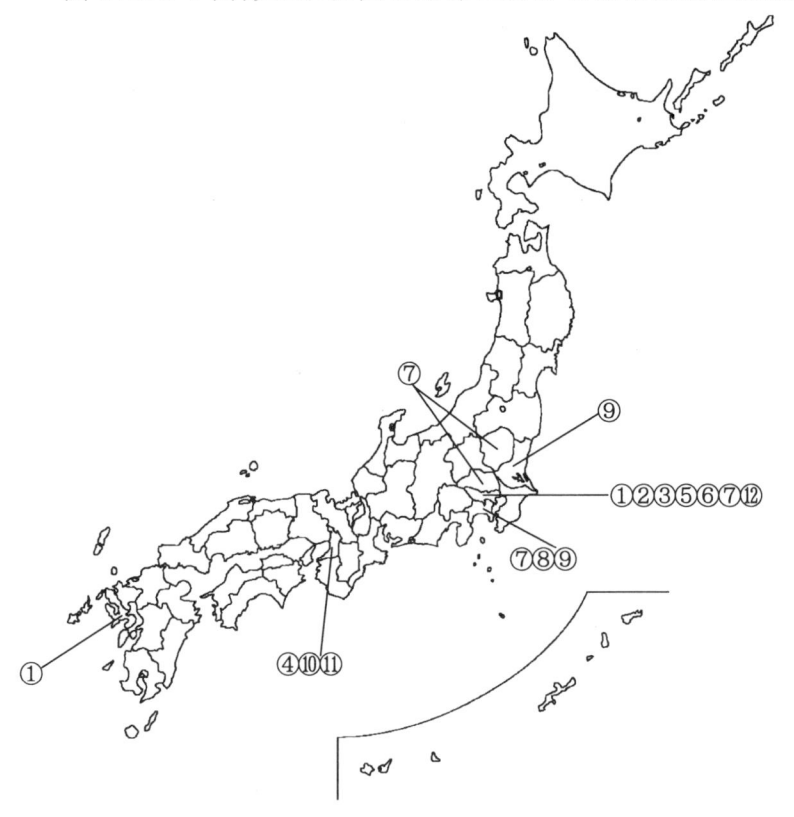

> 画像表示装置の冷却の開発拠点は、京浜地区に 10 拠点、埼玉、茨城など関東周辺地区に 3 拠点、関西地区に 3 拠点、九州に 1 拠点などである。

表 3.2.5-1 画像表示装置の冷却における技術開発拠点一覧表

No.	企業名	特許件数	事業所名	住所	発明者数
①	三菱電機	25	長崎製作所	長崎県	2
			本社	東京都	5
②	東芝ライテック	13		東京都	10
③	ソニー	10	本社	東京都	10
④	松下電器産業	10	本社	大阪府	22
⑤	キヤノン	9	本社	東京都	9
⑥	カシオ計算機	8	東京事業所	東京都	4
			羽村技術センター	東京都	1
⑦	東芝	7	本社事務所	東京都	2
			深谷工場	埼玉県	1
			研究開発センター	神奈川県	2

No.	企業名	特許件数	事業所名	住所	発明者数
⑦	東芝		青梅工場	東京都	1
			府中工場	東京都	1
			那須電子管工場	栃木県	1
⑧	富士通ゼネラル	6	本社	神奈川県	5
⑨	日立製作所	6	計測器事業部	茨城県	3
			マルチメディアシステム開発本部	神奈川県	4
			映像情報メディア事業部	神奈川県	3
⑩	シャープ	5	本社	大阪府	8
⑪	三洋電機	5	本社	大阪府	4
⑫	日本電気	3	本社	東京都	2

1990年から2001年7月に公開の特許・実案

資料

1. 工業所有権総合情報館と特許流通促進事業
2. 特許流通アドバイザー一覧
3. 特許電子図書館情報検索指導アドバイザー一覧
4. 知的所有権センター一覧
5. 平成13年度25技術テーマの特許流通の概要
6. 特許番号一覧

資料1．工業所有権総合情報館と特許流通促進事業

　特許庁工業所有権総合情報館は、明治20年に特許局官制が施行され、農商務省特許局庶務部内に図書館を置き、図書等の保管・閲覧を開始したことにより、組織上のスタートを切りました。
　その後、我が国が明治32年に「工業所有権の保護等に関するパリ同盟条約」に加入することにより、同条約に基づく公報等の閲覧を行う中央資料館として、国際的な地位を獲得しました。
　平成9年からは、工業所有権相談業務と情報流通業務を新たに加え、総合的な情報提供機関として、その役割を果たしております。さらに平成13年4月以降は、独立行政法人工業所有権総合情報館として生まれ変わり、より一層の利用者ニーズに機敏に対応する業務運営を目指し、特許公報等の情報提供及び工業所有権に関する相談等による出願人支援、審査審判協力のための図書等の提供、開放特許活用等の特許流通促進事業を推進しております。

1　事業の概要

(1) 内外国公報類の収集・閲覧
　下記の公報閲覧室でどなたでも内外国公報等の調査を行うことができる環境と体制を整備しています。

閲覧室	所在地	TEL
札幌閲覧室	北海道札幌市北区北7条西2-8　北ビル7F	011-747-3061
仙台閲覧室	宮城県仙台市青葉区本町3-4-18　太陽生命仙台本町ビル7F	022-711-1339
第一公報閲覧室	東京都千代田区霞が関3-4-3　特許庁2F	03-3580-7947
第二公報閲覧室	東京都千代田区霞が関1-3-1　経済産業省別館1F	03-3581-1101（内線3819）
名古屋閲覧室	愛知県名古屋市中区栄2-10-19　名古屋商工会議所ビルB2F	052-223-5764
大阪閲覧室	大阪府大阪市天王寺区伶人町2-7　関西特許情報センター1F	06-4305-0211
広島閲覧室	広島県広島市中区上八丁堀6-30　広島合同庁舎3号館	082-222-4595
高松閲覧室	香川県高松市林町2217-15　香川産業頭脳化センタービル2F	087-869-0661
福岡閲覧室	福岡県福岡市博多区博多駅東2-6-23　住友博多駅前第2ビル2F	092-414-7101
那覇閲覧室	沖縄県那覇市前島3-1-15　大同生命那覇ビル5F	098-867-9610

(2) 審査審判用図書等の収集・閲覧
　審査に利用する図書等を収集・整理し、特許庁の審査に提供すると同時に、「図書閲覧室（特許庁2F）」において、調査を希望する方々へ提供しています。【TEL：03-3592-2920】

(3) 工業所有権に関する相談
　相談窓口（特許庁　2F）を開設し、工業所有権に関する一般的な相談に応じています。

手紙、電話、e-mail等による相談も受け付けています。
　【TEL：03-3581-1101(内線2121〜2123)】【FAX：03-3502-8916】
　【e-mail：PA8102@ncipi.jpo.go.jp】

(4) 特許流通の促進
　特許権の活用を促進するための特許流通市場の整備に向け、各種事業を行っています。
(詳細は2項参照)【TEL：03-3580-6949】

2　特許流通促進事業

　先行き不透明な経済情勢の中、企業が生き残り、発展して行くためには、新しいビジネスの創造が重要であり、その際、知的資産の活用、とりわけ技術情報の宝庫である特許の活用がキーポイントとなりつつあります。
　また、企業が技術開発を行う場合、まず自社で開発を行うことが考えられますが、商品のライフサイクルの短縮化、技術開発のスピードアップ化が求められている今日、外部からの技術を積極的に導入することも必要になってきています。
　このような状況下、特許庁では、特許の流通を通じた技術移転・新規事業の創出を促進するため、特許流通促進事業を展開していますが、2001年4月から、これらの事業は、特許庁から独立をした「独立行政法人　工業所有権総合情報館」が引き継いでいます。

(1) 特許流通の促進
① 特許流通アドバイザー
　全国の知的所有権センター・TLO等からの要請に応じて、知的所有権や技術移転についての豊富な知識・経験を有する専門家を特許流通アドバイザーとして派遣しています。
　知的所有権センターでは、地域の活用可能な特許の調査、当該特許の提供支援及び大学・研究機関が保有する特許と地域企業との橋渡しを行っています。(資料2参照)

② 特許流通促進説明会
　地域特性に合った特許情報の有効活用の普及・啓発を図るため、技術移転の実例を紹介しながら特許流通のプロセスや特許電子図書館を利用した特許情報検索方法等を内容とした説明会を開催しています。

(2) 開放特許情報等の提供
① 特許流通データベース
　活用可能な開放特許を産業界、特に中小・ベンチャー企業に円滑に流通させ実用化を推進していくため、企業や研究機関・大学等が保有する提供意思のある特許をデータベース化し、インターネットを通じて公開しています。(http://www.ncipi.go.jp)

② 開放特許活用例集
　特許流通データベースに登録されている開放特許の中から製品化ポテンシャルが高い案

件を選定し、これら有用な開放特許を有効に使ってもらうためのビジネスアイデア集を作成しています。

③ 特許流通支援チャート
　企業が新規事業創出時の技術導入・技術移転を図る上で指標となりうる国内特許の動向を技術テーマごとに、分析したものです。出願上位企業の特許取得状況、技術開発課題に対応した特許保有状況、技術開発拠点等を紹介しています。

④ 特許電子図書館情報検索指導アドバイザー
　知的財産権及びその情報に関する専門的知識を有するアドバイザーを全国の知的所有権センターに派遣し、特許情報の検索に必要な基礎知識から特許情報の活用の仕方まで、無料でアドバイス・相談を行っています。(資料3参照)

(3) 知的財産権取引業の育成
① 知的財産権取引業者データベース
　特許を始めとする知的財産権の取引や技術移転の促進には、欧米の技術移転先進国に見られるように、民間の仲介事業者の存在が不可欠です。こうした民間ビジネスが質・量ともに不足し、社会的認知度も低いことから、事業者の情報を収集してデータベース化し、インターネットを通じて公開しています。

② 国際セミナー・研修会等
　著名海外取引業者と我が国取引業者との情報交換、議論の場（国際セミナー）を開催しています。また、産学官の技術移転を促進して、企業の新商品開発や技術力向上を促進するために不可欠な、技術移転に携わる人材の育成を目的とした研修事業を開催しています。

資料2．特許流通アドバイザー一覧 （平成14年3月1日現在）

○経済産業局特許室および知的所有権センターへの派遣

派遣先	氏名	所在地	TEL
北海道経済産業局特許室	杉谷 克彦	〒060-0807 札幌市北区北7条西2丁目8番地1北ビル7階	011-708-5783
北海道知的所有権センター （北海道立工業試験場）	宮本 剛汎	〒060-0819 札幌市北区北19条西11丁目 北海道立工業試験場内	011-747-2211
東北経済産業局特許室	三澤 輝起	〒980-0014 仙台市青葉区本町3-4-18 太陽生命仙台本町ビル7階	022-223-9761
青森県知的所有権センター （(社)発明協会青森県支部）	内藤 規雄	〒030-0112 青森市大字八ツ役字芦谷202-4 青森県産業技術開発センター内	017-762-3912
岩手県知的所有権センター （岩手県工業技術センター）	阿部 新喜司	〒020-0852 盛岡市飯岡新田3-35-2 岩手県工業技術センター内	019-635-8182
宮城県知的所有権センター （宮城県産業技術総合センター）	小野 賢悟	〒981-3206 仙台市泉区明通二丁目2番地 宮城県産業技術総合センター内	022-377-8725
秋田県知的所有権センター （秋田県工業技術センター）	石川 順三	〒010-1623 秋田市新屋町字砂奴寄4-11 秋田県工業技術センター内	018-862-3417
山形県知的所有権センター （山形県工業技術センター）	冨樫 富雄	〒990-2473 山形市松栄1-3-8 山形県産業創造支援センター内	023-647-8130
福島県知的所有権センター （(社)発明協会福島県支部）	相澤 正彬	〒963-0215 郡山市待池台1-12 福島県ハイテクプラザ内	024-959-3351
関東経済産業局特許室	村上 義英	〒330-9715 さいたま市上落合2-11 さいたま新都心合同庁舎1号館	048-600-0501
茨城県知的所有権センター （(財)茨城県中小企業振興公社）	齋藤 幸一	〒312-0005 ひたちなか市新光町38 ひたちなかテクノセンタービル内	029-264-2077
栃木県知的所有権センター （(社)発明協会栃木県支部）	坂本 武	〒322-0011 鹿沼市白桑田516-1 栃木県工業技術センター内	0289-60-1811
群馬県知的所有権センター （(社)発明協会群馬県支部）	三田 隆志	〒371-0845 前橋市鳥羽町190 群馬県工業試験場内	027-280-4416
	金井 澄雄	〒371-0845 前橋市鳥羽町190 群馬県工業試験場内	027-280-4416
埼玉県知的所有権センター （埼玉県工業技術センター）	野口 満	〒333-0848 川口市芝下1-1-56 埼玉県工業技術センター内	048-269-3108
	清水 修	〒333-0848 川口市芝下1-1-56 埼玉県工業技術センター内	048-269-3108
千葉県知的所有権センター （(社)発明協会千葉県支部）	稲谷 稔宏	〒260-0854 千葉市中央区長洲1-9-1 千葉県庁南庁舎内	043-223-6536
	阿草 一男	〒260-0854 千葉市中央区長洲1-9-1 千葉県庁南庁舎内	043-223-6536
東京都知的所有権センター （東京都城南地域中小企業振興センター）	鷹見 紀彦	〒144-0035 大田区南蒲田1-20-20 城南地域中小企業振興センター内	03-3737-1435
神奈川県知的所有権センター支部 （(財)神奈川高度技術支援財団）	小森 幹雄	〒213-0012 川崎市高津区坂戸3-2-1 かながわサイエンスパーク内	044-819-2100
新潟県知的所有権センター （(財)信濃川テクノポリス開発機構）	小林 靖幸	〒940-2127 長岡市新産4-1-9 長岡地域技術開発振興センター内	0258-46-9711
山梨県知的所有権センター （山梨県工業技術センター）	廣川 幸生	〒400-0055 甲府市大津町2094 山梨県工業技術センター内	055-220-2409
長野県知的所有権センター （(社)発明協会長野県支部）	徳永 正明	〒380-0928 長野市若里1-18-1 長野県工業試験場内	026-229-7688
静岡県知的所有権センター （(社)発明協会静岡県支部）	神長 邦雄	〒421-1221 静岡市牧ヶ谷2078 静岡工業技術センター内	054-276-1516
	山田 修寧	〒421-1221 静岡市牧ヶ谷2078 静岡工業技術センター内	054-276-1516
中部経済産業局特許室	原口 邦弘	〒460-0008 名古屋市中区栄2-10-19 名古屋商工会議所ビルB2F	052-223-6549
富山県知的所有権センター （富山県工業技術センター）	小坂 郁雄	〒933-0981 高岡市二上町150 富山県工業技術センター内	0766-29-2081
石川県知的所有権センター (財)石川県産業創出支援機構	一丸 義次	〒920-0223 金沢市戸水町イ65番地 石川県地場産業振興センター新館1階	076-267-8117
岐阜県知的所有権センター （岐阜県科学技術振興センター）	松永 孝義	〒509-0108 各務原市須衛町4-179-1 テクノプラザ5F	0583-79-2250
	木下 裕雄	〒509-0108 各務原市須衛町4-179-1 テクノプラザ5F	0583-79-2250
愛知県知的所有権センター （愛知県工業技術センター）	森 孝和	〒448-0003 刈谷市一ツ木町西新割 愛知県工業技術センター内	0566-24-1841
	三浦 元久	〒448-0003 刈谷市一ツ木町西新割 愛知県工業技術センター内	0566-24-1841

派遣先	氏名	所在地	TEL
三重県知的所有権センター (三重県工業技術総合研究所)	馬渡 建一	〒514-0819 津市高茶屋5-5-45 三重県科学振興センター工業研究部内	059-234-4150
近畿経済産業局特許室	下田 英宣	〒543-0061 大阪市天王寺区伶人町2-7 関西特許情報センター1階	06-6776-8491
福井県知的所有権センター (福井県工業技術センター)	上坂 旭	〒910-0102 福井市川合鷲塚町61字北稲田10 福井県工業技術センター内	0776-55-2100
滋賀県知的所有権センター (滋賀県工業技術センター)	新屋 正男	〒520-3004 栗東市上砥山232 滋賀県工業技術総合センター別館内	077-558-4040
京都府知的所有権センター ((社)発明協会京都支部)	衣川 清彦	〒600-8813 京都市下京区中堂寺南町17番地 京都リサーチパーク京都高度技術研究所ビル4階	075-326-0066
大阪府知的所有権センター (大阪府立特許情報センター)	大空 一博	〒543-0061 大阪市天王寺区伶人町2-7 関西特許情報センター内	06-6772-0704
	梶原 淳治	〒577-0809 東大阪市永和1-11-10	06-6722-1151
兵庫県知的所有権センター ((財)新産業創造研究機構)	園田 憲一	〒650-0047 神戸市中央区港島南町1-5-2 神戸キメックセンタービル6F	078-306-6808
	島田 一男	〒650-0047 神戸市中央区港島南町1-5-2 神戸キメックセンタービル6F	078-306-6808
和歌山県知的所有権センター ((社)発明協会和歌山県支部)	北澤 宏造	〒640-8214 和歌山県寄合町25 和歌山市発明館4階	073-432-0087
中国経済産業局特許室	木村 郁男	〒730-8531 広島市中区上八丁堀6-30 広島合同庁舎3号館1階	082-502-6828
鳥取県知的所有権センター ((社)発明協会鳥取県支部)	五十嵐 善司	〒689-1112 鳥取市若葉台南7-5-1 新産業創造センター1階	0857-52-6728
島根県知的所有権センター ((社)発明協会島根県支部)	佐野 馨	〒690-0816 島根県松江市北陵町1 テクノアークしまね内	0852-60-5146
岡山県知的所有権センター ((社)発明協会岡山県支部)	横田 悦造	〒701-1221 岡山市芳賀5301 テクノサポート岡山内	086-286-9102
広島県知的所有権センター ((社)発明協会広島県支部)	壹岐 正弘	〒730-0052 広島市中区千田町3-13-11 広島発明会館2階	082-544-2066
山口県知的所有権センター ((社)発明協会山口県支部)	滝川 尚久	〒753-0077 山口市熊野町1-10 NPYビル10階 (財)山口県産業技術開発機構内	083-922-9927
四国経済産業局特許室	鶴野 弘章	〒761-0301 香川県高松市林町2217-15 香川産業頭脳化センタービル2階	087-869-3790
徳島県知的所有権センター ((社)発明協会徳島県支部)	武岡 明夫	〒770-8021 徳島市雑賀町西開11-2 徳島県立工業技術センター内	088-669-0117
香川県知的所有権センター ((社)発明協会香川県支部)	谷田 吉成	〒761-0301 香川県高松市林町2217-15 香川産業頭脳化センタービル2階	087-869-9004
	福家 康矩	〒761-0301 香川県高松市林町2217-15 香川産業頭脳化センタービル2階	087-869-9004
愛媛県知的所有権センター ((社)発明協会愛媛県支部)	川野 辰己	〒791-1101 松山市久米窪田町337-1 テクノプラザ愛媛	089-960-1489
高知県知的所有権センター ((財)高知県産業振興センター)	吉本 忠男	〒781-5101 高知市布師田3992-2 高知県中小企業会館2階	0888-46-7087
九州経済産業局特許室	簗田 克志	〒812-8546 福岡市博多区博多駅東2-11-1 福岡合同庁舎内	092-436-7260
福岡県知的所有権センター ((社)発明協会福岡県支部)	道津 毅	〒812-0013 福岡市博多区博多駅東2-6-23 住友博多駅前第2ビル1階	092-415-6777
福岡県知的所有権センター北九州支部 ((株)北九州テクノセンター)	沖 宏治	〒804-0003 北九州市戸畑区中原新町2-1 (株)北九州テクノセンター内	093-873-1432
佐賀県知的所有権センター (佐賀県工業技術センター)	光武 章二	〒849-0932 佐賀市鍋島町大字八戸溝114 佐賀県工業技術センター内	0952-30-8161
	村上 忠郎	〒849-0932 佐賀市鍋島町大字八戸溝114 佐賀県工業技術センター内	0952-30-8161
長崎県知的所有権センター ((社)発明協会長崎県支部)	嶋北 正俊	〒856-0026 大村市池田2-1303-8 長崎県工業技術センター内	0957-52-1138
熊本県知的所有権センター ((社)発明協会熊本県支部)	深見 毅	〒862-0901 熊本市東町3-11-38 熊本県工業技術センター内	096-331-7023
大分県知的所有権センター (大分県産業科学技術センター)	古崎 宣	〒870-1117 大分市高江西1-4361-10 大分県産業科学技術センター内	097-596-7121
宮崎県知的所有権センター ((社)発明協会宮崎県支部)	久保田 英世	〒880-0303 宮崎県宮崎郡佐土原町東上那珂16500-2 宮崎県工業技術センター内	0985-74-2953
鹿児島県知的所有権センター (鹿児島県工業技術センター)	山田 式典	〒899-5105 鹿児島県姶良郡隼人町小田1445-1 鹿児島県工業技術センター内	0995-64-2056
沖縄総合事務局特許室	下司 義雄	〒900-0016 那覇市前島3-1-15 大同生命那覇ビル5階	098-867-3293
沖縄県知的所有権センター (沖縄県工業技術センター)	木村 薫	〒904-2234 具志川市州崎12-2 沖縄県工業技術センター内1階	098-939-2372

○技術移転機関(TLO)への派遣

派遣先	氏名	所在地	TEL
北海道ティー・エル・オー(株)	山田 邦重	〒060-0808 札幌市北区北8条西5丁目 北海道大学事務局分館2館	011-708-3633
	岩城 全紀	〒060-0808 札幌市北区北8条西5丁目 北海道大学事務局分館2館	011-708-3633
(株)東北テクノアーチ	井硲 弘	〒980-0845 仙台市青葉区荒巻字青葉468番地 東北大学未来科学技術共同センター	022-222-3049
(株)筑波リエゾン研究所	関 淳次	〒305-8577 茨城県つくば市天王台1-1-1 筑波大学共同研究棟A303	0298-50-0195
	綾 紀元	〒305-8577 茨城県つくば市天王台1-1-1 筑波大学共同研究棟A303	0298-50-0195
(財)日本産業技術振興協会 産総研イノベーションズ	坂 光	〒305-8568 茨城県つくば市梅園1-1-1 つくば中央第二事業所D-7階	0298-61-5210
日本大学国際産業技術・ビジネス育成セン	斎藤 光史	〒102-8275 東京都千代田区九段南4-8-24	03-5275-8139
	加根魯 和宏	〒102-8275 東京都千代田区九段南4-8-24	03-5275-8139
学校法人早稲田大学知的財産センター	菅野 淳	〒162-0041 東京都新宿区早稲田鶴巻町513 早稲田大学研究開発センター120-1号館1F	03-5286-9867
	風間 孝彦	〒162-0041 東京都新宿区早稲田鶴巻町513 早稲田大学研究開発センター120-1号館1F	03-5286-9867
(財)理工学振興会	鷹巣 征行	〒226-8503 横浜市緑区長津田町4259 フロンティア創造共同研究センター内	045-921-4391
	北川 謙一	〒226-8503 横浜市緑区長津田町4259 フロンティア創造共同研究センター内	045-921-4391
よこはまティーエルオー(株)	小原 郁	〒240-8501 横浜市保土ヶ谷区常盤台79-5 横浜国立大学共同研究推進センター内	045-339-4441
学校法人慶応義塾大学知的資産センター	道井 敏	〒108-0073 港区三田2-11-15 三田川崎ビル3階	03-5427-1678
	鈴木 泰	〒108-0073 港区三田2-11-15 三田川崎ビル3階	03-5427-1678
学校法人東京電機大学産官学交流セン	河村 幸夫	〒101-8457 千代田区神田錦町2-2	03-5280-3640
タマティーエルオー(株)	古瀬 武弘	〒192-0083 八王子市旭町9-1 八王子スクエアビル11階	0426-31-1325
学校法人明治大学知的資産センター	竹田 幹男	〒101-8301 千代田区神田駿河台1-1	03-3296-4327
(株)山梨ティー・エル・オー	田中 正男	〒400-8511 甲府市武田4-3-11 山梨大学地域共同開発研究センター内	055-220-8760
(財)浜松科学技術研究振興会	小野 義光	〒432-8561 浜松市城北3-5-1	053-412-6703
(財)名古屋産業科学研究所	杉本 勝	〒460-0008 名古屋市中区栄二丁目十番十九号 名古屋商工会議所ビル	052-223-5691
	小西 富雅	〒460-0008 名古屋市中区栄二丁目十番十九号 名古屋商工会議所ビル	052-223-5694
関西ティー・エル・オー(株)	山田 富義	〒600-8813 京都市下京区中堂寺南町17 京都リサーチパークサイエンスセンタービル1号館2階	075-315-8250
	斎田 雄一	〒600-8813 京都市下京区中堂寺南町17 京都リサーチパークサイエンスセンタービル1号館2階	075-315-8250
(財)新産業創造研究機構	井上 勝彦	〒650-0047 神戸市中央区港島南町1-5-2 神戸キメックセンタービル6F	078-306-6805
	長冨 弘充	〒650-0047 神戸市中央区港島南町1-5-2 神戸キメックセンタービル6F	078-306-6805
(財)大阪産業振興機構	有馬 秀平	〒565-0871 大阪府吹田市山田丘2-1 大阪大学先端科学技術共同研究センター4F	06-6879-4196
(有)山口ティー・エル・オー	松本 孝三	〒755-8611 山口県宇部市常盤台2-16-1 山口大学地域共同研究開発センター内	0836-22-9768
	熊原 尋美	〒755-8611 山口県宇部市常盤台2-16-1 山口大学地域共同研究開発センター内	0836-22-9768
(株)テクノネットワーク四国	佐藤 博正	〒760-0033 香川県高松市丸の内2-5 ヨンデンビル別館4F	087-811-5039
(株)北九州テクノセンター	乾 全	〒804-0003 北九州市戸畑区中原新町2番1号	093-873-1448
(株)産学連携機構九州	堀 浩一	〒812-8581 福岡市東区箱崎6-10-1 九州大学技術移転推進室内	092-642-4363
(財)くまもとテクノ産業財団	桂 真郎	〒861-2202 熊本県上益城郡益城町田原2081-10	096-289-2340

資料3．特許電子図書館情報検索指導アドバイザー一覧 （平成14年3月1日現在）
○知的所有権センターへの派遣

派遣先	氏名	所在地	TEL
北海道知的所有権センター (北海道立工業試験場)	平野 徹	〒060-0819 札幌市北区北19条西11丁目	011-747-2211
青森県知的所有権センター ((社)発明協会青森県支部)	佐々木 泰樹	〒030-0112 青森市第二問屋町4-11-6	017-762-3912
岩手県知的所有権センター (岩手県工業技術センター)	中嶋 孝弘	〒020-0852 盛岡市飯岡新田3-35-2	019-634-0684
宮城県知的所有権センター (宮城県産業技術総合センター)	小林 保	〒981-3206 仙台市泉区明通2-2	022-377-8725
秋田県知的所有権センター (秋田県工業技術センター)	田嶋 正夫	〒010-1623 秋田市新屋町字砂奴寄4-11	018-862-3417
山形県知的所有権センター (山形県工業技術センター)	大澤 忠行	〒990-2473 山形市松栄1-3-8	023-647-8130
福島県知的所有権センター ((社)発明協会福島支部)	栗田 広	〒963-0215 郡山市待池台1-12 福島県ハイテクプラザ内	024-963-0242
茨城県知的所有権センター ((財)茨城県中小企業振興公社)	猪野 正己	〒312-0005 ひたちなか市新光町38 ひたちなかテクノセンタービル1階	029-264-2211
栃木県知的所有権センター ((社)発明協会栃木県支部)	中里 浩	〒322-0011 鹿沼市白桑田516-1 栃木県工業技術センター内	0289-65-7550
群馬県知的所有権センター ((社)発明協会群馬県支部)	神林 賢蔵	〒371-0845 前橋市鳥羽町190 群馬県工業試験場内	027-254-0627
埼玉県知的所有権センター ((社)発明協会埼玉県支部)	田中 廣雅	〒331-8669 さいたま市桜木町1-7-5 ソニックシティ10階	048-644-4806
千葉県知的所有権センター ((社)発明協会千葉県支部)	中原 照義	〒260-0854 千葉市中央区長洲1-9-1 千葉県庁南庁舎R3階	043-223-7748
東京都知的所有権センター ((社)発明協会東京支部)	福澤 勝義	〒105-0001 港区虎ノ門2-9-14	03-3502-5521
神奈川県知的所有権センター (神奈川県産業技術総合研究所)	森 啓次	〒243-0435 海老名市下今泉705-1	046-236-1500
神奈川県知的所有権センター支部 ((財)神奈川高度技術支援財団)	大井 隆	〒213-0012 川崎市高津区坂戸3-2-1 かながわサイエンスパーク西棟205	044-819-2100
神奈川県知的所有権センター支部 ((社)発明協会神奈川県支部)	蓮見 亮	〒231-0015 横浜市中区尾上町5-80 神奈川中小企業センター10階	045-633-5055
新潟県知的所有権センター ((財)信濃川テクノポリス開発機構)	石谷 速夫	〒940-2127 長岡市新産4-1-9	0258-46-9711
山梨県知的所有権センター (山梨県工業技術センター)	山下 知	〒400-0055 甲府市大津町2094	055-243-6111
長野県知的所有権センター ((社)発明協会長野支部)	岡田 光正	〒380-0928 長野市若里1-18-1 長野県工業試験場内	026-228-5559
静岡県知的所有権センター ((社)発明協会静岡県支部)	吉井 和夫	〒421-1221 静岡市牧ヶ谷2078 静岡工業技術センター資料館内	054-278-6111
富山県知的所有権センター (富山県工業技術センター)	齋藤 靖雄	〒933-0981 高岡市二上町150	0766-29-1252
石川県知的所有権センター (財)石川県産業創出支援機構	辻 寛司	〒920-0223 金沢市戸水町イ65番地 石川県地場産業振興センター	076-267-5918
岐阜県知的所有権センター (岐阜県科学技術振興センター)	林 邦明	〒509-0108 各務原市須衛町4-179-1 テクノプラザ5F	0583-79-2250
愛知県知的所有権センター (愛知県工業技術センター)	加藤 英昭	〒448-0003 刈谷市一ツ木町西新割	0566-24-1841
三重県知的所有権センター (三重県工業技術総合研究所)	長峰 隆	〒514-0819 津市高茶屋5-5-45	059-234-4150
福井県知的所有権センター (福井県工業技術センター)	川・ 好昭	〒910-0102 福井市川合鷲塚町61字北稲田10	0776-55-1195
滋賀県知的所有権センター (滋賀県工業技術センター)	森 久子	〒520-3004 栗東市上砥山232	077-558-4040
京都府知的所有権センター ((社)発明協会京都支部)	中野 剛	〒600-8813 京都市下京区中堂寺南町17 京都リサーチパーク内 京都高度技研ビル4階	075-315-8686
大阪府知的所有権センター (大阪府立特許情報センター)	秋田 伸一	〒543-0061 大阪市天王寺区伶人町2-7	06-6771-2646
大阪府知的所有権センター支部 ((社)発明協会大阪支部知的財産センター)	戎 邦夫	〒564-0062 吹田市垂水町3-24-1 シンプレス江坂ビル2階	06-6330-7725
兵庫県知的所有権センター ((社)発明協会兵庫県支部)	山口 克己	〒654-0037 神戸市須磨区行平町3-1-31 兵庫県立産業技術センター4階	078-731-5847
奈良県知的所有権センター (奈良県工業技術センター)	北田 友彦	〒630-8031 奈良市柏木町129-1	0742-33-0863

派遣先	氏名	所在地	TEL
和歌山県知的所有権センター ((社)発明協会和歌山県支部)	木村 武司	〒640-8214 和歌山県寄合町25 和歌山市発明館4階	073-432-0087
鳥取県知的所有権センター ((社)発明協会鳥取県支部)	奥村 隆一	〒689-1112 鳥取市若葉台南7-5-1 新産業創造センター1階	0857-52-6728
島根県知的所有権センター ((社)発明協会島根県支部)	門脇 みどり	〒690-0816 島根県松江市北陵町1番地 テクノアークしまね1F内	0852-60-5146
岡山県知的所有権センター ((社)発明協会岡山県支部)	佐藤 新吾	〒701-1221 岡山市芳賀5301 テクノサポート岡山内	086-286-9656
広島県知的所有権センター ((社)発明協会広島県支部)	若木 幸蔵	〒730-0052 広島市中区千田町3-13-11 広島発明会館内	082-544-0775
広島県知的所有権センター支部 ((社)発明協会広島県支部備後支会)	渡部 武徳	〒720-0067 福山市西町2-10-1	0849-21-2349
広島県知的所有権センター支部 (呉地域産業振興センター)	三上 達矢	〒737-0004 呉市阿賀南2-10-1	0823-76-3766
山口県知的所有権センター ((社)発明協会山口県支部)	大段 恭二	〒753-0077 山口市熊野町1-10 NPYビル10階	083-922-9927
徳島県知的所有権センター ((社)発明協会徳島県支部)	平野 稔	〒770-8021 徳島市雑賀町西開11-2 徳島県立工業技術センター内	088-636-3388
香川県知的所有権センター ((社)発明協会香川県支部)	中元 恒	〒761-0301 香川県高松市林町2217-15 香川産業頭脳化センタービル2階	087-869-9005
愛媛県知的所有権センター ((社)発明協会愛媛県支部)	片山 忠徳	〒791-1101 松山市久米窪田町337-1 テクノプラザ愛媛	089-960-1118
高知県知的所有権センター (高知県工業技術センター)	柏井 富雄	〒781-5101 高知市布師田3992-3	088-845-7664
福岡県知的所有権センター ((社)発明協会福岡県支部)	浦井 正章	〒812-0013 福岡市博多区博多駅東2-6-23 住友博多駅前第2ビル2階	092-474-7255
福岡県知的所有権センター北九州支部 ((株)北九州テクノセンター)	重藤 務	〒804-0003 北九州市戸畑区中原新町2-1	093-873-1432
佐賀県知的所有権センター (佐賀県工業技術センター)	塚島 誠一郎	〒849-0932 佐賀市鍋島町八戸溝114	0952-30-8161
長崎県知的所有権センター ((社)発明協会長崎県支部)	川添 早苗	〒856-0026 大村市池田2-1303-8 長崎県工業技術センター内	0957-52-1144
熊本県知的所有権センター ((社)発明協会熊本県支部)	松山 彰雄	〒862-0901 熊本市東町3-11-38 熊本県工業技術センター内	096-360-3291
大分県知的所有権センター (大分県産業科学技術センター)	鎌田 正道	〒870-1117 大分市高江西1-4361-10	097-596-7121
宮崎県知的所有権センター ((社)発明協会宮崎県支部)	黒田 護	〒880-0303 宮崎県宮崎郡佐土原町東上那珂16500-2 宮崎県工業技術センター内	0985-74-2953
鹿児島県知的所有権センター (鹿児島県工業技術センター)	大井 敏民	〒899-5105 鹿児島県姶良郡隼人町小田1445-1	0995-64-2445
沖縄県知的所有権センター (沖縄県工業技術センター)	和田 修	〒904-2234 具志川市字州崎12-2 中城湾港新港地区トロピカルテクノパーク内	098-929-0111

資料4．知的所有権センター一覧 （平成14年3月1日現在）

都道府県	名称	所在地	TEL
北海道	北海道知的所有権センター （北海道立工業試験場）	〒060-0819 札幌市北区北19条西11丁目	011-747-2211
青森県	青森県知的所有権センター （(社)発明協会青森県支部）	〒030-0112 青森市第二問屋町4-11-6	017-762-3912
岩手県	岩手県知的所有権センター （岩手県工業技術センター）	〒020-0852 盛岡市飯岡新田3-35-2	019-634-0684
宮城県	宮城県知的所有権センター （宮城県産業技術総合センター）	〒981-3206 仙台市泉区明通2-2	022-377-8725
秋田県	秋田県知的所有権センター （秋田県工業技術センター）	〒010-1623 秋田市新屋町字砂奴寄4-11	018-862-3417
山形県	山形県知的所有権センター （山形県工業技術センター）	〒990-2473 山形市松栄1-3-8	023-647-8130
福島県	福島県知的所有権センター （(社)発明協会福島県支部）	〒963-0215 郡山市待池台1-12 福島県ハイテクプラザ内	024-963-0242
茨城県	茨城県知的所有権センター （(財)茨城県中小企業振興公社）	〒312-0005 ひたちなか市新光町38 ひたちなかテクノセンタービル1階	029-264-2211
栃木県	栃木県知的所有権センター （(社)発明協会栃木県支部）	〒322-0011 鹿沼市白桑田516-1 栃木県工業技術センター内	0289-65-7550
群馬県	群馬県知的所有権センター （(社)発明協会群馬県支部）	〒371-0845 前橋市鳥羽町190 群馬県工業試験場内	027-254-0627
埼玉県	埼玉県知的所有権センター （(社)発明協会埼玉県支部）	〒331-8669 さいたま市桜木町1-7-5 ソニックシティ10階	048-644-4806
千葉県	千葉県知的所有権センター （(社)発明協会千葉県支部）	〒260-0854 千葉市中央区長洲1-9-1 千葉県庁南庁舎R3階	043-223-7748
東京都	東京都知的所有権センター （(社)発明協会東京支部）	〒105-0001 港区虎ノ門2-9-14	03-3502-5521
神奈川県	神奈川県知的所有権センター （神奈川県産業技術総合研究所）	〒243-0435 海老名市下今泉705-1	046-236-1500
	神奈川県知的所有権センター支部 （(財)神奈川高度技術支援財団）	〒213-0012 川崎市高津区坂戸3-2-1 かながわサイエンスパーク西棟205	044-819-2100
	神奈川県知的所有権センター支部 （(社)発明協会神奈川県支部）	〒231-0015 横浜市中区尾上町5-80 神奈川中小企業センター10階	045-633-5055
新潟県	新潟県知的所有権センター （(財)信濃川テクノポリス開発機構）	〒940-2127 長岡市新産4-1-9	0258-46-9711
山梨県	山梨県知的所有権センター （山梨県工業技術センター）	〒400-0055 甲府市大津町2094	055-243-6111
長野県	長野県知的所有権センター （(社)発明協会長野支部）	〒380-0928 長野市若里1-18-1 長野県工業試験場内	026-228-5559
静岡県	静岡県知的所有権センター （(社)発明協会静岡支部）	〒421-1221 静岡市牧ヶ谷2078 静岡工業技術センター資料館内	054-278-6111
富山県	富山県知的所有権センター （富山県工業技術センター）	〒933-0981 高岡市二上町150	0766-29-1252
石川県	石川県知的所有権センター （財)石川県産業創出支援機構	〒920-0223 金沢市戸水町イ65番地 石川県地場産業振興センター	076-267-5918
岐阜県	岐阜県知的所有権センター （岐阜県科学技術振興センター）	〒509-0108 各務原市須衛町4-179-1 テクノプラザ5F	0583-79-2250
愛知県	愛知県知的所有権センター （愛知県工業技術センター）	〒448-0003 刈谷市一ツ木町西新割	0566-24-1841
三重県	三重県知的所有権センター （三重県工業技術総合研究所）	〒514-0819 津市高茶屋5-5-45	059-234-4150
福井県	福井県知的所有権センター （福井県工業技術センター）	〒910-0102 福井市川合鷲塚町61字北稲田10	0776-55-1195
滋賀県	滋賀県知的所有権センター （滋賀県工業技術センター）	〒520-3004 栗東市上砥山232	077-558-4040
京都府	京都府知的所有権センター （(社)発明協会京都支部）	〒600-8813 京都市下京区中堂寺南町17 京都リサーチパーク内 京都高度技研ビル4階	075-315-8686
大阪府	大阪府知的所有権センター （大阪府立特許情報センター）	〒543-0061 大阪市天王寺区伶人町2-7	06-6771-2646
	大阪府知的所有権センター支部 （(社)発明協会大阪支部知的財産センター）	〒564-0062 吹田市垂水町3-24-1 シンプレス江坂ビル2階	06-6330-7725
兵庫県	兵庫県知的所有権センター （(社)発明協会兵庫県支部）	〒654-0037 神戸市須磨区行平町3-1-31 兵庫県立産業技術センター4階	078-731-5847

都道府県	名　称	所　在　地	TEL
奈良県	奈良県知的所有権センター (奈良県工業技術センター)	〒630-8031 奈良市柏木町129－1	0742-33-0863
和歌山県	和歌山県知的所有権センター ((社)発明協会和歌山県支部)	〒640-8214 和歌山県寄合町25 和歌山市発明館4階	073-432-0087
鳥取県	鳥取県知的所有権センター ((社)発明協会鳥取県支部)	〒689-1112 鳥取市若葉台南7－5－1 新産業創造センター1階	0857-52-6728
島根県	島根県知的所有権センター ((社)発明協会島根県支部)	〒690-0816 島根県松江市北陵町1番地 テクノアークしまね1F内	0852-60-5146
岡山県	岡山県知的所有権センター ((社)発明協会岡山県支部)	〒701-1221 岡山市芳賀5301 テクノサポート岡山内	086-286-9656
広島県	広島県知的所有権センター ((社)発明協会広島県支部)	〒730-0052 広島市中区千田町3－13－11 広島発明会館内	082-544-0775
	広島県知的所有権センター支部 ((社)発明協会広島県支部備後支会)	〒720-0067 福山市西町2－10－1	0849-21-2349
	広島県知的所有権センター支部 (呉地域産業振興センター)	〒737-0004 呉市阿賀南2－10－1	0823-76-3766
山口県	山口県知的所有権センター ((社)発明協会山口県支部)	〒753-0077 山口市熊野町1-10 NPYビル10階	083-922-9927
徳島県	徳島県知的所有権センター ((社)発明協会徳島県支部)	〒770-8021 徳島市雑賀町西開11－2 徳島県立工業技術センター内	088-636-3388
香川県	香川県知的所有権センター ((社)発明協会香川県支部)	〒761-0301 香川県高松市林町2217－15 香川産業頭脳化センタービル2階	087-869-9005
愛媛県	愛媛県知的所有権センター ((社)発明協会愛媛県支部)	〒791-1101 松山市久米窪田町337－1 テクノプラザ愛媛	089-960-1118
高知県	高知県知的所有権センター (高知県工業技術センター)	〒781-5101 高知市布師田3992－3	088-845-7664
福岡県	福岡県知的所有権センター ((社)発明協会福岡県支部)	〒812-0013 福岡市博多区博多駅東2－6－23 住友博多駅前第2ビル2階	092-474-7255
	福岡県知的所有権センター北九州支部 ((株)北九州テクノセンター)	〒804-0003 北九州市戸畑区中原新町2－1	093-873-1432
佐賀県	佐賀県知的所有権センター (佐賀県工業技術センター)	〒849-0932 佐賀市鍋島町八戸溝114	0952-30-8161
長崎県	長崎県知的所有権センター ((社)発明協会長崎県支部)	〒856-0026 大村市池田2－1303－8 長崎県工業技術センター内	0957-52-1144
熊本県	熊本県知的所有権センター ((社)発明協会熊本県支部)	〒862-0901 熊本市東町3－11－38 熊本県工業技術センター内	096-360-3291
大分県	大分県知的所有権センター (大分県産業科学技術センター)	〒870-1117 大分市高江西1－4361－10	097-596-7121
宮崎県	宮崎県知的所有権センター ((社)発明協会宮崎県支部)	〒880-0303 宮崎県宮崎郡佐土原町東上那珂16500-2 宮崎県工業技術センター内	0985-74-2953
鹿児島県	鹿児島県知的所有権センター (鹿児島県工業技術センター)	〒899-5105 鹿児島県姶良郡隼人町小田1445-1	0995-64-2445
沖縄県	沖縄県知的所有権センター (沖縄県工業技術センター)	〒904-2234 具志川市字州崎12－2 中城湾港新港地区トロピカルテクノパーク内	098-929-0111

資料5．平成13年度25技術テーマの特許流通の概要

5.1 アンケート送付先と回収率

　平成13年度は、25の技術テーマにおいて「特許流通支援チャート」を作成し、その中で特許流通に対する意識調査として各技術テーマの出願件数上位企業を対象としてアンケート調査を行った。平成13年12月7日に郵送によりアンケートを送付し、平成14年1月31日までに回収されたものを対象に解析した。

　表5.1-1に、アンケート調査表の回収状況を示す。送付数578件、回収数306件、回収率52.9%であった。

表5.1-1 アンケートの回収状況

送付数	回収数	未回収数	回収率
578	306	272	52.9%

　表5.1-2に、業種別の回収状況を示す。各業種を一般系、機械系、化学系、電気系と大きく4つに分類した。以下、「〇〇系」と表現する場合は、各企業の業種別に基づく分類を示す。それぞれの回収率は、一般系56.5%、機械系63.5%、化学系41.1%、電気系51.6%であった。

表5.1-2 アンケートの業種別回収件数と回収率

業種と回収率	業種	回収件数
一般系 48/85=56.5%	建設	5
	窯業	12
	鉄鋼	6
	非鉄金属	17
	金属製品	2
	その他製造業	6
化学系 39/95=41.1%	食品	1
	繊維	12
	紙・パルプ	3
	化学	22
	石油・ゴム	1
機械系 73/115=63.5%	機械	23
	精密機器	28
	輸送機器	22
電気系 146/283=51.6%	電気	144
	通信	2

図 5.1 に、全回収件数を母数にして業種別に回収率を示す。全回収件数に占める業種別の回収率は電気系 47.7%、機械系 23.9%、一般系 15.7%、化学系 12.7%である。

図 5.1 回収件数の業種別比率

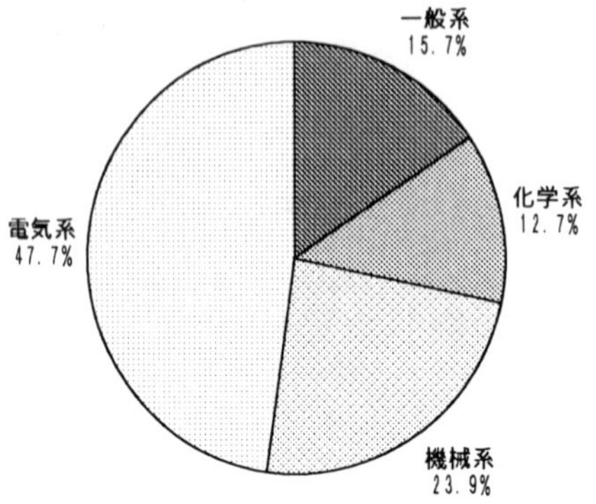

一般系	化学系	機械系	電気系	合計
48	39	73	146	306

表 5.1-3 に、技術テーマ別の回収件数と回収率を示す。この表では、技術テーマを一般分野、化学分野、機械分野、電気分野に分類した。以下、「○○分野」と表現する場合は、技術テーマによる分類を示す。回収率の最も良かった技術テーマは焼却炉排ガス処理技術の 71.4%で、最も悪かったのは有機 EL 素子の 34.6%である。

表 5.1-3 テーマ別の回収件数と回収率

	技術テーマ名	送付数	回収数	回収率
一般分野	カーテンウォール	24	13	54.2%
	気体膜分離装置	25	12	48.0%
	半導体洗浄と環境適応技術	23	14	60.9%
	焼却炉排ガス処理技術	21	15	71.4%
	はんだ付け鉛フリー技術	20	11	55.0%
化学分野	プラスティックリサイクル	25	15	60.0%
	バイオセンサ	24	16	66.7%
	セラミックスの接合	23	12	52.2%
	有機ＥＬ素子	26	9	34.6%
	生分解ポリエステル	23	12	52.2%
	有機導電性ポリマー	24	15	62.5%
	リチウムポリマー電池	29	13	44.8%
機械分野	車いす	21	12	57.1%
	金属射出成形技術	28	14	50.0%
	微細レーザ加工	20	10	50.0%
	ヒートパイプ	22	10	45.5%
電気分野	圧力センサ	22	13	59.1%
	個人照合	29	12	41.4%
	非接触型ＩＣカード	21	10	47.6%
	ビルドアップ多層プリント配線板	23	11	47.8%
	携帯電話表示技術	20	11	55.0%
	アクティブマトリックス液晶駆動技術	21	12	57.1%
	プログラム制御技術	21	12	57.1%
	半導体レーザの活性層	22	11	50.0%
	無線ＬＡＮ	21	11	52.4%

5.2 アンケート結果
5.2.1 開放特許に関して
(1) 開放特許と非開放特許

他者にライセンスしてもよい特許を「開放特許」、ライセンスの可能性のない特許を「非開放特許」と定義した。その上で、各技術テーマにおける保有特許のうち、自社での実施状況と開放状況について質問を行った。

306 件中 257 件の回答があった（回答率 84.0%）。保有特許件数に対する開放特許件数の割合を開放比率とし、保有特許件数に対する非開放特許件数の割合を非開放比率と定義した。

図 5.2.1-1 に、業種別の特許の開放比率と非開放比率を示す。全体の開放比率は 58.3%で、業種別では一般系が 37.1%、化学系が 20.6%、機械系が 39.4%、電気系が 77.4%である。化学系（20.6%）の企業の開放比率は、化学分野における開放比率（図 5.2.1-2）の最低値である「生分解ポリエステル」の 22.6%よりさらに低い値となっている。これは、化学分野においても、機械系、電気系の企業であれば、保有特許について比較的開放的であることを示唆している。

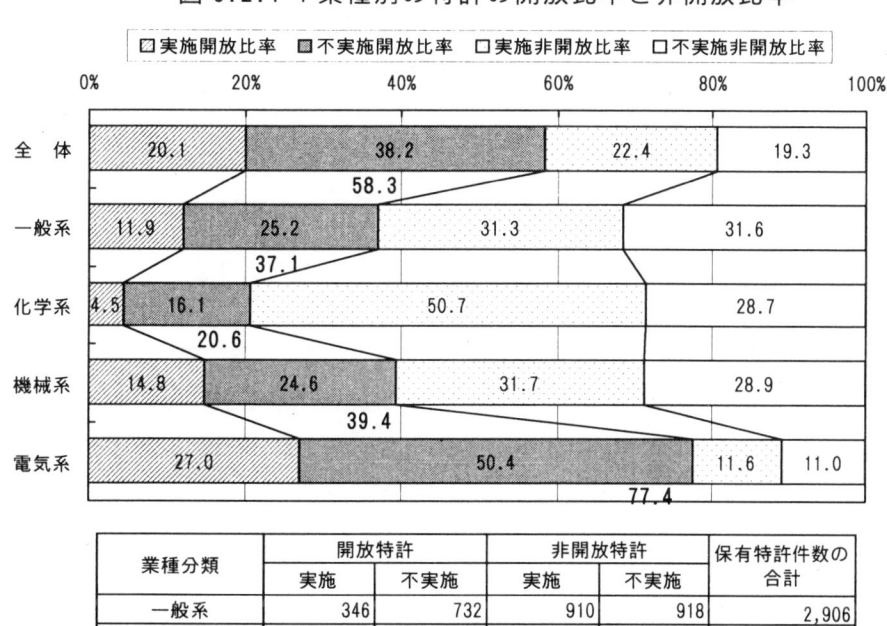

図 5.2.1-1 業種別の特許の開放比率と非開放比率

業種分類	開放特許 実施	開放特許 不実施	非開放特許 実施	非開放特許 不実施	保有特許件数の合計
一般系	346	732	910	918	2,906
化学系	90	323	1,017	576	2,006
機械系	494	821	1,058	964	3,337
電気系	2,835	5,291	1,218	1,155	10,499
全体	3,765	7,167	4,203	3,613	18,748

図 5.2.1-2 に、技術テーマ別の開放比率と非開放比率を示す。

開放比率（実施開放比率と不実施開放比率を加算。）が高い技術テーマを見てみると、最高値は「個人照合」の 84.7%で、次いで「はんだ付け鉛フリー技術」の 83.2%、「無線LAN」の 82.4%、「携帯電話表示技術」の 80.0%となっている。一方、低い方から見ると、「生分解ポリエステル」の 22.6%で、次いで「カーテンウォール」の 29.3%、「有機EL」の 30.5%である。

図 5.2.1-2 技術テーマ別の開放比率と非開放比率

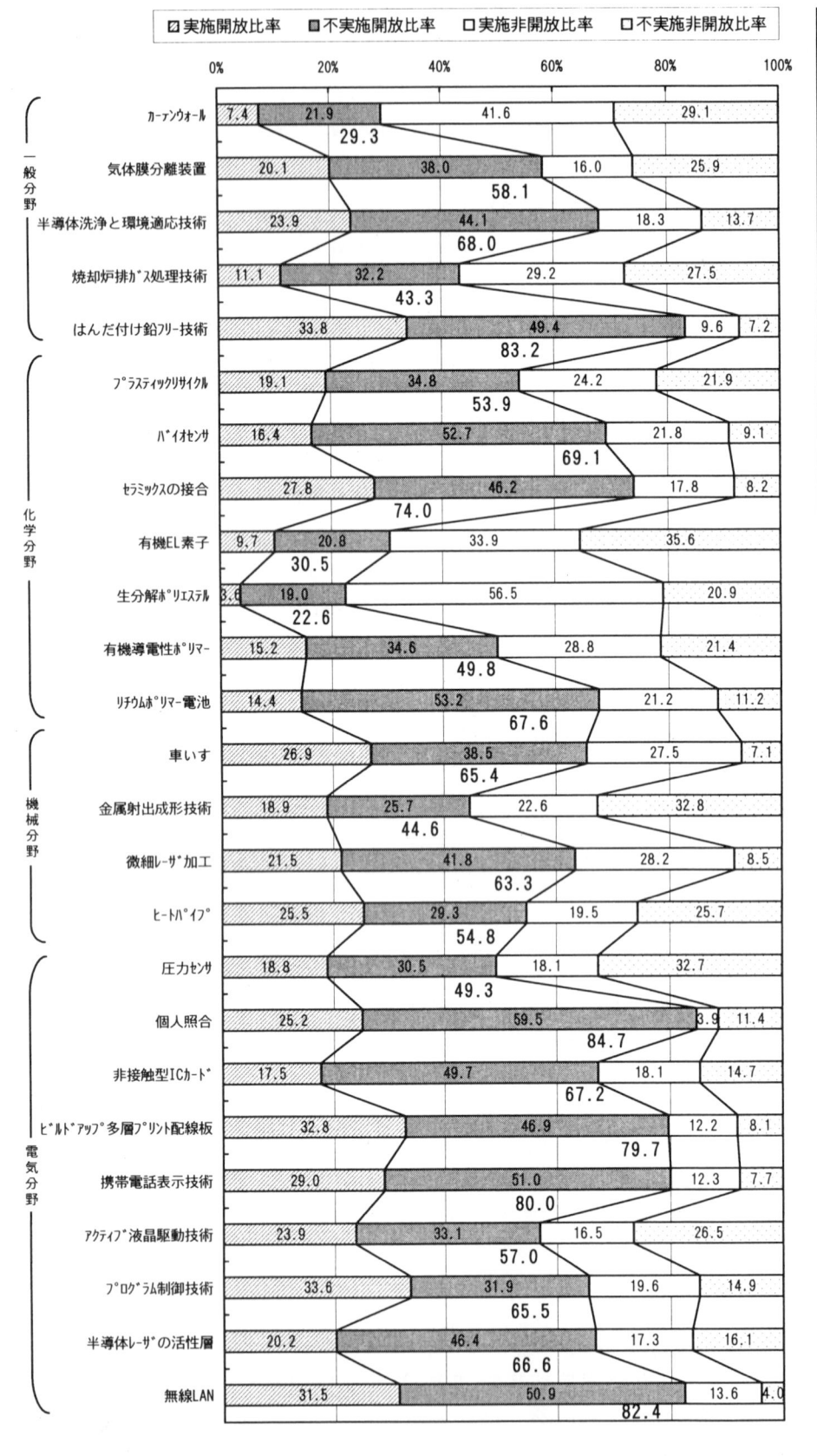

凡例: ■実施開放比率 ■不実施開放比率 □実施非開放比率 □不実施非開放比率

分野	技術テーマ	実施開放比率	不実施開放比率	実施非開放比率	不実施非開放比率	開放計	開放特許 実施	開放特許 不実施	非開放特許 実施	非開放特許 不実施	保有特許件数の合計
一般分野	カーテンウォール	7.4	21.9	41.6	29.1	29.3	67	198	376	264	905
一般分野	気体膜分離装置	20.1	38.0	16.0	25.9	58.1	88	166	70	113	437
一般分野	半導体洗浄と環境適応技術	23.9	44.1	18.3	13.7	68.0	155	286	119	89	649
一般分野	焼却炉排ガス処理技術	11.1	32.2	29.2	27.5	43.3	133	387	351	330	1,201
一般分野	はんだ付け鉛フリー技術	33.8	49.4	9.6	7.2	83.2	139	204	40	30	413
化学分野	プラスティックリサイクル	19.1	34.8	24.2	21.9	53.9	196	357	248	225	1,026
化学分野	バイオセンサ	16.4	52.7	21.8	9.1	69.1	106	340	141	59	646
化学分野	セラミックスの接合	27.8	46.2	17.8	8.2	74.0	145	241	93	42	521
化学分野	有機EL素子	9.7	20.8	33.9	35.6	30.5	90	193	316	332	931
化学分野	生分解ポリエステル	3.6	19.0	56.5	20.9	22.6	28	147	437	162	774
化学分野	有機導電性ポリマー	15.2	34.6	28.8	21.4	49.8	125	285	237	176	823
化学分野	リチウムポリマー電池	14.4	53.2	21.2	11.2	67.6	140	515	205	108	968
機械分野	車いす	26.9	38.5	27.5	7.1	65.4	107	154	110	28	399
機械分野	金属射出成形技術	18.9	25.7	22.6	32.8	44.6	147	200	175	255	777
機械分野	微細レーザ加工	21.5	41.8	28.2	8.5	63.3	68	133	89	27	317
機械分野	ヒートパイプ	25.5	29.3	19.5	25.7	54.8	215	248	164	217	844
電気分野	圧力センサ	18.8	30.5	18.1	32.7	49.3	164	267	158	286	875
電気分野	個人照合	25.2	59.5	3.9	11.4	84.7	220	521	34	100	875
電気分野	非接触型ICカード	17.5	49.7	18.1	14.7	67.2	140	398	145	117	800
電気分野	ビルドアップ多層プリント配線板	32.8	46.9	12.2	8.1	79.7	177	254	66	44	541
電気分野	携帯電話表示技術	29.0	51.0	12.3	7.7	80.0	235	414	100	62	811
電気分野	アクティブ液晶駆動技術	23.9	33.1	16.5	26.5	57.0	252	349	174	278	1,053
電気分野	プログラム制御技術	33.6	31.9	19.6	14.9	65.5	280	265	163	124	832
電気分野	半導体レーザの活性層	20.2	46.4	17.3	16.1	66.6	123	282	105	99	609
電気分野	無線LAN	31.5	50.9	13.6	4.0	82.4	227	367	98	29	721
合計							3,767	7,171	4,214	3,596	18,748

図5.2.1-3は、業種別に、各企業の特許の開放比率を示したものである。

開放比率は、化学系で最も低く、電気系で最も高い。機械系と一般系はその中間に位置する。推測するに、化学系の企業では、保有特許は「物質特許」である場合が多く、自社の市場独占を確保するため、特許を開放しづらい状況にあるのではないかと思われる。逆に、電気・機械系の企業は、商品のライフサイクルが短いため、せっかく取得した特許も短期間で新技術と入れ替える必要があり、不実施となった特許を開放特許として供出やすい環境にあるのではないかと考えられる。また、より効率性の高い技術開発を進めるべく他社とのアライアンスを目的とした開放特許戦略を採るケースも、最近出てきているのではないだろうか。

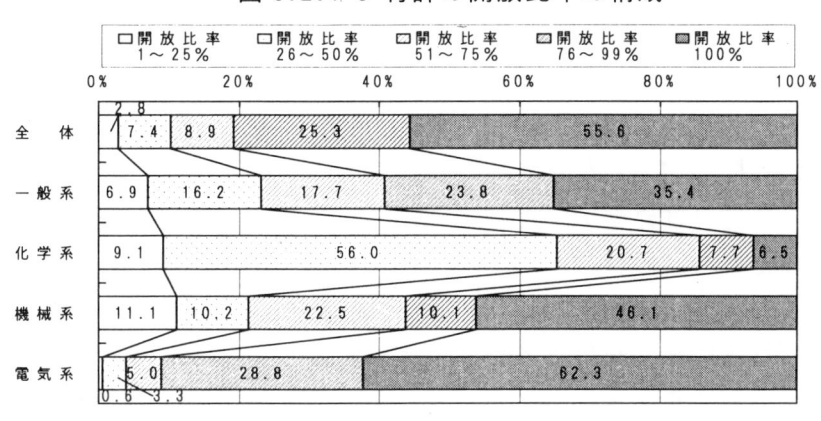

図5.2.1-3 特許の開放比率の構成

	開放比率1~25%	開放比率26~50%	開放比率51~75%	開放比率76~99%	開放比率100%
全体	7.4	8.9	25.3	55.6	2.8
一般系	6.9	16.2	17.7	23.8	35.4
化学系	9.1	56.0	20.7	1.7	6.5
機械系	11.1	10.2	22.5	10.1	46.1
電気系	0.6 / 3.3	5.0	28.8	62.3	

図5.2.1-4に、業種別の自社実施比率と不実施比率を示す。全体の自社実施比率は42.5%で、業種別では化学系55.2%、機械系46.5%、一般系43.2%、電気系38.6%である。化学系の企業は、自社実施比率が高く開放比率が低い。電気・機械系の企業は、その逆で自社実施比率が低く開放比率は高い。自社実施比率と開放比率は、反比例の関係にあるといえる。

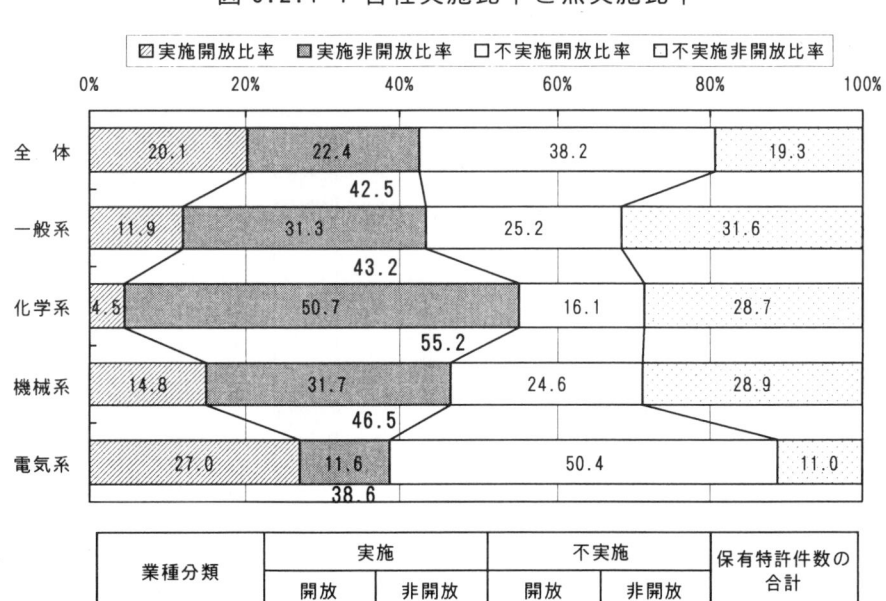

図5.2.1-4 自社実施比率と無実施比率

	実施開放比率	実施非開放比率	不実施開放比率	不実施非開放比率	自社実施比率
全体	20.1	22.4	38.2	19.3	42.5
一般系	11.9	31.3	25.2	31.6	43.2
化学系	4.5	50.7	16.1	28.7	55.2
機械系	14.8	31.7	24.6	28.9	46.5
電気系	27.0	11.6	50.4	11.0	38.6

業種分類	実施 開放	実施 非開放	不実施 開放	不実施 非開放	保有特許件数の合計
一般系	346	910	732	918	2,906
化学系	90	1,017	323	576	2,006
機械系	494	1,058	821	964	3,337
電気系	2,835	1,218	5,291	1,155	10,499
全体	3,765	4,203	7,167	3,613	18,748

(2) 非開放特許の理由

開放可能性のない特許の理由について質問を行った（複数回答）。

質問内容	一般系	化学系	機械系	電気系	全体
・独占的排他権の行使により、ライバル企業を排除するため（ライバル企業排除）	36.3%	36.7%	36.4%	34.5%	36.0%
・他社に対する技術の優位性の喪失（優位性喪失）	31.9%	31.6%	30.5%	29.9%	30.9%
・技術の価値評価が困難なため（価値評価困難）	12.1%	16.5%	15.3%	13.8%	14.4%
・企業秘密がもれるから（企業秘密）	5.5%	7.6%	3.4%	14.9%	7.5%
・相手先を見つけるのが困難であるため（相手先探し）	7.7%	5.1%	8.5%	2.3%	6.1%
・ライセンス経験不足等のため提供に不安があるから（経験不足）	4.4%	0.0%	0.8%	0.0%	1.3%
・その他	2.1%	2.5%	5.1%	4.6%	3.8%

　図5.2.1-5は非開放特許の理由の内容を示す。

　「ライバル企業の排除」が最も多く36.0%、次いで「優位性喪失」が30.9%と高かった。特許権を「技術の市場における排他的独占権」として充分に行使していることが伺える。「価値評価困難」は14.4%となっているが、今回の「特許流通支援チャート」作成にあたり分析対象とした特許は直近10年間だったため、登録前の特許が多く、権利範囲が未確定なものが多かったためと思われる。

　電気系の企業で「企業秘密がもれるから」という理由が14.9%と高いのは、技術のライフサイクルが短く新技術開発が激化しており、さらに、技術自体が模倣されやすいことが原因であるのではないだろうか。

　化学系の企業で「企業秘密がもれるから」という理由が7.6%と高いのは、物質特許のノウハウ漏洩に細心の注意を払う必要があるためと思われる。

　機械系や一般系の企業で「相手先探し」が、それぞれ8.5%、7.7%と高いことは、これらの分野で技術移転を仲介する者の活躍できる潜在性が高いことを示している。

　なお、その他の理由としては、「共同出願先との調整」が12件と多かった。

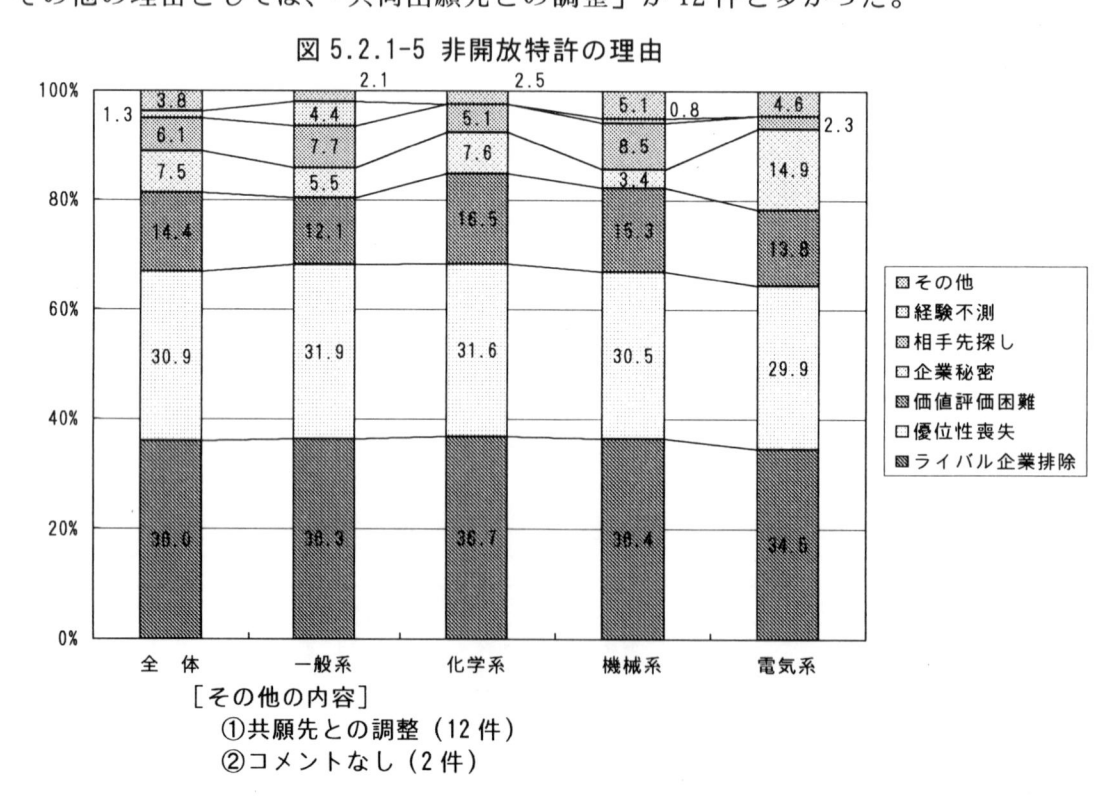

図5.2.1-5 非開放特許の理由

[その他の内容]
①共願先との調整（12件）
②コメントなし（2件）

5.2.2 ライセンス供与に関して
(1) ライセンス活動

ライセンス供与の活動姿勢について質問を行った。

質問内容	一般系	化学系	機械系	電気系	全体
・特許ライセンス供与のための活動を積極的に行っている（積極的）	2.0%	15.8%	4.3%	8.9%	7.5%
・特許ライセンス供与のための活動を行っている（普通）	36.7%	15.8%	25.7%	57.7%	41.2%
・特許ライセンス供与のための活動はやや消極的である（消極的）	24.5%	13.2%	14.3%	10.4%	14.0%
・特許ライセンス供与のための活動を行っていない（しない）	36.8%	55.2%	55.7%	23.0%	37.3%

その結果を、図5.2.2-1 ライセンス活動に示す。306件中295件の回答であった(回答率96.4%)。

何らかの形で特許ライセンス活動を行っている企業は62.7%を占めた。そのうち、比較的積極的に活動を行っている企業は 48.7%に上る（「積極的」＋「普通」）。これは、技術移転を仲介する者の活躍できる潜在性がかなり高いことを示唆している。

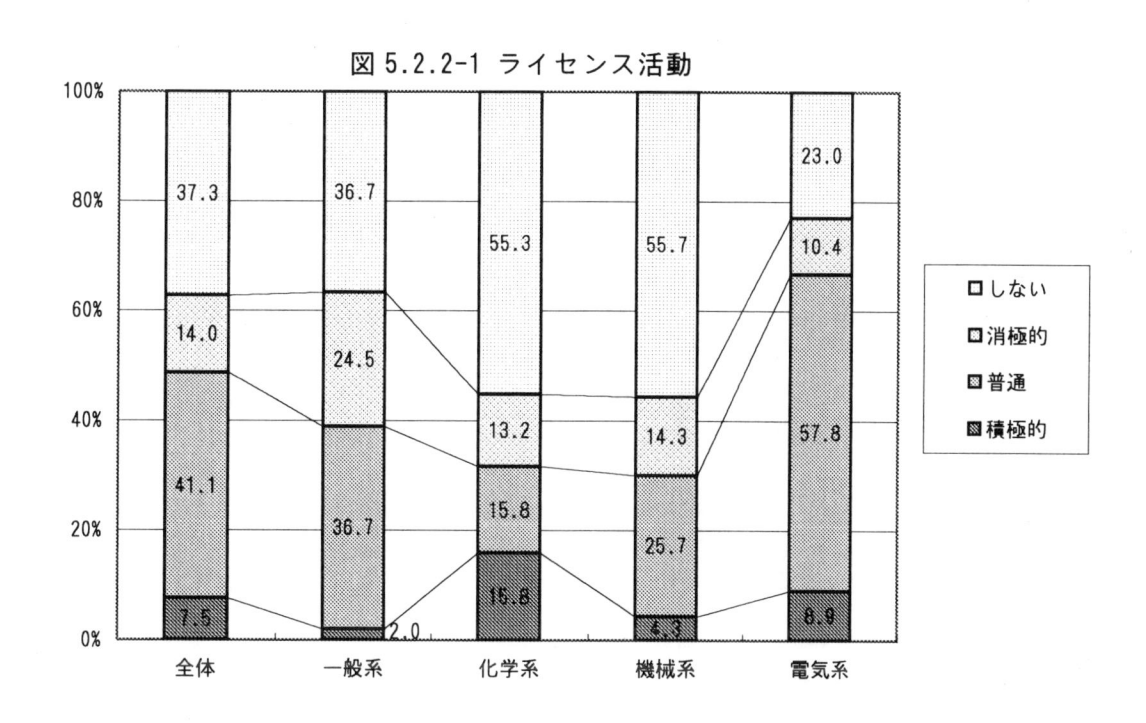

図5.2.2-1 ライセンス活動

(2) ライセンス実績

ライセンス供与の実績について質問を行った。

質問内容	一般系	化学系	機械系	電気系	全体
・供与実績はないが今後も行う方針(実績無し今後も実施)	54.5%	48.0%	43.6%	74.6%	58.3%
・供与実績があり今後も行う方針(実績有り今後も実施)	72.2%	61.5%	95.5%	67.3%	73.5%
・供与実績はなく今後は不明(実績無し今後は不明)	36.4%	24.0%	46.1%	20.3%	30.8%
・供与実績はあるが今後は不明(実績有り今後は不明)	27.8%	38.5%	4.5%	30.7%	25.5%
・供与実績はなく今後も行わない方針(実績無し今後も実施せず)	9.1%	28.0%	10.3%	5.1%	10.9%
・供与実績はあるが今後は行わない方針(実績有り今後は実施せず)	0.0%	0.0%	0.0%	2.0%	1.0%

図 5.2.2-2 に、ライセンス実績を示す。306 件中 295 件の回答があった(回答率 96.4%)。ライセンス実績有りとライセンス実績無しを分けて示す。

「供与実績があり、今後も実施」は 73.5%と非常に高い割合であり、特許ライセンスの有効性を認識した企業はさらにライセンス活動を活発化させる傾向にあるといえる。また、「供与実績はないが、今後は実施」が 58.3%あり、ライセンスに対する関心の高まりが感じられる。

機械系や一般系の企業で「実績有り今後も実施」がそれぞれ 90%、70%を越えており、他業種の企業よりもライセンスに対する関心が非常に高いことがわかる。

図 5.2.2-2 ライセンス実績

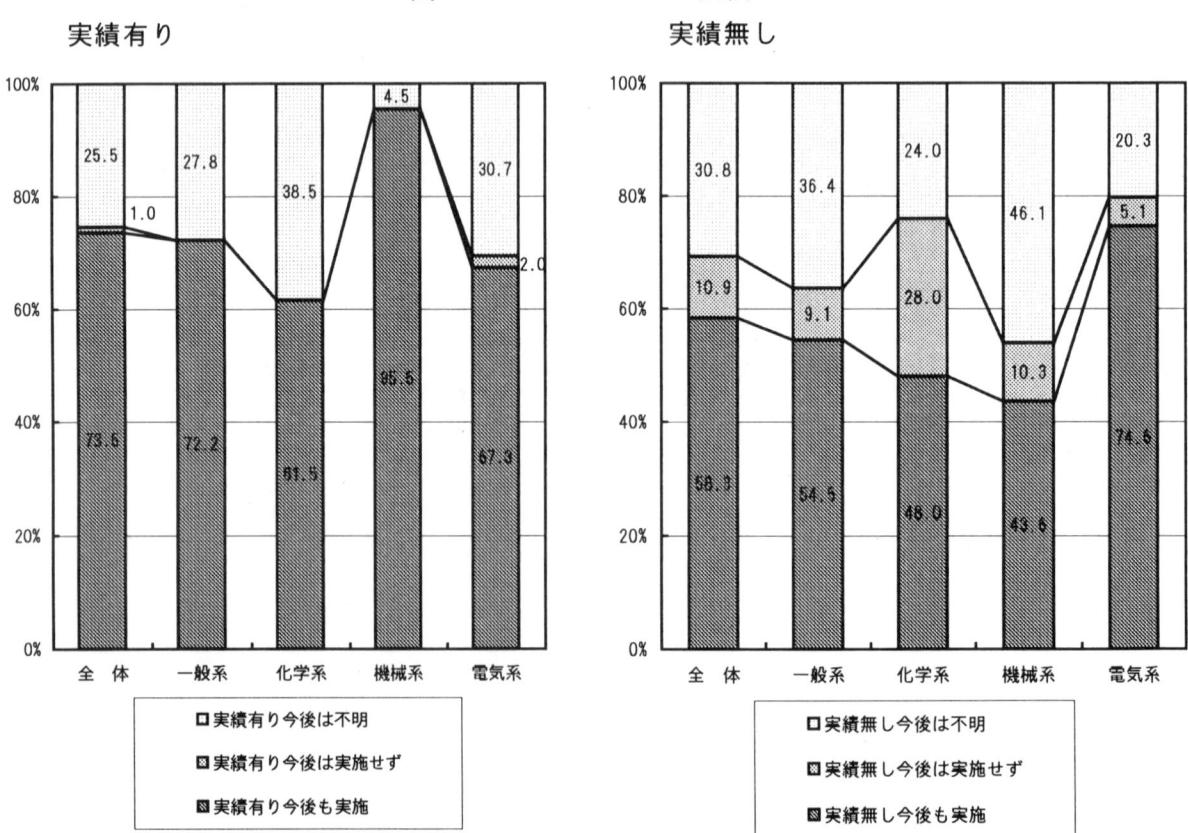

(3) ライセンス先の見つけ方

ライセンス供与の実績があると 5.2.2 項の(2)で回答したテーマ出願人にライセンス先の見つけ方について質問を行った(複数回答)。

質問内容	一般系	化学系	機械系	電気系	全体
・先方からの申し入れ(申入れ)	27.8%	43.2%	37.7%	32.0%	33.7%
・権利侵害調査の結果(侵害発)	22.2%	10.8%	17.4%	21.3%	19.3%
・系列企業の情報網（内部情報）	9.7%	10.8%	11.6%	11.5%	11.0%
・系列企業を除く取引先企業（外部情報）	2.8%	10.8%	8.7%	10.7%	8.3%
・新聞、雑誌、TV、インターネット等（メディア）	5.6%	2.7%	2.9%	12.3%	7.3%
・イベント、展示会等(展示会)	12.5%	5.4%	7.2%	3.3%	6.7%
・特許公報	5.6%	5.4%	2.9%	1.6%	3.3%
・相手先に相談できる人がいた等(人的ネットワーク)	1.4%	8.2%	7.3%	0.8%	3.3%
・学会発表、学会誌(学会)	5.6%	8.2%	1.4%	1.6%	2.7%
・データベース（DB）	6.8%	2.7%	0.0%	0.0%	1.7%
・国・公立研究機関（官公庁）	0.0%	0.0%	0.0%	3.3%	1.3%
・弁理士、特許事務所(特許事務所)	0.0%	0.0%	2.9%	0.0%	0.7%
・その他	0.0%	0.0%	0.0%	1.6%	0.7%

その結果を、図 5.2.2-3 ライセンス先の見つけ方に示す。「申入れ」が 33.7%と最も多く、次いで侵害警告を発した「侵害発」が 19.3%、「内部情報」によりものが 11.0%、「外部情報」によるものが 8.3%であった。特許流通データベースなどの「DB」からは 1.7%であった。化学系において、「申入れ」が 40%を越えている。

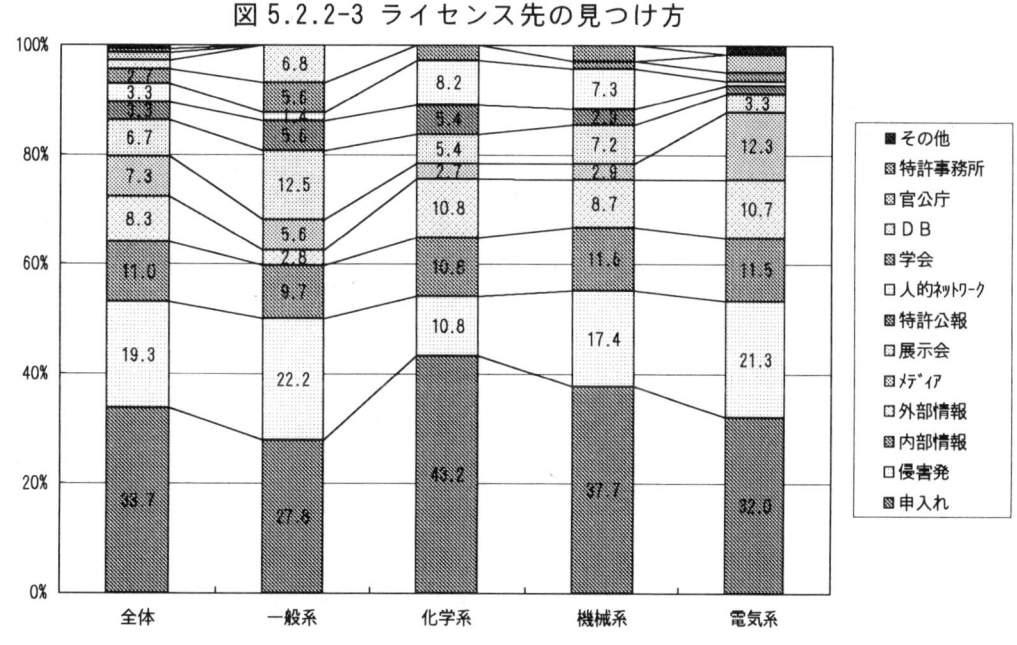

図 5.2.2-3 ライセンス先の見つけ方

〔その他の内容〕
①関係団体（2件）

(4) ライセンス供与の不成功理由

5.2.2項の(1)でライセンス活動をしていると答えて、ライセンス実績の無いテーマ出願人に、その不成功理由について質問を行った。

質問内容	一般系	化学系	機械系	電気系	全体
・相手先が見つからない（相手先探し）	58.8%	57.9%	68.0%	73.0%	66.7%
・情勢（業績・経営方針・市場など）が変化した（情勢変化）	8.8%	10.5%	16.0%	0.0%	6.4%
・ロイヤリティーの折り合いがつかなかった（ロイヤリティー）	11.8%	5.3%	4.0%	4.8%	6.4%
・当該特許だけでは、製品化が困難と思われるから（製品化困難）	3.2%	5.0%	7.7%	1.6%	3.6%
・供与に伴う技術移転（試作や実証試験等）に時間がかかっており、まだ、供与までに至らない（時間浪費）	0.0%	0.0%	0.0%	4.8%	2.1%
・ロイヤリティー以外の契約条件で折り合いがつかなかった（契約条件）	3.2%	5.0%	0.0%	0.0%	1.4%
・相手先の技術消化力が低かった（技術消化力不足）	0.0%	10.0%	0.0%	0.0%	1.4%
・新技術が出現した（新技術）	3.2%	5.3%	0.0%	0.0%	1.3%
・相手先の秘密保持に信頼が置けなかった（機密漏洩）	3.2%	0.0%	0.0%	0.0%	0.7%
・相手先がグランド・バックを認めなかった（グランドバック）	0.0%	0.0%	0.0%	0.0%	0.0%
・交渉過程で不信感が生まれた（不信感）	0.0%	0.0%	0.0%	0.0%	0.0%
・競合技術に遅れをとった（競合技術）	0.0%	0.0%	0.0%	0.0%	0.0%
・その他	9.7%	0.0%	3.9%	15.8%	10.0%

その結果を、図5.2.2-4 ライセンス供与の不成功理由に示す。約66.7%は「相手先探し」と回答している。このことから、相手先を探す仲介者および仲介を行うデータベース等のインフラの充実が必要と思われる。電気系の「相手先探し」は73.0%を占めていて他の業種より多い。

図5.2.2-4 ライセンス供与の不成功理由

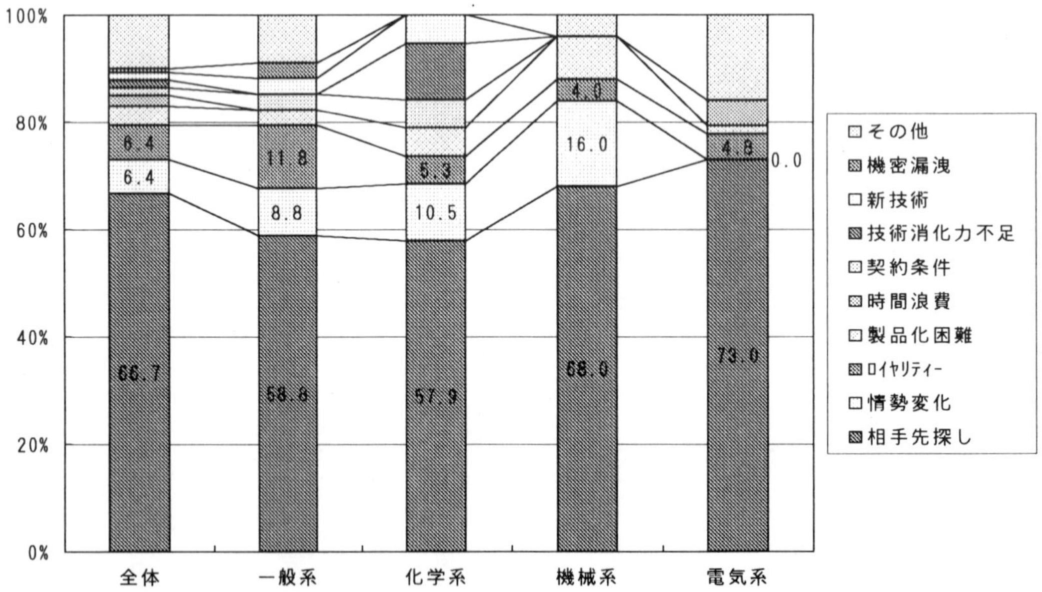

〔その他の内容〕
①単独での技術供与でない
②活動を開始してから時間が経っていない
③当該分野では未登録が多い（3件）
④市場未熟
⑤業界の動向（規格等）
⑥コメントなし（6件）

5.2.3 技術移転の対応
(1) 申し入れ対応

技術移転してもらいたいと申し入れがあった時、どのように対応するかについて質問を行った。

質問内容	一般系	化学系	機械系	電気系	全体
・とりあえず、話を聞く（話を聞く）	44.3%	70.3%	54.9%	56.8%	55.8%
・積極的に交渉していく（積極交渉）	51.9%	27.0%	39.5%	40.7%	40.6%
・他社への特許ライセンスの供与は考えていないので、断る（断る）	3.8%	2.7%	2.8%	2.5%	2.9%
・その他	0.0%	0.0%	2.8%	0.0%	0.7%

その結果を、図 5.2.3-1 ライセンス申し入れ対応に示す。「話を聞く」が 55.8%であった。次いで「積極交渉」が 40.6%であった。「話を聞く」と「積極交渉」で 96.4%という高率であり、中小企業側からみた場合は、ライセンス供与の申し入れを積極的に行っても断られるのはわずか 2.9%しかないということを示している。一般系の「積極交渉」が他の業種より高い。

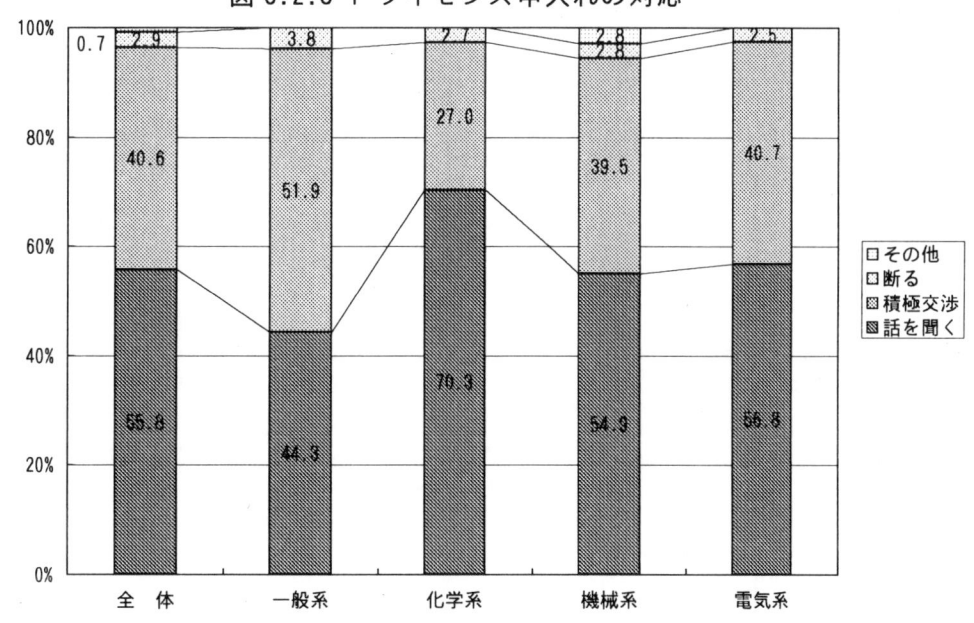

図 5.2.3-1 ライセンス申入れの対応

（2）仲介の必要性

ライセンスの仲介の必要性があるかについて質問を行った。

質問内容	一般系	化学系	機械系	電気系	全体
・自社内にそれに相当する機能があるから不要（社内機能あるから不要）	36.6%	48.7%	62.4%	53.8%	52.0%
・現在はレベルが低いので不要（低レベル仲介で不要）	1.9%	0.0%	1.4%	1.7%	1.5%
・適切な仲介者がいれば使っても良い（適切な仲介者で検討）	44.2%	45.9%	27.5%	40.2%	38.5%
・公的支援機関に仲介等を必要とする（公的仲介が必要）	17.3%	5.4%	8.7%	3.4%	7.6%
・民間仲介業者に仲介等を必要とする（民間仲介が必要）	0.0%	0.0%	0.0%	0.9%	0.4%

図 5.2.3-2 に仲介の必要性の内訳を示す。「社内機能あるから不要」が 52.0％を占め、最も多い。アンケートの配布先は大手企業が大部分であったため、自社において知財管理、技術移転機能が整備されている企業が 50％以上を占めることを意味している。

次いで「適切な仲介者で検討」が 38.5％、「公的仲介が必要」が 7.6％、「民間仲介が必要」が 0.4％となっている。これらを加えると仲介の必要を感じている企業は 46.5％に上る。

自前で知財管理や知財戦略を立てることができない中小企業や一部の大企業では、技術移転・仲介者の存在が必要であると推測される。

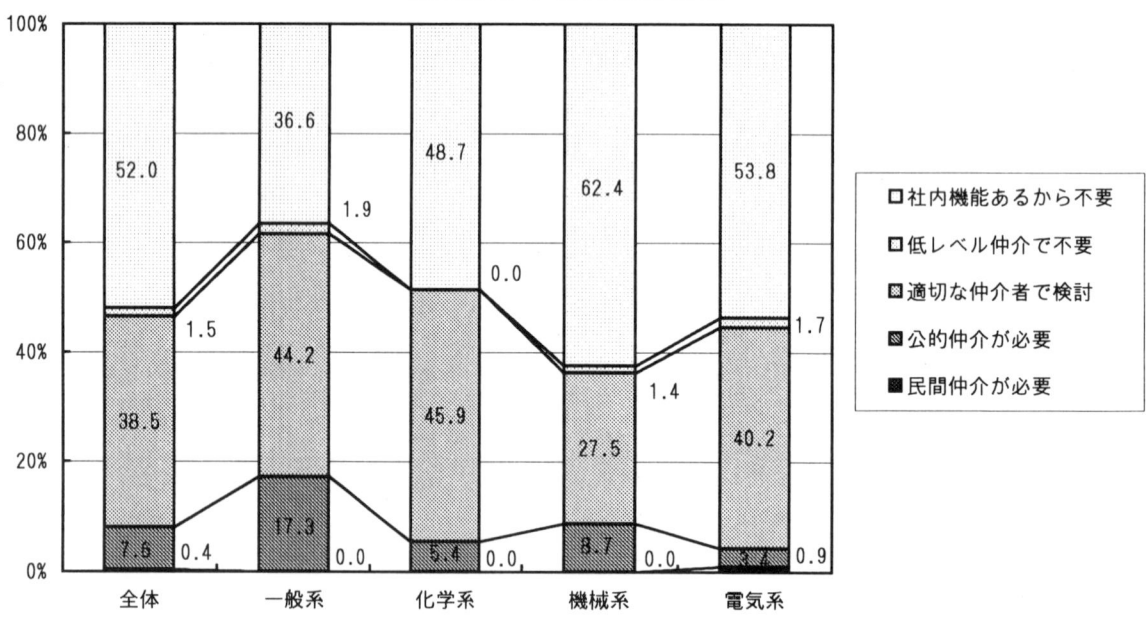

図 5.2.3-2 仲介の必要性

5.2.4 具体的事例
(1) テーマ特許の供与実績

技術テーマの分析の対象となった特許一覧表を掲載し(テーマ特許)、具体的にどの特許の供与実績があるかについて質問を行った。

質問内容	一般系	化学系	機械系	電気系	全体
・有る	12.8%	12.9%	13.6%	18.8%	15.7%
・無い	72.3%	48.4%	39.4%	34.2%	44.1%
・回答できない(回答不可)	14.9%	38.7%	47.0%	47.0%	40.2%

図5.2.4-1に、テーマ特許の供与実績を示す。

「有る」と回答した企業が15.7%であった。「無い」と回答した企業が44.1%あった。「回答不可」と回答した企業が40.2%とかなり多かった。これは個別案件ごとにアンケートを行ったためと思われる。ライセンス自体、企業秘密であり、他者に情報を漏洩しない場合が多い。

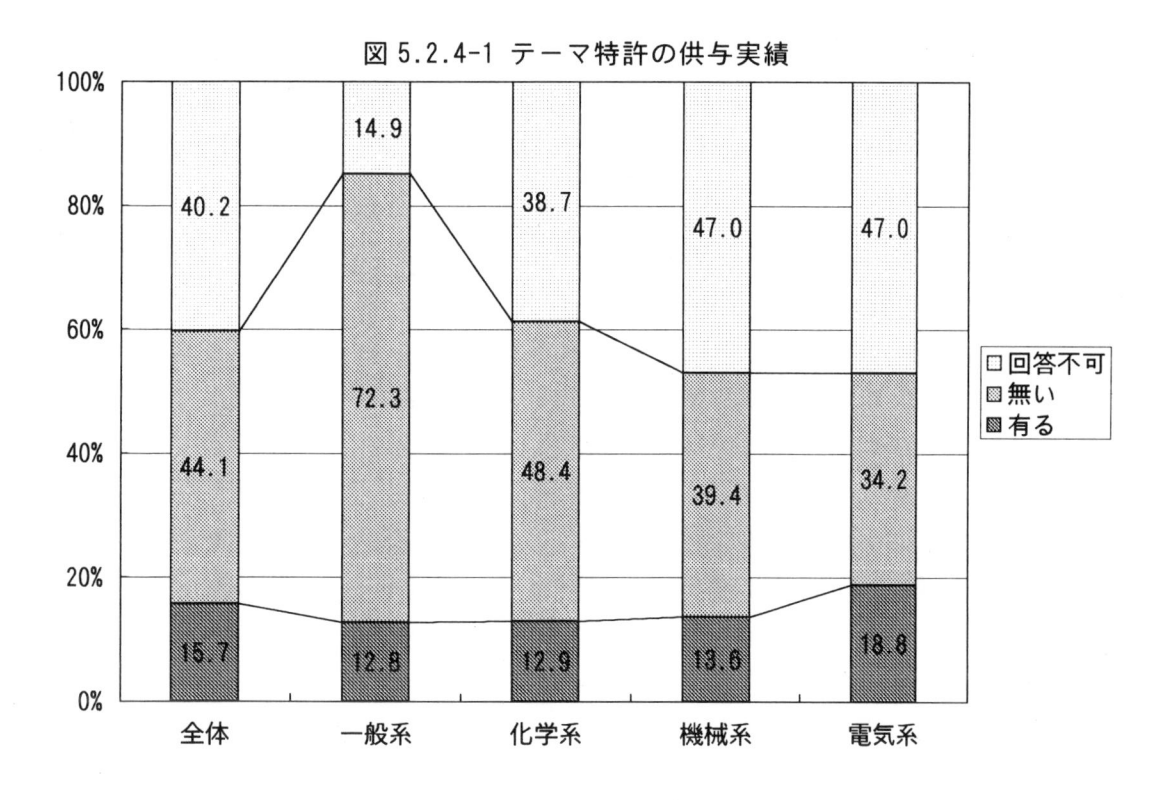

図5.2.4-1 テーマ特許の供与実績

(2) テーマ特許を適用した製品

「特許流通支援チャート」に収蔵した特許（出願）を適用した製品の有無について質問を行った。

質問内容	一般系	化学系	機械系	電気系	全体
・回答できない（回答不可）	27.9%	34.4%	44.3%	53.2%	44.6%
・有る。	51.2%	43.8%	39.3%	37.1%	40.8%
・無い。	20.9%	21.8%	16.4%	9.7%	14.6%

図 5.2.4-2 に、テーマ特許を適用した製品の有無について結果を示す。

「有る」が 40.8%、「回答不可」が 44.6%、「無い」が 14.6%であった。一般系と化学系で「有る」と回答した企業が多かった。

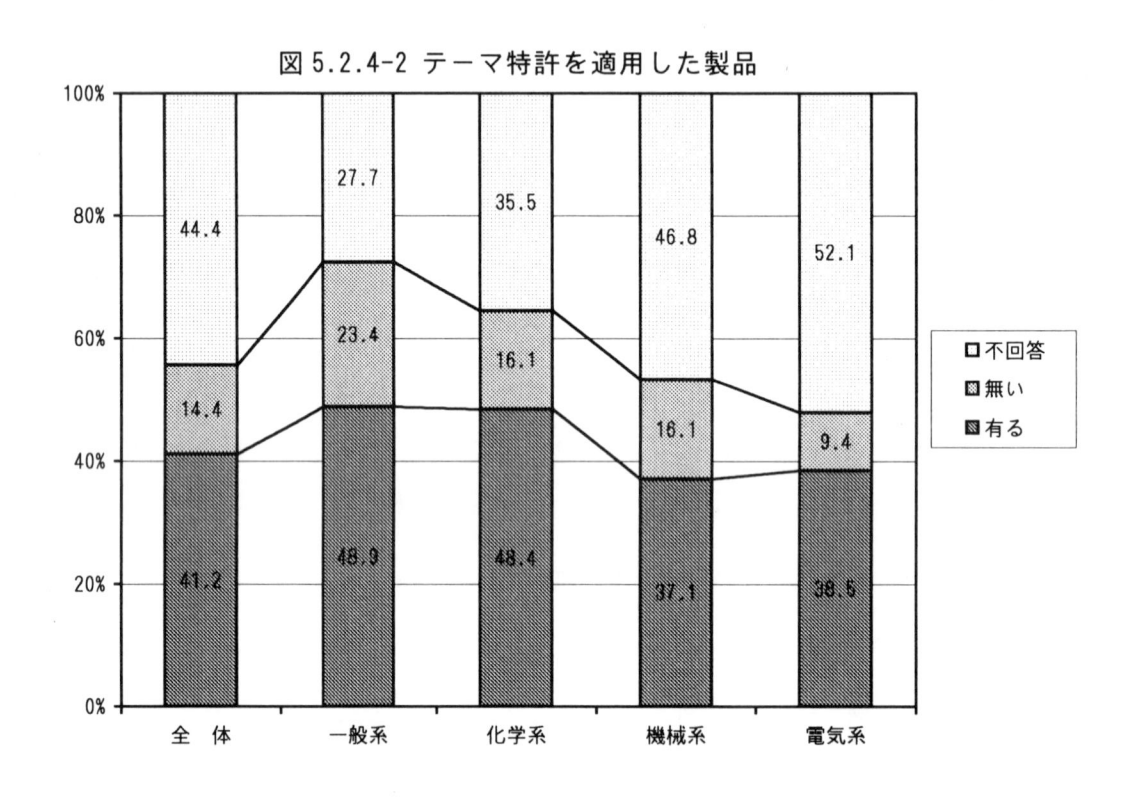

図 5.2.4-2 テーマ特許を適用した製品

	全体	一般系	化学系	機械系	電気系
不回答	44.4	27.7	35.5	46.8	52.1
無い	14.4	23.4	16.1	16.1	9.4
有る	41.2	48.9	48.4	37.1	38.5

5.3 ヒアリング調査

アンケートによる調査において、5.2.2の(2)項でライセンス実績に関する質問を行った。その結果、回収数306件中295件の回答を得、そのうち「供与実績あり、今後も積極的な供与活動を実施したい」という回答が全テーマ合計で25.4%(延べ75出願人)あった。これから重複を排除すると43出願人となった。

この43出願人を候補として、ライセンスの実態に関するヒアリング調査を行うこととした。ヒアリングの目的は技術移転が成功した理由をできるだけ明らかにすることにある。

表5.3にヒアリング出願人の件数を示す。43出願人のうちヒアリングに応じてくれた出願人は11出願人(26.5％)であった。テーマ別且つ出願人別では延べ15出願人であった。ヒアリングは平成14年2月中旬から下旬にかけて行った。

表5.3 ヒアリング出願人の件数

ヒアリング候補 出願人数	ヒアリング 出願人数	ヒアリング テーマ出願人数
43	11	15

5.3.1 ヒアリング総括

表5.3に示したようにヒアリングに応じてくれた出願人が43出願人中わずか11出願人（25.6％）と非常に少なかったのは、ライセンス状況およびその経緯に関する情報は企業秘密に属し、通常は外部に公表しないためであろう。さらに、11出願人に対するヒアリング結果も、具体的なライセンス料やロイヤリティーなど核心部分については充分な回答をもらうことができなかった。

このため、今回のヒアリング調査は、対象母数が少なく、その結果も特許流通および技術移転プロセスについて全体の傾向をあらわすまでには至っておらず、いくつかのライセンス実績の事例を紹介するに留まらざるを得なかった。

5.3.2 ヒアリング結果

表5.3.2-1にヒアリング結果を示す。

技術移転のライセンサーはすべて大企業であった。

ライセンシーは、大企業が8件、中小企業が3件、子会社が1件、海外が1件、不明が2件であった。

技術移転の形態は、ライセンサーからの「申し出」によるものと、ライセンシーからの「申し入れ」によるものの2つに大別される。「申し出」が3件、「申し入れ」が7件、「不明」が2件であった。

「申し出」の理由は、3件とも事業移管や事業中止に伴いライセンサーが技術を使わなくなったことによるものであった。このうち1件は、中小企業に対するライセンスであった。この中小企業は保有技術の水準が高かったため、スムーズにライセンスが行われたとのことであった。

「ノウハウを伴わない」技術移転は3件で、「ノウハウを伴う」技術移転は4件であった。

「ノウハウを伴わない」場合のライセンシーは、3件のうち1件は海外の会社、1件が中小企業、残り1件が同業種の大企業であった。

大手同士の技術移転だと、技術水準が似通っている場合が多いこと、特許性の評価やノウハウの要・不要、ライセンス料やロイヤリティー額の決定などについて経験に基づき判断できるため、スムーズに話が進むという意見があった。

　中小企業への移転は、ライセンサーもライセンシーも同業種で技術水準も似通っていたため、ノウハウの供与の必要はなかった。中小企業と技術移転を行う場合、ノウハウ供与を伴う必要があることが、交渉の障害となるケースが多いとの意見があった。

　「ノウハウを伴う」場合の4件のライセンサーはすべて大企業であった。ライセンシーは大企業が1件、中小企業が1件、不明が2件であった。

　「ノウハウを伴う」ことについて、ライセンサーは、時間や人員が避けないという理由で難色を示すところが多い。このため、中小企業に技術移転を行う場合は、ライセンシー側の技術水準を重視すると回答したところが多かった。

　ロイヤリティーは、イニシャルとランニングに分かれる。イニシャルだけの場合は4件、ランニングだけの場合は6件、双方とも含んでいる場合は4件であった。ロイヤリティーの形態は、双方の企業の合意に基づき決定されるため、技術移転の内容によりケースバイケースであると回答した企業がほとんどであった。

　中小企業へ技術移転を行う場合には、イニシャルロイヤリティーを低く抑えており、ランニングロイヤリティーとセットしている。

　ランニングロイヤリティーのみと回答した6件の企業であっても、「ノウハウを伴う」技術移転の場合にはイニシャルロイヤリティーを必ず要求するとすべての企業が回答している。中小企業への技術移転を行う際に、このイニシャルロイヤリティーの額をどうするか折り合いがつかず、不成功になった経験を持っていた。

表 5.3.2-1 ヒアリング結果

導入企業	移転の申入れ	ノウハウ込み	イニシャル	ランニング
—	ライセンシー	○	普通	—
—	—	○	普通	—
中小	ライセンシー	×	低	普通
海外	ライセンシー	×	普通	—
大手	ライセンシー	—	—	普通
大手	ライセンシー	—	—	普通
大手	ライセンシー	—	—	普通
大手	—	—	—	普通
中小	ライセンサー	—	—	普通
大手	—	—	普通	低
大手	—	○	普通	普通
大手	ライセンサー	—	普通	—
子会社	ライセンサー	—	—	—
中小	—	○	低	高
大手	ライセンシー	×	—	普通

＊ 特許技術提供企業はすべて大手企業である。

(注)
　ヒアリングの結果に関する個別のお問い合わせについては、回答をいただいた企業とのお約束があるため、応じることはできません。予めご了承ください。

資料6．特許番号一覧

6.2-1 主要20社以外の特許・実案（係属中）その1

技術要素			課題	公報番号（出願人概要）			
ヒートパイプ本体							
	HPの構造		伝熱性向上	特公平07-031023(22)	産業技術総合研究所：	蒸発管内面に作動液を噴出するノズル孔を有する液戻り管が蒸発管の中心に蒸気流路が生じるように配設されたループ型ヒートパイプ	
				特許第2868208号(22)	産業技術総合研究所：	コンテナ2の蒸発部の外周に所定間隔おきに熱伝達抑制皮材が取り付けられていて作動流体の伝熱性能を向上させることの可能なヒートパイプ	
				特公平07-104041(28)	東京電力：	高温蓄熱体を熱源としたヒートパイプ式給湯装置のヒートパイプの受熱部内面に針状に延出した突起を設けて伝熱速度を加速する	
				特許第2875310号(35)	ダイキン工業：	熱源側蒸発器と利用側凝縮器を冷媒配管を介して接続し、相変化する冷媒の自然循環による暖房システム	
				実公平07-017952(22)	実公平06-039246(22)	特開平11-083357(21)	特公平07-031024(22)
				特許第2502955号(22)	特公平07-111312(22)	特開平10-110976(24)	実開平04-033866(28)
				特開2001-027487(28)	特許第2866714号(28)	特許第2663316号(28)	実公平08-001372(35)
				実公平06-038246(35)	特許2000-216314(34)	特許第2772234号(37)	特開平11-337278(47)
				特許第3086344号(21)			
			機能性の改良	特公平06-050232(22)	産業技術総合研究所：	第1と第2熱交換器を設け、1次ループと2次ループの切り替えで、夏期の蓄熱で冬期の融雪を行えるようにする	
				特開2001-147086(24)	特開2001-174175(24)	特公平06-050233(22)	特開平10-339591(38)
				特公平05-081830(22)	特公平06-050234(22)	特公平08-020192(22)	特公平05-248777(22)
				特公平08-030637(22)	特許第2530582号(22)	特許第2945973号(22)	特公平07-324761(22)
				特開平10-160369(24)	特開平10-170179(24)	特許第2732763号(37)	特開平11-173774(38)
				特開2001-133174(34)	特開平08-139480(36)	特許第2572740号(22)	特公平07-218163(24)
			小型軽量化	特開2001-147085(24)	特開平08-285481(32)	特開平08-178562(37)	
			生産性コスト	特開2001-091173(24)	特公平08-030638(22)	特許第2782953号(30)	特許第2609213号(31)
			信頼性安定性	実公平08-000613(28)	実案第2603282号(28)	特許2000-088296(35)	特公平08-200976(37)
			特殊用途	実公平08-010753(30)	石川島播磨重工業：	ブリッジウィックを配置したハニカム構造放熱器で、無重力下で電子機器の放熱が効果的に行われる	
				実案第2539868号(30)	特公平07-108998(30)	特許第2753159号(37)	特許第2772178号(37)
				特公平07-166195(37)	特公平08-178561(37)	実公平08-000611(22)	
	HPの構成要素		容器	特許第1921888号(36)	三菱金属：	伝熱体は、金属製基体の表面に多孔質電析金属層が形成され、開口部が狭められた複数の円筒状の凹部とを有する。単一の凹部の場合よりも核沸騰が起きやすくなり、熱伝導効率が高くなる	
				特公平08-005282(36)	特公平09-133485(36)	特公平05-264184(36)	特公平07-090534(36)
				特開2000-292080(27)	特開2000-274972(27)	特許第3086344号(21)	特開2000-216312(25)
				特許第2868208号(22)	特開2000-216578(34)		
			ウィック	特公平08-219669(27)	三菱重工：	密閉容器の内部に、材質として焼結金属等を用いたウィック材が設けられている、密閉容器の内部には、多成分作動流体が封入されている	
				特公平04-214192(27)	実公平04-100667(27)	特許第1853471号(22)	特許第2099154号(22)
				特開2001-091173(24)	特許第2732755号(37)	特許第2707069号(22)	特許第2096481号(33)
				特公平06-003077(37)	特許第2707070号(22)	特公平08-200976(37)	特許第2700055号(22)
				特公平09-119789(36)	特許2001-091170(24)	特許2001-174175(24)	
			作動液	特許第2683113号(33)			
	HPの製造方法		伝熱性向上	特許第2502955号(22)	特開平10-038481(42)		
			機能性の改良	特公平08-139480(36)			
			生産性コスト	特公平08-030638(22)	産業技術総合研究所：	蒸発管の内面側に液戻り管を螺旋状に固定するループ型ヒートパイプの製造方法	
				特許第2609213号(31)	特許第2609213号(33)	特公平05-264184(36)	特公平09-119789(36)
			信頼性安定性	特許第2683113号(33)			
	特殊なHP		伝熱性向上	特許第2732755号(37)	特公平07-111312(22)	特公平08-030638(22)	特許第2502955号(22)
				特開2001-091170(24)	特開2001-091171(24)		
			機能性向上	特許第08-014779(29)	特許第2572740号(22)	特公平08-030637(22)	
				特公平11-117810(30)			
			制御性向上	実公平06-038246(35)	特開2000-105088(55)	特公平08-178562(37)	特許第2732763号(37)
				特許第2772178号(37)	特許第2866714号(28)	特許第2609217号(22)	特公平06-050234(22)

6.2-1 主要20社以外の特許・実案（係属中）その2

技術要素			課題	公報番号（出願人概要）			
ヒートパイプ本体							
	特殊なHP		制御性向上	特公平07-031022(22)	特許第2940838号(51)	特許第2940839号(51)	実案第2567824号(30)
				実開平04-033866(28)	特開平09-326263(28)		
			生産性小型化	特開平04-045392(47)	特開2000-304478(52)	特許第2609213号(31)	特開平11-083357(21)
			安定性信頼性	特開平04-045393(47)	特開平09-013963(47)	特許第2530582号(22)	特公平07-031023(22)
				特開平10-170179(24)	特開平09-061076(21)		
			用途適合性	特開2000-220974(29)	特開平07-218163(24)	特開平10-160369(24)	特開平06-213583(42)
				特許第3086344号(21)			
ヒートパイプの応用							
	半導体の冷却		パワー系高性能	特開平09-321197(25)	特開2000-180080(25)	特開平11-017085(25)	特開平09-008190(25)
				特開2000-213880(25)	特開2000-216312(25)	特開平08-264693(25)	特開平08-279577(25)
				特開平08-264692(25)	特開2001-168569(25)	特開2000-299418(34)	特開平07-231057(32)
				特開2000-277961(34)	特許第2558578号(33)	特開2001-025254(32)	特開平09-283291(26)
				特開平08-227955(32)	特開平08-078587(32)	特開平09-283290(26)	特開平08-047113(26)
				特開平09-285139(26)	特開平09-285140(26)	特開平09-233847(26)	
			パワー系小型化	特開平11-220869(32)	特開平10-079460(32)	特開2000-245155(32)	特開平10-289972(32)
				特開平08-213522(32)			
			パワー系環境性	特開2000-150751(32)	東芝トランスポートエンジニヤリング：	第一の冷媒（水）を封入した容器と第二の冷媒（水＋アルコール）を封入した容器を互いに気密接合して、半導体の冷却性能を飛躍的に向上させた	
			パワー系生産性	特開平08-172284(46)	特開平08-008398(32)	特開2001-024116(41)	特開2001-061282(41)
				特開平08-172285(46)	特開平08-222876(46)	特開平08-139481(46)	特開平10-247709(25)
				特開2000-216578(34)	特開2000-223633(34)	特開平10-149916(34)	特開平11-097592(55)
			マイクロ系高性能	特開2000-163162(55)	実案第3061292号(55)	特開平11-233698(55)	特開平07-065978(26)
				特許第2916608号(21)	特許第3042739号(21)	特許第3003893号(21)	実案第2567980号(21)
				特開平10-032427(21)	特許第3086344号(21)		
			マイクロ系小型化	特開2001-091170(24)	三洋電機：	ヒートパイプの作動冷媒として臨界状態の二酸化炭素を用いた。粘性が小さく少ないエネルギーで高効率の熱輸送を可能にした	
				特開2000-154981(33)	住友軽金属工業：	アルミダイカストからなる授放熱部材に対しヒートパイプをカシメによって固定してなるパソコン素子用の放熱器の固定構造	
			マイクロ系生産性	特開平08-056088(46)	特開2000-349481(49)	特開2000-267764(49)	
			ペルチェ冷却	特開2001-059660(49)			
			他素子冷却	特開2000-299524(21)			
	電子装置筐体の冷却		雰囲気冷却	特開平10-027979(31)	特開平08-116190(21)	特開平10-306988(50)	
			発熱部品直冷	特開2001-044677(39)	特許第2678818号(39)	特開2000-223844(29)	特許第2753159号(37)
				特開平08-213522(32)	特開平10-209660(21)	特開2000-216580(23)	特開平08-047113(41)
			筐体全体冷却	特開2000-094108(29)	特開2000-227821(38)		
	電子装置基板の冷却		基板自体冷却	特開平08-056088(46)	特開平08-139481(46)	特開平08-222876(46)	特開平11-284379(53)
			発熱部品直冷	特開平08-172284(46)	特開平08-172285(46)	特開平08-172286(46)	特開平10-065376(20)
			基板群冷却	特開平09-036579(20)			
	コンピュータの冷却		薄型・省電力	特開平11-243289(24)	特開2000-277964(49)		
			強制冷却	特開2001-044348(48)	東芝ホームテクノ：	発熱体からの熱を受ける受熱部と、この受熱部から熱輸送するプレートと、このプレートに熱接続された放熱部とにおいて、前記受熱部とプレートとを異種材料で形成したことを特徴とするファン付ヒートシンク	
				特開2001-007580(48)	特開2000-013070(48)	特開2000-216575(48)	特開2000-214958(48)
				特開平08-286783(24)	特開2000-294970(49)	特許第3194523号(49)	
			可動部熱伝達	特開2001-144485(49)	IBM：	ディスプレイ部の回動中心と略同軸に配置された一端部に相対的に回動可能に連結され、ヒンジ部材からの伝導熱をディスプレイ部に配置された放熱部材へ伝熱する	
				特開2000-349481(49)	特開2000-277964(49)	特開2000-227821(38)	実案第2567980号(21)
	コピー機・画像形成装置		製品品質向上	特許第3021352号(23)	特開平10-282825(23)	特開平11-202679(29)	特公平08-007511(33)
				特開平09-260028(54)	特開平09-330006(23)	特開平11-338332(23)	特開平10-333491(29)
			信頼性の向上	特開平09-330006(23)	特開平09-330006(23)	特開平11-338332(23)	特開平10-333491(29)
			環境・省エネ	特開平10-213977(23)	特開2000-075691(23)	特開平08-211672(23)	特開平11-015305(23)
				特開平11-065330(23)	特開2000-216580(23)	特開平11-338333(23)	特開平11-344916(23)
				特許第2793978号(33)			

6.2-1 主要20社以外の特許・実案（係属中）その3

技術要素		課題	公報番号（出願人、概要）			
ヒートパイプの応用						
	コピー機・画像形成装置	使い易さ改善	特許第3023308号(33)	住友軽金属工業：	ヒートパイプをはんだで接合し、ヒートパイプの再利用を可能にした定着ロール	
			特開2000-098760(23)	特開2000-250272(23)	特開平11-223480(23)	特開2000-029333(29)
	画像表示装置	製品品質向上	特開平11-231277(29)	シャープ：	表示部の発熱を透明放熱板を経由してヒートパイプで放熱する液晶プロジェクター	
			特開平11-065459(53)	特許第2500741号(39)	特許第2700012号(39)	特許第2701216号(39)
			特許第2702868号(39)	特許第3092810号(24)		
			特公平07-032005(42)	松下電工：	放電灯の磁界コイルをヒートパイプで構成し過熱を防止することで、磁界の安定化、軟化変形防止した放電灯	
			特開平11-016541(26)	特開平10-207381(53)		
		信頼性向上	特開2000-330055(29)	特開2001-075070(29)	特開平06-111603(26)	特許第2560533号(39)
			特許第2569955号(39)	特開平09-191440(53)	特開平09-092229(42)	特開平09-283292(26)
			特開平10-162791(26)	特開平10-162981(26)		
		使い易さ改善	特公平07-013713(39)	特開2000-105556(36)	特開2001-147745(55)	特開平05-217558(26)
			特開平07-240172(26)	特開平09-233406(53)	特開平10-116036(53)	特開平11-251777(53)
		環境・省エネ	特許第2678818号(39)	特開平10-254060(24)		

尚、上記の特許・実案に対し、ライセンスできるかどうかは、各企業の状況により異なる。

6.2-2 出願件数上位55社の連絡先（その1）

no.	企業名	出願件数	住所（本社等の代表的住所）	TEL
1	フジクラ	351	東京都江東区木場1-5-1	03-5606-1030
2	古河電気工業	327	東京都千代田区丸の内2-6-1	03-3286-3001
3	三菱電機	250	東京都千代田区丸の内2-2-3	03-3218-2111
4	東芝	204	東京都港区芝浦1-1-1	0120-81-1048
5	リコー	138	東京都港区南青山1-15-5	03-3479-3111
6	日立製作所	116	東京都千代田区神田駿河台4-6	03-3258-1111
7	松下電器産業	111	大阪府門真市大字門真1006	06-6908-1121
8	コニカ	105	東京都新宿区西新宿1-26-2新宿野村ビル	03-3349-5251
9	富士通	87	東京都千代田区丸の内1-6-1	03-3216-3211
10	昭和電工	105	東京都港区芝大門1-13-9	03-5470-3111
11	日本電気	73	東京都港区芝5-7-1	03-3454-1111
12	アクトロニクス	65	東京都世田谷区経堂1-5-12 英ビル	03-3427-4152
13	ダイヤモンド電機	57	大阪市淀川区塚本1-15-27	06-6302-8141
14	日立電線	56	東京都千代田区大手町1-6-1	03-3216-1611
15	三菱電線工業	55	東京都千代田区丸の内3-4-1	03-3216-1551
16	デンソー	45	愛知県刈谷市昭和町1-1	0566-25-5511
17	ソニー	45	東京都品川区北品川6-7-35	03-5448-2111
18	富士電機	43	東京都品川区大崎1-11-2ゲートシティ大崎	03-5435-7111
19	キヤノン	38	東京都大田区下丸子3-30-2	03-3758-2111
20	ピーエフユー	38	石川県河北郡宇ノ気町宇野気ヌ98-2	076-283-1212
21	日本電信電話	38	東京都千代田区大手町2-3-1	03-5205-5111
22	産業技術総合研究所	36	東京都千代田区霞ヶ岡1-3-1	03-5501-0900
23	富士ゼロックス	34	東京都港区赤坂2-17-22 赤坂ツインタワー東館	03-3585-3211
24	三洋電機	33	大阪府守口市京阪本通2-5-5	06-6991-1181
25	カルソニック	29	東京都中野区南台5-24-15	03-5385-0111
26	東芝ライテック	29	東京都品川区南品川2-2-13	03-5463-8800
27	三菱重工業	27	東京都千代田区丸の内2-5-1	03-3212-3111
28	東京電力	26	東京都千代田区内幸町1-1-3	03-3501-8111
29	シャープ	26	大阪市阿部野区長池町22-22	06-6621-1221
30	石川島播磨重工業	21	東京都千代田区大手町2-2-1新大手町ビル	03-3244-5111
31	沖電気工業	20	東京都港区虎ノ門1-7-12	03-3501-3111
32	東芝トランスポートエンジニヤリング	17	東京都府中市晴見町2-24-1東芝北府中ビル	042-333-6980
33	住友軽金属工業	15	東京都港区新橋5-11-3新橋住友ビル	03-3436-9700
34	トヨタ自動車	14	愛知県豊田市トヨタ町1	0565-28-2121
35	ダイキン工業	13	大阪市北区中崎西2-4-12	06-6373-4312
36	三菱マテリアル	13	東京都千代田区大手町1-5-1	03-5252-5201
37	宇宙開発事業団	13	東京都港区浜松町2-4-1世界貿易センタービル（26〜29階）	03-3438-6000
38	小松製作所	12	東京都港区赤坂2-3-6	03-5561-2616
39	カシオ計算機	11	東京都渋谷区本町1-6-2	03-5334-4111
40	京セラ	11	京都伏見区竹田鳥羽殿町6	075-604-3500
41	明電舎	11	東京都中央区日本橋箱崎町36-2	03-5641-7000
42	松下電工	10	大阪府門真市門真1048	06-6908-1131
43	大阪ガス	10	大阪市中央区平野町4-1-2	06-6202-2221
44	ポリマテック	10	東京都中央区日本橋本町4-8-16	03-3270-5321
45	東京ガス	9	東京都港区海岸1-5-20	03-3433-2111
46	アドバンテスト	9	東京都新宿区西新宿2-4-1	03-3342-7500
47	アイシン精機	9	愛知県刈谷市朝日町2-1	0566-24-8231
48	東芝ホームテクノ	9	新潟県加茂市大字後須田2570番地1	0256-53-2511
49	IBM	9	New Orchard Road, Armonk, NY 10504 (USA)	(914)499-1900
50	日本電気エンジニアリング	8	東京都港区芝浦3-18-21	03-5445-4411
51	三機工業	8	東京都千代田区有楽町1-4-1	03-3502-6111
52	バブコック日立	8	東京都港区浜松町二丁目4番1号	03-5400-2416
53	富士通ゼネラル	8	神奈川県川崎市高津区末長1116	044-866-1111

6.2-2 出願件数上位55社の連絡先（その2）

no.	企業名	出願件数	住所（本社等の代表的住所）	TEL
54	新日本製鉄	8	東京都千代田区大手町2-6-3	03-3242-4111
55	ヒューレット　パッカード	8	3000 Hanover Street, Palo Alto, CA 94304-1185 (USA)	(650)857-1501

（注）藤倉電線はフジクラと社名変更
　　　三菱金属は三菱マテリアルと社名変更
　　　東芝電材は東芝ライテックと社名変更
　　　日本電装はデンソーと社名変更
　　　工業技術院は産業技術総合研究所と組織名変更

特許流通支援チャート　機械 4
ヒートパイプ

2002年（平成14年）6月29日　初版発行	
編　集　　独 立 行 政 法 人	
©2002　　工業所有権総合情報館	
発　行　　社団法人　発明協会	
発行所　　社団法人　発　明　協　会	
〒105-0001　東京都港区虎ノ門2－9－14	
電　話　　03(3502)5433（編集）	
電　話　　03(3502)5491（販売）	
ＦＡＸ　　03(5512)7567（販売）	

ISBN4-8271-0671-1 C3033　　印刷：株式会社　野毛印刷社
Printed in Japan

乱丁・落丁本はお取替えいたします。

**本書の全部または一部の無断複写複製
を禁じます（著作権法上の例外を除く）。**

発明協会HP : http://www.jiii.or.jp/

平成13年度「特許流通支援チャート」作成一覧

電気	技術テーマ名
1	非接触型ICカード
2	圧力センサ
3	個人照合
4	ビルドアップ多層プリント配線板
5	携帯電話表示技術
6	アクティブマトリクス液晶駆動技術
7	プログラム制御技術
8	半導体レーザの活性層
9	無線LAN

機械	技術テーマ名
1	車いす
2	金属射出成形技術
3	微細レーザ加工
4	ヒートパイプ

化学	技術テーマ名
1	プラスチックリサイクル
2	バイオセンサ
3	セラミックスの接合
4	有機EL素子
5	生分解性ポリエステル
6	有機導電性ポリマー
7	リチウムポリマー電池

一般	技術テーマ名
1	カーテンウォール
2	気体膜分離装置
3	半導体洗浄と環境適応技術
4	焼却炉排ガス処理技術
5	はんだ付け鉛フリー技術